C++
新经典
设计模式

王健伟◎编著

清华大学出版社

北京

内 容 简 介

本书逐一详解 24 种常见的设计模式，并以一个实际的游戏案例贯穿全书，摆脱了以往单纯介绍设计模式的枯燥。在讲解过程中，一般会首先说明传统编码中将会面临的问题，而后随着需求的不断增加和变化重构代码，从而引出各种设计模式的实际运用，帮助读者理解该模式要解决的问题以及详细实现该设计模式的方法，使读者理解和明白在遇到什么样的问题时可以利用哪种设计模式来解决。

全书共 22 章，此外还包括附录 A 和附录 B。其中，第 1 章是理论知识，包括对设计模式和软件开发思想的介绍以及具体编程环境搭建工作的说明；第 2～22 章逐一详解 24 个设计模式；附录 A 和附录 B 同样有极高的学习价值和参考价值，不可错过。

本书适合中高级 C++ 开发者学习参考，同时配套有全部实例源代码、配套开发工具及更多学习资源。

图书在版编目（CIP）数据

C++新经典：设计模式/王健伟编著. —北京：清华大学出版社，2022.6（2023.6重印）
ISBN 978-7-302-60198-2

Ⅰ. ①C… Ⅱ. ①王… Ⅲ. ①C++语言－程序设计 Ⅳ. ①TP312.8

中国版本图书馆 CIP 数据核字（2022）第 031422 号

责任编辑：曾 珊 李 晔
封面设计：李召霞
责任校对：李建庄
责任印制：宋 林

出版发行：清华大学出版社
    网 址：http://www.tup.com.cn，http://www.wqbook.com
    地 址：北京清华大学学研大厦 A 座   邮 编：100084
    社 总 机：010-83470000   邮 购：010-62786544
    投稿与读者服务：010-62776969，c-service@tup.tsinghua.edu.cn
    质量反馈：010-62772015，zhiliang@tup.tsinghua.edu.cn
    课件下载：http://www.tup.com.cn，010-83470236
印 装 者：涿州市般润文化传播有限公司
经 销：全国新华书店
开 本：185mm×260mm 印 张：22.75   字 数：554 千字
版 次：2022 年 8 月第 1 版   印 次：2023 年 6 月第 3 次印刷
印 数：2501～3300
定 价：99.00 元

产品编号：092673-01

前言
PREFACE

亲爱的读者,如果你已经读完了笔者的《C++新经典》《C++新经典:对象模型》,并希望将来能够驾驭更大型的 C++项目,那么不要错过这本重要的 C++进阶书籍。

书籍介绍

设计模式是程序员在长期的开发实践中总结出的一套提高开发效率的编程方法,是被反复使用的代码设计经验总结,是在特定问题发生时的可重用解决方案,体现着人们尝试解决某些问题时的智慧。使用设计模式的主要目的是在设计大型项目时,保证所设计的模块之间代码的**灵活性**和**可复用性**。

用 C++语言讲述设计模式的书非常少,大部分作者使用 Java 语言,而且在讲解设计模式时所举的例子和实际工作中所面对的真实案例差别较大,读者学习后感觉实际运用有困难。

设计模式知识本身并不复杂,但讲清楚这门知识的难度非常大,设计模式主要应该讲明白两方面的知识:

(1)某个设计模式对应的代码怎样编写;

(2)该设计模式解决了什么样的问题。

只要把这两方面的知识讲明白,读者就会知道在什么场合下应该采用何种设计模式。

本书面对的是希望系统学习 C++设计模式方面知识的中高级开发者,将逐一详解 24 个常见的设计模式。为摆脱以往枯燥的单纯介绍设计模式的讲解方法,书中内容以一个实际的游戏案例贯穿。当然,因为设计模式的应用场合复杂多变,无法在一个案例中覆盖所有设计模式,所以对于这种设计模式,笔者将单独举例进行讲解。在讲解过程中,一般会首先说明传统编码中将会遇到的问题,而后随着需求的不断增加和变化,代码需要进行重构,从而引出各种设计模式的实际运用,并穿插讲解面向对象程序设计的各个原则。

每个设计模式都会列举一到多个来自实际工作中的范例,帮助读者理解该模式要解决的问题以及详细实现该设计模式的方法,使读者理解和明白在遇到什么样的问题时可以利用哪种设计模式来解决。

书中的内容尽量化繁为简,不会把一些非常复杂难懂的采用设计模式的实战案例搬进来。实践证明,在设计模式中过多地介绍复杂的实战案例只是听起来不错,但因其固有的复杂性,会对学习者造成极大的理解负担,还会"喧宾夺主",使得学习者既不能理解案例,也无法掌握设计模式。

阅读完本书并不是学习设计模式的结束,而是一个新的开始,读者应该尽可能多地阅读实际项目代码,运用设计模式不断思考和总结,并在实践中进一步提高自己对设计模式的运用能力。

需要的基础知识

本书定位为"C++进阶"书籍，需要读者对 C++ 开发有比较好的基础(例如，学习单件模式时要求对多线程编程已经有比较好的掌握)，尤其是对多态、虚函数的理解和使用必须做到明白无误，因为这两个概念在设计模式中体现得淋漓尽致。强烈建议读者在阅读本书之前先阅读笔者所著的《C++ 新经典：对象模型》，该书对多态和虚函数的实现原理有非常详细的解释。《C++ 新经典：对象模型》是一本值得珍藏的书，能够让读者对本书的学习如虎添翼。本书所涉及的范例代码不需要用到 C++ 11 新标准中的内容，所以不要求读者掌握 C++ 11 新标准。

书籍阅读进度

全书共 22 章，此外还包括附录 A 和附录 B。第 1 章是理论知识，包括对设计模式和软件开发思想的介绍以及具体编程环境搭建工作的说明。理论知识读者可以进行阅读并在心目中有个大致印象，对于一些重点内容可以适当做标记以方便将来的复习；编程环境的搭建工作建议遵照书中第 1 章描述进行，以确保后续书中讲解的内容能够顺利演示。整个第 1 章的学习内容建议 1 周之内完成。从第 2 章开始一直到第 22 章，会详细讲解 24 个设计模式，每个设计模式的学习和实践(在实际计算机上运行通过书中的各个范例)所花费的时间建议不超过 1 周，这意味着大概需要 24 周的时间来学完 24 个模式。

附录 A 和附录 B 有极高的学习价值，读者千万不可以因为这些内容放在附录中而轻视，要以同样认真的态度学习，建议每周至少学习一节内容(例如，A.1 算作一节)，这两个附录大概需要额外的 10 周学完。

对于上班的读者，可以尽量将学习时间安排在晚上和周末。整本书大概需要 245 天的学习时间，再将时间稍微延后一些，能够在 365 天(一年)的时间之内学完，就是一种比较适当的学习速度。在学习过程中，一定要动起手来，书中每个地方的内容、**代码，都要亲自实践来验证，并且都要保证验证成功**，动手实践的步骤是往自己的大脑中深入镌刻真正知识的步骤，一旦缺少这个步骤，你的记忆就会不深，掌握的知识就会不牢。

运行环境

本书的范例全部在 Windows 操作系统下的 Visual Studio 2019 集成开发环境下调试通过。之所以选择这个平台环境，是因为它对开发者相当友好，开发和调试程序特别方便，尤其对初学者，极大降低了学习难度。

书中也详细阐述了在 Windows 操作系统下安装 Visual Studio 2019 的过程，由于对开发环境的版本没有太高要求，所以如果读者有其他低版本的 Visual Studio 也可以使用。对于在 Linux 下从事 C/C++ 开发的读者，书中的范例基本上不做改动就可以跨操作系统平台运行。

资料获取

本书有完整的配套学习资料(源码)，读者可以免费获取。获取方法如下：

(1) 请查找并关注"程序员速成"微信公众号。

(2) 在微信公众号中，输入"设计模式"4 个字，就可以得到配套学习资料下载链接。

C++ 知识体系庞杂，而 C++ 模板与泛型编程方面的知识又具有一定深度和难度，由于水平所限，虽然笔者非常尽心尽力，但书中错误在所难免，恳请各位读者发现错误后不吝指教。

作 者

2022 年 4 月

目 录
CONTENTS

第 1 章　设计模式与软件开发思想、

编程环境介绍

作为这本书第 1 章,主要讲述一些理论和概念。其实学习理论或者说学习概念这件事本身是比较枯燥的,但是必须得学,因为很多思想和行动是要靠这些理论(或者说概念)来指导的。

1.1　设计模式概述

本节内容涉及的理论知识比较多,但并不需要死记硬背,读者只需做到在阅读过程中尽量去理解就可以了。如果对于一些概念暂时无法理解,可以先记录下来,待将来掌握了具体的设计模式知识后再进行回顾,也许问题或困惑会迎刃而解。

1.1.1　设计模式基本概念

设计模式这个词,每个人都不陌生。大概在 2000 年前后,这个词慢慢"火"了起来,后续一些设计模式类的书籍相继出现,例如《设计模式——可复用面向对象软件的基础》《Head First 设计模式》《大话设计模式》等。尤其是《设计模式——可复用面向对象软件的基础》一书,也被称为四人组的设计模式书,因为这本书的作者有 4 位。

设计模式分很多种,每种一般都用于解决某个软件开发过程中的问题。许多人认为设计模式有 23 种,其实,对于这个数字也没必要那么教条,当然还有更多的设计模式种类,只不过是这 23 种比较经典而已。甚至可以说,如果你有很丰富的程序设计经验,那么你发明自己的设计模式也没问题。

"设计模式"这个词到底是什么意思?可以先看一看"模式"这个词是什么意思。

模式,是指**事物的标准样式**或者针对**特定问题的可重用解决方案**。换句话说,遇到这类问题,用这种解决方法;遇到那类问题,用那种解决方法;遇到不同的问题,用不同的解决方法——这就是模式。例如,你碰了一下别人,你要说一声"对不起",这件事就过去了;如果你要说一声"活该",后果你懂的……这属于模式应用不当。

再回到"设计模式"这个词上来,这个词的英文是 Design Pattern,以下几种对"设计模式"的解释都可以,笔者这里尽可能多地列举出来,以帮助读者增加对该词的理解。

- 设计模式,是一套被反复使用的代码设计经验的总结,是经过提炼的出色的设计方法。
- 设计模式,是程序员在长期的开发实践中总结出的一套提高开发效率的编程方法。

- 设计模式,代表了一些解决常见问题的通用做法,体现着人们尝试解决某些问题时的智慧。所以,它是一种强大的管理复杂度的工具。
- 设计模式,是在特定问题发生时的可重用解决方案。
- 一个设计模式用来描述几个模块或类对象之间关系、职责,以及它们之间如何进行分工与合作。一个甚至几个设计模式共同配合来解决软件设计中面对的实际问题。
- 设计模式在比编程语言惯用手法更高的层面来描述解决特定类型问题的途径。
- 设计模式用来描述在软件系统中如何通过管理代码的相互依赖性来管理复杂性。

使用设计模式的主要目的是在设计大型项目时,保证所设计的模块之间的代码**灵活性**和**可复用性**,但是毫无疑问,这两个特性都以增加复杂性作为代价。

1. 灵活性(可扩展性/低耦合性)

谈到灵活性这件事,可以想象一下 3D 网络游戏里面的人物,刚出现在游戏世界中的时候,人物形象可能是光着膀子;当人物达到 5 级的时候,玩家给人物买了一件布衣,穿上之后,人物的形象发生了改变;当人物达到 10 级的时候,玩家给人物买了一件皮衣,穿上之后,人物的形象又发生了改变,这就是人物形象灵活性的体现。

- 在制作游戏中人物的时候,先做一个裸体的人物模型,衣服也单独做成模型,做一件布衣模型,做一件皮衣模型。
- 当人物穿布衣的时候,通过编写程序,把布衣模型贴到人物模型上。当人物改穿皮衣的时候,依旧通过编写程序,把布衣模型从人物模型上摘下来,把皮衣模型贴到人物模型上去。从而实现了只要变换衣服模型就可以改变整个人物外观的需求。

反之,如果把人物模型和衣服模型做到一起,成为一个整体的话,那就面临着人物＋布衣要做一个模型,人物＋皮衣要做一个模型……这不但劳民伤财,而且人物模型载入(显示到屏幕)的时间一般会比较长,可能造成游戏卡顿,影响玩家体验。所以,除非有十分必要的理由,否则应该尽可能选择这种具有灵活性的解决方案。

总结一下,所谓灵活性可以理解为两点:

- 修改现有的某部分内容不会影响其他部分的内容(影响面尽可能窄或者说尽量将修改的代码集中在一起,不希望大范围修改代码)。
- 增加新内容的时候尽量少甚至不需要改动系统现有的内容。

2. 可复用性

刚才谈到了《设计模式——可复用面向对象软件的基础》一书,从书名中,可以提取出来两个非常重要的词:可复用和面向对象。

可复用:可以**重复使用**,**可以到处用(可以被很多地方调用)**。

面向对象有三大特性——封装性、继承性、多态性。其中的**多态性**对于学好设计模式非常重要,读者一定要好好理解,可以仔细阅读《C++新经典:对象模型》——其中对多态性有相当深入的解释。

C++支持很多种风格的程序设计方法,或者说 C++支持很多种编程模型:

(1) 面向过程;

(2) 基于对象;

(3) 面向对象(基于对象的编程模型融入继承性和多态性后形成的);

(4) 泛型编程等。通常情况下,设计模式是指**面向对象**这种编程模型下的设计模式,组合使用各种设计模式来进行面向对象程序设计。但是,设计模式并不等价于面向对象的设计模式,也就是说,脱离面向对象这个概念,设计模式的概念也可以单独存在。这里不多谈,读者在日后工作中遇到类似的问题时可以再进行深入的研究。

灵活性和可复用性两者是相辅相成的,没必要分开理解,可复用也意味着很灵活,灵活性也意味着可复用。设计模式也被称为微架构(Micro-Architecture),各种设计模式的组合运用可以生成各种新的架构。

1.1.2 设计模式中的抽象思维

下面先解释一下"耦合"和"解耦合"这两个概念。

- 耦合:两个模块相互依赖,修改其中的一个模块,则另外一个也要修改,这两者之间存在的互相影响关系就叫作两个模块之间存在耦合关系。
- 解耦合:通过修改程序代码,切断两个模块之间的依赖关系,使得对于任意一个模块的更改都不会影响另外一个模块,这就叫两个模块之间已经解耦合了。

回归到"抽象思维"这个话题中来——抽象思维在设计模式中的运用非常重要,抽象思维强调对象的本质属性,主要应用于一些软件设计中的解耦合过程。

1. 抽象思维的概念

什么叫抽象思维呢?对于一个事物,所谓的抽象思维,是指能从这个事物中抽取出或者说提炼出一些本质的、共性的内容,把这些共性的内容组合到一起(封装)。

例如狗、猫、猪,针对这3种动物,看一看怎样把它们的一些共性的内容提取出来做个抽象(抽象成一个基类或者说基类本身就是一种抽象)。

(1) 它们都是动物,它们都要吃,都要喝,这是它们的共性,所以可以抽象出一个叫作动物的类,吃、喝都可以作为动物这个类成员函数。

```
class Animal
{
public:
    void eat()          //吃
    {
        //…
    }
    void drink()        //喝
    {
        //…
    }
};
```

(2) 当然,狗、猫、猪还有各自不同的特点,例如狗可以看家,猫可以抓老鼠,猪可以养肥吃肉,等等,不过这些内容不在抽象思维这个话题中,故不多探讨。

上面举出的这个抽象思维的小范例比较简单和显而易见,所以比较好理解,但是在一个大型的复杂项目中,要利用抽象思维把一些事务的共性提取出来,并不是一件容易的事。从编程思维的角度来思考,下面两种解决问题复杂性的方法可以借鉴。

- 分解法:把一个复杂的事物分解成若干比较简单的事物。因为人们能够更轻松地理解多个简单的事物而不是一个复杂的事物。

- 抽象法：从每个简单的事物中，抽象出本质的内容并封装起来。

抽象思维的能力因人而异，跟传统教育有关系，跟后天的培养也有关系，总之是一个复杂的事情。

毫无疑问，设计模式是很依赖抽象思维的——尽量尝试把一个事物的本质内容抽取出来。所以，学习设计模式的过程，也是一个不断提高自己抽象思维能力的过程。

2. 抽象思维的目的

那么，为什么要利用抽象思维把事务中一些本质、共性的内容提取出来？这样做有什么好处呢？

假设，读者是一个农场主，农场里目前有 3 种动物，狗、猫、猪，现在要对这 3 种动物进行管理。从写程序的角度来讲，可以对这 3 种动物分别创建类：狗、猫、猪。对于这 3 种动物类，每个类都要实现一些成员函数（方法），例如狗，要实现的成员函数有——吃、喝、看家；猫，要实现的成员函数有——吃、喝、捉老鼠；猪，要实现的成员函数有——吃、喝、被屠宰。

除了对这 3 种动物分别创建 3 个类之外，是否还有更好的程序写法呢？仔细想想，不难发现，在狗、猫、猪这 3 种动物的类中，都有吃、喝这两个成员函数。但是，每个类又分别有不同的成员函数，例如狗的专有成员函数是"看家"，而猫的专有成员函数是"捉老鼠"，猪的专有成员函数是"被屠宰"。有了这些想法，就可以重新设计这些类，设计的原则就是**减少代码的重复性，方便代码的扩展**（例如日后可以灵活地加入新的动物品种）。

- 吃、喝这两个成员函数既然每种动物都有，那么可以专门创建一个**动物类**（Animal），把吃、喝这两个成员函数放进去。这就不用在狗、猫、猪类里面都写吃、喝这两个成员函数，从而减少了代码的重复性。这里，就抽象出了动物类，做抽象的原则是把比较**稳定**的、**不怎么变化**的内容作为一个模块，单独定义出来。
- 分别定义狗、猫、猪这 3 个类，将这 3 个类定义为继承自动物类，那么这 3 个子类就自动拥有了"吃""喝"这两个成员函数。
- 在父类（动物类）中定义一个"用途"成员函数，这个成员函数应该设计为一个**虚函数**。之后，在狗、猫、猪这 3 个子类中分别实现"用途"成员函数，例如，狗的用途是看家，猫的用途是捉老鼠，猪的用途是被屠宰，等等。换句话说，不同种类的动物，它们的用途是不同的、是变化的，所以要把变化的这部分内容放到每个子类中去实现。

请读者想一想：这种设计方式是不是更好？是否起到了减少代码重复性，方便代码扩展性的目的呢？

3. 抽象思维的检验

对于一个项目，把哪些内容抽象出来封装成一个类，是一件很主观的事情，没有统一的设计标准，不同的人有不同的做法。那么怎么检验某种抽象是否合适？

- 面对一个项目时，如果项目的某些需求发生更改（实际上软件领域的需求变更是经常发生的），**不更改现有的代码，通过增加新代码应对需求变更**。例如，农场里增加一种新动物——公鸡，公鸡的主要用途是报晓，这个时候，可以直接创建一个公鸡类，同样继承自动物类，然后也在其中实现"用途"成员函数，在这个成员函数中实现报晓这个功能。

这里进一步提一下继承，继承是面向对象的特性之一，用于表达类与类之间的父子关系，这种父子关系一般用于表达两种意思：

（1）抽象机制——就是上面谈到的，抽取出本质的、共性的内容放到基类中；

（2）可重用机制——基类中的一些内容，直接拿过来使用。

- 当一个类中内容太多时，就要考虑是否可以将该类进一步拆分。尤其注意不要把一些毫不相关的内容都写到一个类中。面向对象程序设计有一个设计原则叫"单一职责原则"，意思就是说一个类只干好一个事情，承担好一种责任，不然就会牵扯太多，不管哪块需求变化了都需要修改这个类，那就麻烦了。这跟人一样，你又当语文课代表，又当数学课代表，还兼任班长，那就麻烦了，一会儿班主任找你，一会儿语文老师找你，一会儿数学老师找你，你就忙不过来了。

1.1.3　学习设计模式普遍存在的问题

设计模式是一把双刃剑，若用得好，能提高系统的灵活性、可复用性等，但乱用或错用也会造成系统适用性的降低。很多读者都学习过设计模式，学习之后，普遍存在一些共性问题。

1. 听得懂但不会用

讲解的内容能听懂，能理解，但不知道在具体工作中如何应用或者说无法得心应手地使用。换句话说，就是知道代码是这样写的，但不知道为什么要这样写代码。

设计模式相关知识的产生，是因为人们进行项目设计时，随着代码规模的逐步增大，逐步遇到代码灵活性不够、牵一发而动全身的窘况，此时的代码变得越来越难以修改和维护，为了应对这个问题，人们不得不采取一些必要的手段对代码进行重新设计，提炼其中的设计规律，最终总结成各种设计模式。

学习设计模式的有效之法是**忘记设计模式，先面对具体要解决的问题**，只有经历了"遇到难题→用了一个很笨重的方法解决，效果很不理想→采用设计模式解决，效果比较理想"的步骤，才能对设计模式印象深刻并做到学以致用。

2. 学完了之后到处滥用

设计模式是用来解决**大型项目**设计时遇到的各种代码问题的，换句话说，就是先有问题，再有设计模式。

但很多程序开发者往往本末倒置，一个本来没有多少行代码的小项目在编写代码的时候非要往设计模式上套（上来就用设计模式），非要让代码中充斥各种设计模式，似乎只有这样才能体现出程序设计者的高、大、上，这是非常错误的做法，也容易导致出现一些很差劲的设计（差劲的设计是指这种设计的用途非常有限，却因为引入过多的类而大大增加了他人理解代码的难度和学习时间，把简单问题复杂化了）。当然，这并不是说小项目就不需要设计，小项目也同样需要先做设计，再动手编码。

设计项目的时候需要遵守几个原则：

- 不要过度设计，把未来十年八年的事都考虑进来，这没必要，能够支撑未来1~2年的扩展就行了，其实对于一个小项目如果一开始就引入设计模式，往往会过度设计。
- 设计是一件很主观的事，也不是一步到位的事，可能需要不断地调整和修改。因为随着个人的成长，想法、见识会不断提高，设计也就自然会不断改进（重构）。
- 不要为了用模式而用模式，使用模式之前，必须要考虑该模式是否适合，往往代码的实用性和易读性更重要。

3. 设计模式无用论

一般来讲,这种观点属于无稽之谈。

在实际工作中,绝大多数的开发者面临的都是几千到几万行代码的项目。这个时候其实只要代码写得过得去,总是可以把项目完成,确实也不太需要用到设计模式。但是,一旦代码达到十几万行甚至二十万行,读者千万不要简单地以为无非就是代码多了 10 倍而已,绝不是这样简单计算的。编写 2 万行代码,确实用不上设计模式也能写得很愉快,但是,编写 20 万行代码,如果不用设计模式,到了开发的后期开发者可能会疯掉,那种难以扩展、难以维护的感觉,会非常让人纠结和痛苦。换句话说,驾驭几十万行代码的项目,需要的是掌握设计模式这种开发技术(开发技巧)。

其实,很多开发者在编写代码时总会在无意之间就使用到某种设计模式,只不过自己没有意识到而已。

1.1.4　设计模式的缺点

灵活性和可复用性,显然是设计模式的两大核心优点,但是引入设计模式,也会让程序员付出代价,对这种代价也应该有所了解。

- 增加程序书写的复杂性:遵从设计模式书写的程序代码往往与普通的程序代码不太一样,但是经过一定的学习,程序员还是能够渐渐熟悉这种程序书写方式。
- 增加了学习和理解上的负担:为了代码编写的灵活性,在解决一个问题的时候,往往要引入多个类(而以往可能只需要一个类就能解决问题),这些类之间配合起来实现指定的功能,这无疑给代码的学习者和阅读者增加了理解负担。所以设计模式的使用必须要小心谨慎,尽量不要引入不必要的复杂性,从管理的角度上有一句俗话叫作"用户想要一杯茶,就不要为他创建一个能煮沸海洋的系统"。
- 设计模式的引入会在一定程度上降低程序的运行效率,这是显然的。因为一个功能要几个类配合起来实现,显然会增加额外的调用类成员函数的时间成本(例如以往调用一个成员函数实现,现在要调用 5 个成员函数来实现)。当然,一般来讲,相比于设计模式带来的好处,这种时间成本的付出是值得的(除非真正面临效率瓶颈问题)。如果在一些资源贫瘠又极度注重效率的系统上,那么在开发的时候是否引入设计模式,就是一个值得考虑的问题了。

1.1.5　设计模式在实际工作中的应用和学习方法

这个问题要分两方面看。

1. 日常工作中的小项目

在日常的小项目开发中,用到设计模式知识的机会并不多。主要原因有如下几点:

- 所开发的项目规模偏小,可能只有几千行代码,当需求变动时,可以方便地修改代码。
- 项目的逻辑功能比较单一,只用于解决眼下问题,不需要将编写的代码提供给他人复用。
- 即便是这样的小项目,开发者可能也在无意中使用了一些设计模式,只不过开发者没意识到使用的是哪种设计模式。

2．大型应用项目和框架类项目

一旦应用项目较大，例如达到 5 万行甚至 10 万行代码，向其中增加新的代码和新的功能变得越发困难，项目变得越来越笨重，如果不精心设计项目的结构，就会导致出现大量的冗余代码，灵活性尽失。

对于这种被诸多项目使用的框架类项目，就更需要具备极高的灵活性和可复用性，适应各种不同的环境、不同的操作系统平台，**框架可以理解成多种设计模式的综合运用所生成的半成品**，开发人员需要向其中增加更多的实现代码以最终形成成品应用程序。

所以，在大型项目和框架类项目中，才是设计模式真正发挥重要作用的舞台。

那么，对于设计模式的学习和掌握，建议采用如下步骤和方法：

（1）掌握设计模式的基本概念和该设计模式要解决的具体问题，这样当碰到类似问题时，就能够快速识别并运用对应的设计模式。

（2）动手实际编写相关的测试代码并进一步体验该模式的工作过程。这一步对深入扎实地掌握该模式将起到不可替代的作用，一定不要略过。

（3）在编码过程中要不断思考和总结设计经验，对于设计不合理的部分及时调整和更改。

（4）在实际项目中，细致大胆地采用设计模式进行实战，尤其注意采用多个设计模式解决问题时模式之间的关联和配合，不要怕出错。其实，程序设计中的最好、最通用、最正确之说都是相对的，没有绝对的。

1.1.6　学习设计模式的态度、方法和本书的特点

1．学习设计模式的态度、方法

学习设计模式本着谦虚谨慎的态度来学，可以把它当成一门外语来学——学好了这门语言，才能方便地与懂这门语言的人交流。换句话说，为了能够与懂这门语言的人交流，应该学好这门语言。

在软件开发的过程中，需求可能会经常变更，也可能会经常有新的需求被增加进来。设计模式能够发挥重要作用的场所往往是软件开发中那些**经常发生变化**的场所，这就意味着，寻找和总结这种经常发生变化的场所，无疑考验着软件开发人员的能力和智慧，决定着开发人员对设计模式的运用程度。所以，理解一个设计模式的工作流程，看得懂该模式对应的源代码仅仅是其一，更重要的是要理解在何时何地采用何种设计模式开展工作最适当。

2．本书的特点

（1）涉及的概念力求简单。笔者尽量避免在书中出现比较生涩的词汇，只要出现，都会进行详细的解释。

（2）虽然本书会以实际游戏案例贯穿讲解，但因为设计模式的应用场合可能多有变化，无法在一个案例中覆盖所有设计模式，所以有些设计模式也会举单独的例子进行讲解。学习设计模式本身不是这本书的主要目的，让读者学会在什么场合下选择使用哪种设计模式才是这本书的宗旨。

书中涉及的各种代码，笔者会从各个地方取材，在具体讲解某个模式时会详细解释。

（3）设计模式这类知识，一般来讲是**独立于特定编程语言的**，但是设计模式总归要通过具体的编程语言来实现，而各种编程语言的特性也会有很多细微的差别和不同，本书中谈到的设计模式的实现，自然是通过 C++编程语言来实现。

1.2 软件开发思想、设计模式分类与讲解规划

读者都知道,设计模式解决的是编写代码方面的问题,毫无疑问,对于一个大型项目来说,编写代码是其中最主要的工作,但并不是全部。所以,笔者带着读者先跳出具体的项目编码,从更宏观的角度去认识一个大型项目(或者说认识软件开发的具体步骤),通过对这些步骤的了解,使读者在软件开发的道路上尽量少走弯路,同时也能促进每个人更好地学习设计模式方面的知识。

软件开发,说得具体一点,就是开发各种项目,包括小型项目、大型项目等。大型项目和小型项目的开发方式是不同的,这里主要谈一下大型项目。

1.2.1 大型项目的软件开发思想

1. 基本思想

对于大型项目的开发工作,需要注意如下几点。

(1) 前期做细致的**需求分析**以及**架构设计**是非常重要的,应该多花时间去撰写相关的**需求**文档、**规划设计**文档,安排合理的进度,文档应该为未来的项目规模增长提供一定的伸缩性。力求让项目有一个良好的开端,为程序员提供开发参照和指导,尽量减少后期调整和改动的成本。

(2) 对于设计的层次来讲,不要一上来就设计类,而应当先划分成各个模块(子系统)。在对模块进行明确划分的前提下,再进行类的划分,确定好类的接口。有些模块只需要单独一个类即可实现,而有些模块需要多个类之间协作才能实现。对于每个类的设计应该有清晰的认识,包括为何进行这样的设计、设计的具体细节等内容。设计是一种迭代的过程,不可能一蹴而就。

模块之间交互时要限制与当前模块交互的其他模块数量。错综复杂的交互会让设计显得特别凌乱。

(3) 大型项目往往最让人头疼的问题是可维护性和可扩展性,如果模块之间的耦合度特别高(紧耦合),那么随着项目代码的增多,那种牵一发而动全身的功能扩展让程序开发人员如入泥沼,极度无奈。所以,尽可能降低模块之间的耦合度(解耦),其实,从某种角度上来说,学习设计模式的本质就是寻求模块之间的解耦,耦合度越低,就越容易专注解决一小块问题。

2. 微服务架构设计模式与设计模式的区别

微服务这个概念,读者多多少少都听说过,也是在 2010 年之后开始逐渐流行起来。为什么这个概念会流行起来呢? 主要是因为互联网业务规模的不断变大,用户越来越多,传统的开发方式一般都是所谓的单体架构(理解成一个单一的可执行程序),如果想增加一个业务,就要向这个可执行程序中不断增加代码,显然,这个可执行程序一定会变得越来越复杂。当它复杂到一定程度的时候,就会面临着可靠性、可维护性等都变差的问题。就像一个人,如果这个人200 斤还可以接受,如果 1000 斤,那这个人就麻烦了,他可能连独自站起来都做不到了。

微服务解决的就是这种单独一个可执行程序过度复杂、过度庞大的问题,把这个可执行程序进行拆分,拆分的角度是从**功能**上进行,也就是说,从功能上拆分成多个小的程序,彼此之间通过一些架构方式,配合起来共同实现业务需求,如何配合就是属于微服务架构设计模

式所要研究的领域,但这显然不是这本书要讨论的话题。

请读者区分微服务架构设计模式与本书所讲解的设计模式之间的差别:

① 单独一个可执行程序来实现业务也好,或者是采用微服务这种用多个可执行程序配合来实现业务也罢,都存在首先要把一个一个单独的可执行程序写好的问题;

② 同时,并不是所有业务都能用微服务来解决。

所以,读者切不可因为微服务的存在就放弃了对写出高质量代码的追求。本书所指的设计模式研究探讨的是针对一个单独的可执行程序内部的各个模块之间如何做到高灵活性、高可复用性以及高可扩展性的问题,这一点,请读者明确。

1.2.2 设计模式分类及讲解规划

1. 设计模式分类

常见设计模式大概有二十多种,通常分为三大类,见表1.1。

表 1.1 常用设计模式及分类一览表

设计模式名称	设计模式分类
模板方法(Template Method)模式	行为型模式
策略(Strategy)模式	
观察者(Observer)模式	
命令(Command)模式	
迭代器(Iterator)模式	
状态(State)模式	
中介者(Mediator)模式	
备忘录(Memento)模式	
职责链(Chain Of Responsibility)模式	
访问者(Visitor)模式	
解释器(Interpreter)模式	
工厂模式: ① 简单工厂(Simple Factory)模式 ② 工厂方法(Factory Method)模式 ③ 抽象工厂(Abstract Factory)模式	创建型模式
原型(Prototype)模式	
建造者(Builder)模式	
单件(Singleton)模式	
装饰(Decorator)模式	结构型模式
外观(facade)模式	
组合(Composite)模式	
享元(Flyweight)模式	
代理(Proxy)模式	
适配器(Adapter)模式	
桥接(Bridge)模式	

(1) 行为型模式。这种模式关注的是对象的行为或者交互方面内容,主要涉及算法和对象之间的职责分配。通过使用对象组合,行为型模式可以描述一组对象应该如何协作来

完成一个整体任务。

（2）创建型模式。这种模式关注的是如何创建对象,其核心思想是要把对象的创建和使用相分离（解耦）以取代传统对象创建方式可能导致的代码修改和维护上的问题。

（3）结构型模式。这种模式关注的是对象之间的关系,主要涉及如何组合各种对象以便获得更加灵活的结构,例如,继承机制提供了最基本的子类扩展父类的功能,但结构型模式不仅仅简单地使用继承,而是更多地通过各种关系组合以获得更加灵活的程序结构,达到简化设计的目的。

2．讲解规划

本书讲解传统和比较常用的设计模式。因为工厂模式可以细分为简单工厂模式、工厂方法模式、抽象工厂模式,这里把工厂模式算作 3 种设计模式,所以本书一共会讲解 24 种设计模式。

很多书籍对设计模式的讲解都从一堆理论开始,例如先讲一讲 UML（统一建模语言）,虽然读者能听懂,但不会有太深刻的印象。接下来会讲一讲面向对象程序设计的几大原则,这个内容比较枯燥晦涩,没有源码的情况下很难理解,可能会给读者造成困惑和对后续内容学习的恐惧。所以,本书的内容以实际范例作为开始,逐步引出各种概念,需要用到 UML时再讲述 UML,需要引出面向对象程序设计原则时再逐步引出。

在一些代码实现上,笔者可能也不会过分遵循面向对象设计原则,而是本着尽量简单直面所讲内容本质的方式来阐述,以最有效的方式让读者掌握核心知识点。

1.3　C++编程环境介绍

1.3.1　C++编程环境搭建说明

本书中所展示的各种范例,会在 Windows 操作系统平台上进行演示。对于演示环境的要求不高,一般使用 Visual Studio,版本上不建议使用比 Visual Studio 2005 更老的版

图 1.1　Visual Studio 2019 可供
下载的 3 个版本

本,以免在太老的开发环境下出现某些范例无法成功演示的问题。本书中采用的演示环境是 Visual Studio 2019 集成开发环境（能使用高版本时尽量不使用低版本）,该环境使用简单、调试方便,这意味着讲解和演示会变得特别方便,同时也能大大降低读者对一些复杂知识的理解难度。为了让读者顺利地开始学习,笔者在这里将详细阐述Visual Studio 2019 的安装过程（注：在线安装,需要网络支持）。

Visual Studio 2019 是本书成稿时微软公司推出的最新版本集成开发环境,可以直接访问 https://visualstudio.microsoft.com/zh-hans/。可以从这个页面下载 VisualStudio 2019。Visual Studio 2019 分为 3 个版本：社区版（Community）、专业版（Professional）、企业版（Enterprise）,如图 1.1 所示,其中社区版是可以免费使用的。

在图 1.1 中单击 Community 2019,此时会将一个约 2MB 的可执行文件下载到计算机中,这个可执行文件实际是个下载器,运行该下载器,它会按步骤提示下载和安装 Visual Studio 2019,因这种安装方式属于在线下载和安装,整个过程可能会持续半小时到数小时之间,安装时长主要取决于网速和计算机速度。

安装过程中会出现选择框,让用户选择安装哪些组件,如图 1.2 所示。

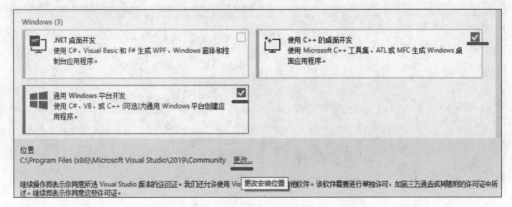

图 1.2　Visual Studio 2019 安装选项

这里只选择"使用 C++ 的桌面开发"以及"通用 Windows 平台开发",在选择这两个选项时,安装界面右侧会出现额外的安装详细信息,里面有很多可以勾选的项,保持默认设置即可。请记住一个原则:只安装看上去与 C++ 开发有关的选项,即便错过了一些选项,以后可以重复这个步骤补充安装,但切不可图省事而完全安装,因为那可能会耗费数十 GB 甚至上百 GB 的磁盘空间,完全没有必要。

在图 1.2 左侧靠下的"位置"处,可以单击"更改"按钮,尽量把安装位置设置到非 C 盘(非系统盘)的位置,以尽量减少对系统盘空间的耗费,系统盘空间非常宝贵,一旦空间耗尽可能会导致计算机运行变慢甚至崩溃等各种问题,这一点也请切记!

安装完成后,很可能在计算机的桌面上看不到 Visual Studio 2019 程序图标,此时必须到操作系统左下角,单击"开始"按钮,然后往下翻,一直找到 Visual Studio 2019 图标,如图 1.3 所示,单击并按住图形部分将之拖动到桌面上以创建桌面快捷方式,下次双击桌面上的该图标即可运行 Visual Studio 2019。

双击 Visual Studio 2019 图标,运行 Visual Studio 2019,启动界面如图 1.4 所示。

单击图 1.4 的右下角的"继续但无须代码"链接,直接进入开发环境中,因为是集成开发环境,可以开发很多种计算机编程语言所编写的代码,所以第一步先设置开发环境为 C++ 语言,在开发环境中,进行如下操作。

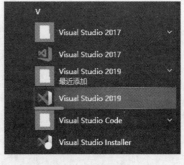

图 1.3　开始菜单中的 Visual Studio 2019 运行图标

(1) 选择菜单"工具"→"导入和导出设置"命令。

(2) 在弹出的对话框中,选择最下面的"重置所有设置"选项并单击"下一步"按钮。

图 1.4 Visual Studio 2019 启动界面

（3）选择下面的"否，仅重置设置，从而覆盖当前设置"选项并单击"下一步"按钮。

（4）选择 Visual C++选项并单击"完成"按钮。

等待数秒时间，设置完成后单击"关闭"按钮并退出整个 Visual Studio 2019，就完成了将开发环境设置为 C++语言的操作步骤。

Visual Studio 2019 会不定时更新，当需要更新时，在 Visual Studio 2019 界面上会有提示，单击提示会出现一些操作步骤，按照操作步骤进行操作就可以在线更新。值得一提的是，需要注册一个账号才能进行正常的在线更新，根据系统提示进行注册即可。

1.3.2 创建最基本的能运行的 C++程序

为了后续做范例演示的方便，首先要做的第一件事就是创建一个最基本的能运行的 C++程序，在 Visual Studio 2019 中，只需要点几下菜单，就能创建出一个最基本的能运行的 C++程序，其他的 Visual Studio 版本操作也类似，下面的步骤供参考。

（1）启动 Visual Studio 2019。

（2）在启动界面，单击右下角"创建新项目"选项，会弹出如图 1.5 所示的对话框，选择"控制台应用"选项，并单击"下一步"按钮。

（3）让系统新创建一个项目。在 Visual Studio 2019 中，任何一个可执行程序都是通过新建一个项目的方法得来，所以新建一个项目是必需的。在图 1.6 中填写一些项目的配置信息。

- 项目名称：为创建的项目起的名字，例如，输入 MyProject。
- 位置：保存此项目的位置，可以直接输入一个目录路径或单击后面的"…"按钮选择一个已存在的目录名，这里导航到事先创建好的如下路径：C:\Users\KuangXiang\Desktop\C++（读者可根据需要自由选择路径）。

图 1.5 Visual Studio 2019 创建新项目

图 1.6 新项目的一些配置信息

- 解决方案名称：一个解决方案里可以包含多个项目，Visual Studio 开发环境硬性要求一个项目必须被包含在一个解决方案中，同时，一个项目最终可以生成一个可执行程序，所以创建 MyProject 项目时，Visual Studio 2019 会连带创建一个解决方案并让 MyProject 项目包含在该解决方案里，这里输入解决方案名称为 MySolution。

（4）单击图 1.6 右下角的"创建"按钮，系统开始创建项目，几秒钟后，系统就创建好了一个名称为 MyProject 的项目，它正好位于 MySolution 解决方案之下，如图 1.7 所示，因版本不断升级变化，读者看到的界面内容可能会略有差异，这没有关系，不要随意改动内容，以免出错。

图 1.7　成功创建了一个新项目

如果读者使用其他 Visual Studio 版本，创建项目的步骤大同小异，只要能创建一个基于控制台的 C++程序项目供后续学习使用即可。如果读者对自己使用的 Visual Studio 版本不确定如何创建项目，可以通过搜索引擎搜索诸如"Visual Studio 2019 创建新 C++项目"这样的关键词组合就能找到详细答案。

展开图 1.7 左侧的"源文件"文件夹，其中包含一个 MyProject.cpp 文件，这是系统依据图 1.6 所起的项目名称生成的一个源码文件，里面已经包含一些 C++源码，其实目前系统生成的该项目已经能够编译并运行了。

项目要先编译、链接、生成可执行程序，然后才能运行，这一整套动作用快捷键 Ctrl＋F5 就可以完成，按住 Ctrl 键，再按 F5 键即可，该快捷键在很多 Visual Studio 版本中通用，请记住它。如果出现一个提示窗口，可以单击提示窗口中的 Yes 按钮，也可以直接按 Enter 键进行确认。

如果按快捷键 Ctrl＋F5 之后 Visual Studio 2019 没任何反应，则可能是因为这个快捷键被其他软件所占用，此时可以用 Visual Studio 2019 中的菜单命令代替，依次单击如图 1.8 所示的菜单命令"调试"→"开始执行（不调试）"命令也能达到编译、链接、生成可执行程序并开始执行的效果。

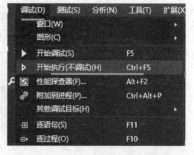

图 1.8　编译生成可执行程序并执行

可执行程序运行起来后，出现一个背景为黑色的窗口，其中显示"Hello World"字符串，如图 1.9 所示。因为刚才创建项目时选择的是"控制台应用"，这种"控制台应用"项目运行后显示的正是一个黑色窗口，该窗口中会显示程序执行的结果，通过该窗口显示运行结果完全能够满足本书的学习要求。

图 1.9　可执行程序的执行结果

此时按任意键,这个黑窗口关闭。可执行程序执行结果中之所以会显示"Hello World!",是因为在 MyProject.cpp 源码文件中有如图 1.10 所示代码行的缘故,该代码的含义属于 C++的基础开发知识,相信读者会非常熟悉,此处不再赘述。

图 1.10　输出语句 std::cout 向屏幕输出字符串"Hello World!"

1.3.3　Visual Studio 中程序的调试方法

1. 普通的断点调试(跟踪调试)

首先介绍如何在 Visual Studio 2019(其他 Visual Studio 版本也类似)中进行程序调试,程序调试对于日后顺利进行范例演示和讲解将起到极其重要的作用,同时也对读者理解所讲解的知识起到极其重要的作用,所以一定要掌握好程序调试的方法。

(1) 快捷键 F9(对应菜单命令"调试"→"切换断点"),用于给光标所在的行增加断点(设置断点)或取消该行已有的断点,断点行最前面会有一个红色的小圆球表示该行有一个断点,如图 1.11 所示,可以通过将光标定位到多行并每次都按 F9 键来为多行增加断点。

(2) 按下快捷键 F5(对应菜单命令"调试"→"开始调试"),开始执行程序,遇到第一个断点行就停下来,如图 1.12 所示,程序停到了第 8 行,这个红色圆球中间多了一个向右指向的黄色小箭头,表示程序执行流程停到了这一行(虽然停到了这一行,但是此刻这一行还没有被执行,表示即将要执行)。

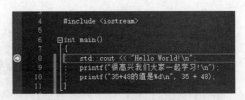

图 1.11　给某行增加断点后该行前面出现红色小圆球　　　图 1.12　断点停到了第 8 行

(3) 此时,因为程序**执行流程已经停了下来**,处于程序员(我们)的控制之中,所以就在此刻,可以多次使用快捷键 F10(对应菜单命令"调试"→"逐过程"),从当前停下来的这行开始,一行一行地执行下去,一边逐行执行,一边可以观察程序的执行走向(例如,如果是条件语句就会因为不同的条件执行不同的分支)以及各种变量的值,从而达到调试的目的。

(4) 如果断点停在了一个自定义函数调用行,并且希望跟踪到这个函数里面的语句行中去,可以使用快捷键 F11(对应菜单命令"调试"→"逐语句"),就可以跳入函数中继续跟踪调试。如果想从当前所在的函数跳出去,可以使用快捷键 Shift+F11(对应菜单命令"调试"→"跳出"),就能够跳回到该函数的调用处并继续向下跟踪调试。

2. 学会调试时查看内存中的内容

在调试程序时学会查看内存中的内容对于深入掌握 C/C++ 语言编程有很大的好处。下面是两行演示代码,按 F9 键把断点设置到如下 printf 语句所在的行:

```
char aaa[1000] = "safasdfa\0def";
printf(aaa);
```

按 F5 键执行整个程序,使**断点**停在 printf 语句所在的行上,则此时此刻就处于调试状态下,如图 1.13 所示。

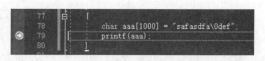

图 1.13　正处于调试状态

在此种状态下,按下快捷键 Alt＋F6 或者选择菜单命令"调试"→"窗口"→"内存"→"内存 1",则在 Visual Studio 2019 界面的下方,就打开了内存查看窗口,如图 1.14 所示。

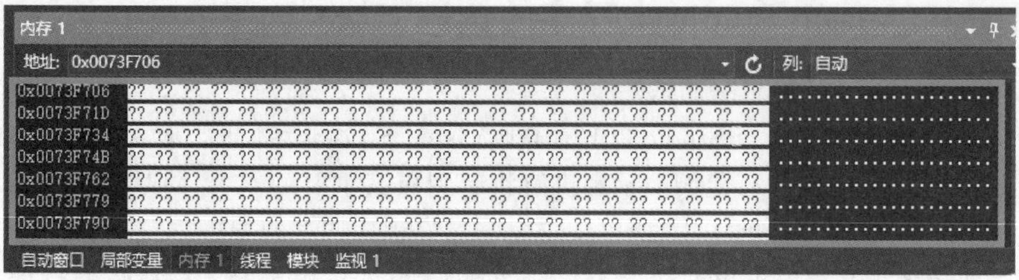

图 1.14　在调试时可以打开"内存"窗口查看内存中的内容

只需要在图 1.14 左上角"地址"右侧的编辑框中输入地址符 &,后面跟要查看的变量名,然后按一下 Enter 键(例如,这里输入 &aaa 并按 Enter 键),就可以查看该变量的地址所代表的内存中的内容。当然,在如图 1.13 所示的第 78 行,双击选中 aaa 这个变量名,直接按住鼠标左键往图 1.14 中左上角位置"地址"右侧的编辑框中拖动并按 Enter 键,也能达到查看 aaa 变量所代表的内存中内容的目的,如图 1.15 所示。

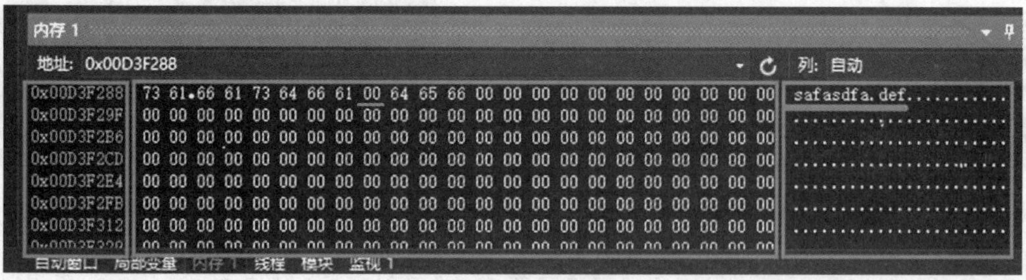

图 1.15　变量 aaa 在内存中的内容

在如图 1.15 所示的内存窗口中,左上角的"地址"部分显示的 0x00D3F288 是变量 aaa 所代表的内存地址。它分成 3 部分:左侧部分显示的内存地址,是变量 aaa 的地址以及附近的内存地址;中间部分显示的是内存地址中保存的十六进制数字内容(内存中保存的数据都是二进制数据,为了方便观察,Visual Studio 2019 中把这些二进制数据以十六进制形式显示出来,4 位二进制数字显示为 1 位十六进制数字);右侧部分显示的是内存中的十六进制数字所代表的一些字符,有些可显示字符会显示出来,对于不可显示的字符就用"."来代替。

将程序代码中的 safasdfa\0def 字样与内存中的内容进行比较,可以看到,"\0"这个转义字符在内存中显示的十六进制数字为 00,其他的字符例如"a"这个字符在内存中显示的十六进制数字为 61,十六进制的 61 正好是十进制的 97,而十进制的 97 正好就是字符"a"的 ASCII 码,所以在内存中存放一个字符时,存放的其实就是该字符的 ASCII 码。

3. 快速监视窗口

当运行着的程序**停到断点处**时,也可以按下快捷键 Shift+F9(对应菜单命令"调试"→"快速监视"),并在其中输入要监视的变量内容,这样也可以看到变量中所保存的数据,例如输入 &aaa 并按 Enter 键,可以看到 aaa 的地址,地址中的内容也清晰可见,如图 1.16 所示。

图 1.16　快速监视窗口,用于快速查看变量的值、变量的地址等

掌握了 Visual Studio 2019 中程序的调试方法,就可以在后面的学习中利用这些手段快速掌握新知识了。

从第 2 章开始,就要真正进入 C++设计模式知识的学习中去了,笔者将逐个讲解常用的设计模式,并对每个设计模式给出恰当的范例。在此之前,强烈建议读者把 Visual Studio 开发环境搭建好。对于本书所讲解的内容,希望读者都能够亲自动手进行实践,那么学习效果会好上许多!

第 2 章

模板方法模式

很多事情是由几个固定的步骤来完成的,例如到饭馆吃饭,需要经历点餐→用餐→结账这样的步骤,因为这几个步骤是固定的,所以被作为一种样板,这就是"模板方法(Template Method)模式"名字的由来。但是在这几个固定步骤中,有很多细微的部分可以有差异,例如在点餐这个环节,有人点的是粤菜,有人点的是鲁菜;在结账这个环节,有人用现金结账,有人用信用卡结账……在固定步骤确定的情况下,通过多态机制在多个子类中对每个步骤的细节进行差异化实现,这就是模板方法模式能够达到的效果。

模板方法模式是一种行为型模式,其实现简单且被经常使用,实现代码具有代表性,甚至很多程序员在不知不觉中就会使用到该模式而不自知。从最简单的模式讲起,总是让人更容易接受。

2.1 一个具体实现范例的逐步重构

这里讲解一个实际工作中的范例。A 公司有一个小的游戏项目组,要开发一个单机的闯关打斗类游戏(类似街机打拳类游戏)。一般来讲,一个游戏项目组中最少需要由 3 名担任不同角色的员工组成,分别是游戏策划、游戏程序、游戏美术。

(1) 游戏策划(简称策划)负责提出游戏的各种玩法需求,确定游戏中的各种数值,例如角色人物(包括敌人)的生命值、魔法值等。

(2) 游戏程序(简称程序)需要与游戏策划紧密配合通过代码来实现游戏策划要求的各种功能。

(3) 游戏美术需要承担一切看得见的游戏内容的设计工作,例如角色设计、道具设计、游戏特效设计等,因为游戏美术与本书所讲解的设计模式没有直接关系,故不具体介绍。

游戏策划给出的游戏项目需求是这样的:游戏主角是一个战士(攻击力不够强,但生命值比较多),主角通过不断往前走来闯关,遇到敌人就进行攻击,敌人会进行反击,也会在距离比较近时主动攻击主角。主角有生命值、魔法值、攻击力 3 个属性。主角生命值消耗为 0 则主角死亡(游戏结束);攻击力决定打敌人一下敌人会失去多少点生命;魔法值暂时用不上,先写在代码中留存,待以后扩展。主角的起始生命值为 1000,起始魔法值为 0,起始攻击力为 200。

于是,程序根据策划提出的需求开始书写第一个版本的源代码,先把主角人物这个类定义出来,代码如下:

```
//定义一个"战士"类
class Warrior
{
public:
    //构造函数
    Warrior(int life, int magic, int attack) :m_life(life), m_magic(magic), m_attack(attack){}

    ...//一些成员函数等

private:
    //角色属性
    int m_life;          //生命值
    int m_magic;         //魔法值
    int m_attack;        //攻击力
};
```

这里 Warrior 类中可能有很多成员函数来实现"战士"这个角色的各种功能,这些不重要,所以这里不深究。

某一天,策划希望给主角人物增加一个名字叫作"燃烧"的技能,目的是当主角被一群敌人包围的时候使用该技能可能会挽救主角的性命,该技能是这样描述的:使用"燃烧"技能可以使附近的所有敌人每人失去 500 点生命值,但主角自身也会损失掉 300 点生命值。显然这是一个杀敌一千自损八百的技能,但关键时刻主角如果被群殴,使用该技能可能会瞬间杀死一堆敌人从而使自己脱离险境。程序在接到策划的该需求后,继续为 Warrior 类增加新的成员函数,代码如下:

```
public:
    void JN_Burn()         //技能"燃烧"
    {
        cout << "让所有敌人每人失去 500 点生命值,相关逻辑代码在这里略..." << endl;
        cout << "主角自身失去 300 点生命值" << endl;
        m_life -= 300;
        cout << "播放技能"燃烧"的技能特效给玩家看" << endl;
    }
```

在 main 主函数中加入代码释放"燃烧"这个技能的效果:

```
Warrior mroleobj(1000,0,200);      //创建主角
mroleobj.JN_Burn();                //主角释放"燃烧"技能
```

执行起来,看一看结果:

```
让所有敌人每人失去 500 点生命值,相关逻辑代码在这里略...
主角自身失去 300 点生命值
播放技能"燃烧"的技能特效给玩家看
```

可以看到,在代码中创建了一个主角对象,然后主角释放了"燃烧"技能,结果正确。

过了几天时间,策划对程序说:游戏中只有"战士"这样一个主角,可玩性不强,需要再增加一个"法师(攻击力很强,但生命值相对比较少)"作为主角,玩家可以自由选择以"战士"

或者"法师"的身份参加战斗，"法师"主角的起始生命值为 800，起始魔法值为 200，起始攻击力为 300。法师也有一个名字叫作"燃烧"的技能，引入该技能的初衷与战士相同，该技能是这样描述的：使用"燃烧"技能可以使附近的所有敌人每人失去 650 点生命值，但主角自身会损失掉 100 点魔法值。显然这个技能是通过魔法值来杀敌，那么魔法值对于法师来讲就显得特别珍贵了。

程序拿到这个需求的时候，就开始思考代码该如何书写了。如果重新实现一个 Mage（法师）类，那么内部的代码会与 Warrior 类大同小异（造成代码的大量重复），更何况，也许日后策划再增加一个其他类型的主角，则又要写一个新的类来应付，这实在是会让代码变得特别丑陋。于是，程序员利用自己丰富的编码经验，重新实现了一个 Fighter（战斗者）类作为父类，而创建 F_Warrior 和 F_Mage 作为子类，父类 Fighter 中的内容尽量不做变动或者少做变动，而变动主要集中在 F_Warrior 和 F_Mage 子类中进行，如果将来策划需要增加新类型的主角，只需要增加新的子类即可。

于是，程序根据自己的想法，开始编写第二个版本的源代码（代码重构），首先实现父类：

```cpp
//战斗者父类
class Fighter
{
public:
    //构造函数
    Fighter(int life,int magic,int attack) :m_life(life), m_magic(magic), m_attack(attack){}
    virtual ~Fighter() {}        //作父类时析构函数应该为虚函数

    void JN_Burn()              //技能"燃烧"
    {
        //...待增加
    }

protected:                      //可能被子类访问的成员,用 protected 修饰
    //角色属性
    int m_life;                 //生命值
    int m_magic;                //魔法值
    int m_attack;               //攻击力
};
```

这里 Fighter 类的实现代码与 Warrior 类的实现代码类似，但现在的关键问题是"燃烧"这个技能的代码如何实现，通过与策划进行沟通，策划确认了两件事情：

(1) 游戏中近期至少还会增加一个"牧师"作为主角；

(2) 每个主角**都有**一个"燃烧"这样的技能，燃烧技能在释放时产生的效果各不相同，但毫无疑问有**两点是肯定不变**的：一是对主角自身会产生影响；二是对敌人会产生影响。

有了策划这样的承诺，程序就知道"燃烧"这个技能该怎样编写代码了。

(1) 对敌人产生影响的函数，取名为 effect_enemy，因为不同的主角释放"燃烧"技能会对敌人产生的影响不同，所以 effect_enemy 应该是一个虚函数，在子类中重新实现该虚函数。

(2) 对主角自身产生影响的函数取名为 effect_self，因为不同的主角释放"燃烧"技会对

主角自身产生的影响不同,所以 effect_self 也应该是一个虚函数,在子类中重新实现该虚函数。

(3) 播放技能"燃烧"的技能特效,因为策划确定所有主角在释放"燃烧"技能时,所播放的技能特效是一样的,所以,可以写一个专门的播放函数(而不是把这些代码直接放在 JN_Burn 函数中,否则代码显得太散乱了),取名为 play_effect,该函数并不需要是一个虚函数,因为无须在子类中重新实现。

于是,Fighter 类的 JN_Burn 成员函数代码应该如下:

```
void JN_Burn()              //技能"燃烧"
{
    effect_enemy();         //对敌人产生的影响
    effect_self();          //对主角自身产生的影响
    play_effect();          //播放技能"燃烧"的技能特效
}
```

同时,也需要在 Fighter 类中增加 effect_enemy 和 effect_self 这两个虚函数以及 play_effect 非虚函数:

```
private:
    virtual void effect_enemy() {}    //函数体为空,表示什么都不做,如果要求必须在子类中重
                                      //新实现该虚函数,则可以将该函数写成纯虚函数
    virtual void effect_self() {};
    void play_effect()
    {
        cout << "播放技能"燃烧"的技能特效给玩家看" << endl;
                                      //所有主角播放的技能特效都相同,因此不用写成一个虚
                                      //函数并在子类中实现技能特效的播放
    }
```

接着,实现战士这个主角类 F_Warrior,代码如下:

```
//"战士"类,父类为 Fighter
class F_Warrior :public Fighter
{
public:
    //构造函数
    F_Warrior(int life, int magic, int attack) :Fighter(life, magic, attack) {}
private:
    //对敌人产生的影响
    virtual void effect_enemy()
    {
        cout << "战士主角_让所有敌人每人失去 500 点生命值,相关逻辑代码在这里略..." << endl;
    }
    //对主角自身产生的影响
    virtual void effect_self()
    {
        cout << "战士主角_自身失去 300 点生命值" << endl;
        m_life -= 300;
    }
};
```

然后，实现法师这个主角类 F_Mage，代码如下：

```cpp
//"法师"类,父类为 Fighter
class F_Mage :public Fighter
{
public:
    //构造函数
    F_Mage(int life, int magic, int attack) :Fighter(life, magic, attack) {}
private:
    //对敌人产生的影响
    virtual void effect_enemy()
    {
        cout << "法师主角_让所有敌人每人失去 650 点生命值,相关逻辑代码在这里略..." << endl;
    }
    //对主角自身产生的影响
    virtual void effect_self()
    {
        cout << "法师主角_自身失去 100 点魔法值" << endl;
        m_magic -= 100;
    }
};
```

在 main 主函数中，注释掉原有代码，增加如下代码：

```cpp
Fighter * prole_war = new F_Warrior(1000, 0, 200);      //创建战士主角,注意这是父类指针
                                                        //指向子类对象以利用多态特性

prole_war->JN_Burn();                                   //战士主角释放"燃烧"技能

cout << "--------------------------" << endl;           //分隔线,以更醒目地显示信息

Fighter * prole_mag = new F_Mage(800, 200, 300);        //创建法师主角,注意这是父类指针指
                                                        //向子类对象以利用多态特性

prole_mag->JN_Burn();                                   //法师主角释放"燃烧"技能

//释放资源
delete prole_war;
delete prole_mag;
```

执行起来，看一看结果：

```
战士主角_让所有敌人每人失去 500 点生命值,相关逻辑代码在这里略...
战士主角_自身失去 300 点生命值
播放技能"燃烧"的技能特效给玩家看
--------------------------
法师主角_让所有敌人每人失去 650 点生命值,相关逻辑代码在这里略...
法师主角_自身失去 100 点魔法值
播放技能"燃烧"的技能特效给玩家看
```

从结果可以看到，战士作为主角施展"燃烧"技能时的表现与法师作为主角施展"燃烧"技能时的表现是不一样的，这种不一样的表现主要是通过 F_Warrior 和 F_Mage 子类中的 effect_enemy 和 effect_self 虚函数来体现的。

上面的代码经过了重构,实际上是逐步引入了设计模式,通过这个范例,正式引入模板方法模式。

2.2 引入模板方法模式

首先要提醒读者在设计模式运用过程中始终要把握的一条最重要原则:软件开发中需求的变化是非常频繁的,开发人员必须尝试**寻找变化点**,将变化的部分和稳定的部分**分离**开,并在**变化点所在的位置处**应用设计模式,程序员必须不断提升自己的眼界和能力,逐步掌握这种抽象(把代码的组织按一定层次结构划分)的能力,如此才能更好地运用设计模式。所以,在学习设计模式过程中,往往强调的是:学习一个设计模式并不难,难的是选择该设计模式的场合和时机。

在前面的范例中,Fighter 类中的 JN_Burn 成员函数的实现就使用了模板方法模式。观察 JN_Burn,它具有非常稳定的结构,换句话说,该成员函数固定调用如下 3 个成员函数:

```
effect_enemy();        //对敌人产生的影响
effect_self();         //对主角自身产生的影响
play_effect();         //播放技能"燃烧"的技能特效
```

这种非常**稳定**的结构(也称为算法的骨架/框架:这里的算法说的就是 JN_Burn,设计模式术语中往往会把某个成员函数说成是一个算法,而骨架是指 JN_Burn 中调用的是很固定的 3 个成员函数)是在 JN_Burn 中能够运用模板方法模式的前提(否则就不适合用模板方法模式实现 JN_Burn)。这种非常稳定的结构(只调用若干固定的成员函数)就可被看作一个样板或者说一个模板,这就是"**模板方法**"模式名字的由来,因为成员函数往往可以被称为**方法**,所以 JN_Burn 成员函数在这里其实就被称为模板方法。

当然,在 JN_Burn 中,针对 effect_enemy、effect_self 的调用,需要做出不同的改变,例如战士使用"燃烧"技能对敌人和对自身的影响与法师使用"燃烧"技能对敌人和对自身的影响是不同的。换句话说,骨架开发人员(JN_Burn 开发者)无法决定 effect_enemy、effect_self 如何实现,要留给子类 F_Warrior、F_Mage 去实现。

在模板方法模式中,有一个值得说明的开发技巧。main 主函数中的代码行"Fighter * prole_war = new F_Warrior(1000, 0, 200);"采用了父类指针指向子类对象的编码方式,这样代码行"prole_war-> JN_Burn();"通过 JN_Burn(该函数并不是虚函数)来间接调用 effect_enemy、effect_self 虚函数时,因为虚函数的动态绑定机制,就可以达到正确执行子类 F_Warrior、F_Mage 中 effect_enemy、effect_self 虚函数的效果。

许多开发者将这种在子类中重新实现某些虚函数以产生不同程序执行结果的代码编写方法称为**晚绑定**,也就是说,在程序**运行**的时候,才能根据 new 后面的类型名知道究竟执行的是 F_Warrior 类还是 F_Mage 类中的 effect_enemy、effect_self 函数,相对应的还有一个**早绑定**概念,如果在 main 主函数中加入如下代码:

```
F_Warrior role_war(1000, 0, 200);
role_war.JN_Burn();
```

上面这种代码编写方式就称为早绑定,因为在编译(非程序运行)阶段就已经知道,代码行"role_war. JN_Burn();"通过 JN_Burn 来间接调用 effect_enemy、effect_self 时,调用的肯定是 F_Warrior 类(肯定不会是 F_Mage 类)中的 effect_enemy、effect_self 函数。

引入**"模板方法"设计模式的定义**(实现意图):定义一个操作中的算法的骨架(稳定部分),而将一些步骤**延迟**到子类中去实现(父类中定义虚函数,让子类实现/重写这个虚函数)从而达到在整体稳定的情况下产生一些变化的目的。

这里引用一句对设计模式的经典总结:设计模式的作用就是在变化和稳定中间**寻找隔离点**,去分离稳定和变化,从而管理变化,但如果整个设计中到处都是变化或到处都稳定,那么自然也就不需要使用任何设计模式了。

模板方法模式是一种代码复用技术(子类复用了父类的 JN_Burn 代码),同时这种模式也被认为导致了一种反向的控制结构,这种结构被称为"好莱坞法则",也就是"不要来调用(骚扰——好莱坞大导演就是这样有脾气)我,我会去调用你(有事我自然会联系你——演员,地位显然与导演不能比)",虽然单独提这个法则会让人特别困惑,但只要结合前面的范例就非常好理解,这里指的反向控制结构就是父类的 JN_Burn 会去调用子类的 effect_enemy 或 effect_self,虽然从常理来讲,父类成员函数调用子类成员函数是一件感觉比较奇怪的事,但在这里却是很正常的,因为 main 主函数中的 new 代码行是利用父类指针指向了一个子类对象,例如:

```
Fighter * prole_war = new F_Warrior(1000, 0, 200);
```

那么接下来的代码行中涉及的对虚函数 effect_enemy 或 effect_self 的调用显然调用的都应该是 F_Warrior 子类的 effect_enemy 或 effect_self,这也正是虚函数的晚绑定机制的能力:

```
prole_war -> JN_Burn();    //这会调用 F_Warrior 子类的 effect_enemy 或 effect_self
```

需要注意的是,在实际的工作岗位中,尤其是在一些大型的项目中,往往项目经理或主程序会负责实现 Fighter 父类(当然包含其中的 JN_Burn 成员函数的实现代码),并给其他同项目组的普通开发者一个开发说明文档,其他普通开发者负责实现 F_Warrior、F_Mage 子类以及子类中的 effect_enemy、effect_self 等接口,甚至可能出现父类是第三方开发厂商开发的,普通开发者看不到父类的源码(拿到手的只是一个编译好了的库),唯一能看到的就是开发说明文档,此时普通开发者也许会因为无法看到父类的实现代码而产生只见树木不见森林的开发困惑,这是一个非常普遍的问题——设计模式的运用,在很大程度上增加了程序员从整体上理解代码的难度。当然,话说回来,程序员如果仅仅负责实现 F_Warrior、F_Mage 子类中的 effect_enemy、effect_self 功能,那么从开发的角度来讲,编写代码变得更简单了。如果读者是普通开发者中的一员,则建议不要试图以打破砂锅问到底的态度去尝试理解整个 Fighter 父类的实现方式,那可能会花费大量的时间,必要性值得商榷,一定要优先实现好 F_Warrior、F_Mage 子类中的 effect_enemy、effect_self 接口,这样做至少能够顺利完成工作任务。

2.3　模板方法模式的 UML 图

UML 的全称是统一建模语言(Unified Modeling Language),这里不详细介绍 UML,有兴趣的读者可以通过搜索引擎详细了解,读者可以将 UML 理解为一种工具,通过这种工具可以以图形的方式绘制出一个类的结构图以及类与类之间关系,把所编写的代码以图形方式呈现出来对于代码的全局理解和掌握好处巨大。现在,就使用 UML 工具,针对前面的代码范例绘制一下模板方法模式的 UML 图,如图 2.1 所示。

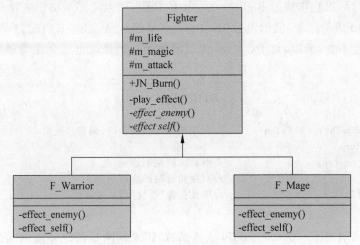

图 2.1　模板方法模式 UML 图

参考图 2.1,简单介绍 UML 图的绘制方法如下。当用 UML 图表示类结构(以 Fighter 类为例)和类与类之间关系时,需要做到以下几点:

(1) 一个类用一个长方形表示,长方形从上到下被分为 3 个区域,分别是类名、成员变量名、成员函数名。

(2) 用 public 修饰的成员变量名或成员函数名前面额外用一个“＋”表示,用 protected 修饰的成员变量名或成员函数名前面额外用一个“♯”表示,用 private 修饰的成员变量名或成员函数名前面额外用一个“－”表示。

(3) 在既有普通成员函数又有虚成员函数的类中,绘制类结构时往往使用斜体文字表示虚成员函数以示与普通成员函数的区别。

(4) 在父类(Fighter)中,笔者刻意将稳定部分(JN_Burn)字号放大,变化部分(effect_enemy 和 effect_self)字号缩小以突出显示哪些部分是稳定的,哪些部分是变化的,以此帮助读者加深对模板方法模式的理解。

(5) 类与类之间以实线箭头表示父子关系,子类(F_Warrior、F_Mage)与父类(Fighter)之间有一条带箭头的实线,箭头方向指向父类。

2.4　程序代码的进一步完善及应用联想

不出几天,程序员就以极快的速度写好了代码,并迅速提交给测试人员进行测试。没想到,仅仅测试了半小时,测试人员就发现了程序功能不完善的地方:

(1) 战士主角使用一次“燃烧”技能会使自身失去 300 点生命值,但是如果战士主角的生命值已经不够 300 点了,那么就不应该允许战士主角使用“燃烧”技能。

(2) 法师也同样存在类似的问题,法师主角使用一次“燃烧”技能会使自身失去 100 点魔法值,但是如果法师主角的魔法值已经不够 100 点了,那么就不应该允许法师主角使用

"燃烧"技能。

程序员拿到测试人员的这个反馈，简直是无地自容，作为一个多年的老程序员，犯这种低级错误简直是没脸见人，赶紧通宵加班补救问题吧。

鉴于程序员可以直接修改 Fighter 父类中的代码，所以程序员决定直接修改 Fighter 父类中的 JN_Burn 成员函数，前面说过 JN_Burn 成员函数是稳定的，但稳定是相对的概念而不是稳定到永远不变，所以，对 JN_Burn 成员函数的适当修改也完全在情理之中，修改后的代码如下：

```
void JN_Burn()                    //技能"燃烧"
{
    if (canUseJN() == false)       //如果不能使用该技能,则直接返回
        return;
    effect_enemy();               //对敌人产生的影响
    effect_self();                //对主角自身产生的影响
    play_effect();                //播放技能"燃烧"的技能特效
}
```

上面的代码增加了一个 canUseJN 成员函数，用来判断是否能够使用"燃烧"技能，如果不满足使用条件，则程序执行流程直接从 JN_Burn 中返回。现在问题的重点是如何实现 canUseJN 成员函数，考虑到 F_Warrior 和 F_Mage 这两个子类都需要重新实现 canUseJN 来判断主角自身到底能否释放"燃烧"技能，因此，在 Fighter 父类中，有必要将 canUseJN 成员函数声明为**纯虚**函数，代码如下：

```
private:
    virtual bool canUseJN() = 0;      //判断是否能使用技能"燃烧",这是纯虚函数声明,子类中
                                      //必须重新实现 canUseJN
```

接着，在 F_Warrior 子类中增加 canUseJN 的实现代码：

```
private:
    //判断是否能使用"燃烧"技能
    virtual bool canUseJN()
    {
        if (m_life < 300)          //生命值不够 300 点,不能使用"燃烧"技能
            return false;
        return true;
    }
```

在 F_Mage 子类中增加 canUseJN 的实现代码：

```
private:
    //判断是否能使用"燃烧"技能
    virtual bool canUseJN()
    {
        if (m_magic < 100)           //魔法值不够 100 点,不能使用"燃烧"技能
            return false;
        return true;
    }
```

这样，代码就修改完毕了。做个测试，在 main 主函数中，创建一个生命值只有 50 的战

士主角,让其释放"燃烧"技能,显然无法成功释放:

```
Fighter * prole_war2 = new F_Warrior(50, 0, 200);      //创建生命值只有 50 的战士主角
prole_war2 -> JN_Burn();                    //该战士无法成功释放"燃烧"技能,不输出任何结果
delete prole_war2;
```

这里的 canUseJN 成员函数有另外一个称呼,叫作"钩子方法",笔者认为这个名字并不好,因为会增加理解的难度,其实这无非就是一个子类可以控制父类行为的方法,例如,子类的 canUseJN 成员函数返回 true,主角就可以释放"燃烧"技能,否则,主角就无法释放"燃烧"技能。这有那么一点子类钩住父类从而反向控制父类行为的意思,因此起名为钩子方法。

虽然前面的范例针对的是一个游戏项目的开发,但是只要稍微拓展一下思路,就会发现在许多场合都适合使用模板方法模式,读者必须善于识别,还要大开脑洞、发挥想象。尤其对于一些程序框架,例如 MFC(微软基础类库)框架,很容易想象其中一定会用到很多模板方法模式——由框架来控制完成哪些事务,而框架内各种事务的实现细节可以由具体的程序开发人员根据需求来确定和实现。例如,通过 MFC 创建一个基于对话框的应用程序,程序执行起来后,当创建对话框时就会自动调用对话框所属类的 OnInitDialog 成员函数,这个成员函数就是一个虚函数,就是为了给 MFC 框架的开发者提供变化,相当于 effect_enemy、effect_self 这样的虚函数。

当然,对于普通的开发者来说,就不必考虑开发框架了,解决一些日常问题更加实际,再试举一例:

某车间能够装配很多种零件,如果这些零件的装配工序都非常固定,只有在涉及某道工序细节时有一些小的变化,那么就可以针对零件创建一个父类,其中的零件装配工序(成员函数)就非常适合采用模板方法模式来实现,而处理某道工序的细节可以直接放在子类(针对某个具体零件的类)虚函数中进行。

第 3 章　工厂模式、原型模式、

建造者模式

　　工厂模式、原型模式、建造者模式都属于创建型模式，用于创建对象实例。本章就学习一下这些设计模式，学习过程中应注意比较它们之间的异同及适用场合。

3.1　工厂模式

　　创建一个类对象的传统方式是使用关键字 new，因为用 new 创建的类对象是一个堆对象，可以实现多态。工厂模式通过把创建对象的代码包装起来，实现创建对象的代码与具体的业务逻辑代码相隔离的目的（将对象的创建和使用进行解耦）。试想，如果创建一个类 A 的对象，可能会写出"A * pobja = new A();"这样的代码行，但当给类 A 的构造函数增加一个参数时，所有利用 new 创建类 A 对象的代码行全部需要修改，如果通过工厂模式把创建类 A 对象的代码统一放到某个位置，则对于诸如给类 A 的构造函数增加参数之类的问题，只需要修改一个位置就可以了。

　　工厂模式属于创建型模式，一般可以细分为 3 种：简单工厂模式、工厂方法模式和抽象工厂模式。每种都有不同的特色和应用场景，本章将会逐一介绍。在讲解过程中，还会引出面向对象程序设计的一个重要原则——开闭原则，并对该原则进行细致的阐述。

3.1.1　简单工厂模式

　　简单工厂（Simple Factory）模式在四人组写的《设计模式——可复用面向对象软件的基础》中并没有出现，所以可以认为这并不算是一个标准的设计模式，但因为其应用场合比较多，所以在这里专门介绍一下。此外，有些书籍并不把简单工厂模式看成一种设计模式，只是看成一种编程手法，这也没什么问题，在笔者看来，更倾向把简单工厂模式看成一种编程手法或者编程技巧。

　　之所以叫简单工厂模式，是因为该模式与其他两种工厂模式（工厂方法模式和抽象工厂模式）比较而言，实现的代码相对简单，作为其他两种工厂模式学习的基础非常合适。

　　这里继续以前面的单机闯关打斗类游戏的开发为例来阐述工厂模式。游戏中的主角需要通过攻击并杀死怪物来进行闯关，策划规定，在该游戏中，暂时有 3 类怪物（后面可能会增加新的怪物种类），分别是亡灵类怪物、元素类怪物、机械类怪物，每种怪物都有一些各自的特点（细节略），当然，这些怪物还有一些共同特点，例如同主角一样，都有生命值、魔法值、攻击力 3 个属性，为此，创建一个 Monster（怪物）类作为父类，而创建 M_Undead（亡灵类怪物)、M_Element(元素类怪物)和 M_Mechanic(机械类怪物)作为子类是合适的。针对怪物,程序定义了如下几个类:

```cpp
//怪物父类
class Monster
{
public:
    //构造函数
    Monster(int life, int magic, int attack) :m_life(life), m_magic(magic), m_attack(attack) {}
    virtual ～Monster() {}        //作父类时析构函数应该为虚函数

protected:                        //可能被子类访问的成员,用 protected 修饰
    //怪物属性
    int m_life;               //生命值
    int m_magic;              //魔法值
    int m_attack;             //攻击力
};

//亡灵类怪物
class M_Undead :public Monster
{
public:
    //构造函数
    M_Undead(int life,int magic,int attack):Monster(life, magic, attack)
    {
        cout << "一只亡灵类怪物来到了这个世界" << endl;
    }
    //其他代码略...
};

//元素类怪物
class M_Element :public Monster
{
public:
    //构造函数
    M_Element(int life, int magic, int attack):Monster(life,magic,attack)
    {
        cout << "一只元素类怪物来到了这个世界" << endl;
    }
    //其他代码略...
};

//机械类怪物
class M_Mechanic :public Monster
{
public:
    //构造函数
    M_Mechanic(int life,int magic,int attack):Monster(life,magic,attack)
    {
        cout << "一只机械类怪物来到了这个世界" << endl;
```

```
    }
    //其他代码略…
};
```

当需要在游戏的战斗场景中产生怪物时,传统方法可以使用 new 直接产生各种怪物,例如在 main 主函数中可以加入如下代码:

```
Monster *  pM1 = new M_Undead(300, 50, 80);        //产生了一只亡灵类怪物
Monster *  pM2 = new M_Element(200, 80, 100);       //产生了一只元素类怪物
Monster *  pM3 = new M_Mechanic(400, 0, 110);       //产生了一只机械类怪物
//释放资源
delete pM1;
delete pM2;
delete pM3;
```

执行结果如下:

```
一只亡灵类怪物来到了这个世界
一只元素类怪物来到了这个世界
一只机械类怪物来到了这个世界
```

上面这种创建怪物的写法虽然合法,但不难看到,当创建不同种类的怪物时,避免不了直接与多个怪物类(M_Undead、M_Element、M_Mechanic)打交道,这属于一种依赖具体类的紧耦合,因为需要知道这些类的名字,尤其是随着游戏内容的不断增加,怪物的种类也可能会不断增加。

如果通过某个扮演工厂角色的类(怪物工厂类)来创建怪物,则意味着创建怪物时不再使用 new 关键字,而是通过该工厂类来进行,这样的话,即便将来怪物的种类增加,main 主函数中创建怪物的代码也可以尽量保持稳定。通过工厂类,避免了在 main 函数中(也可以在任何其他函数中)直接使用 new 创建对象时必须知道具体类名(这是一种依赖具体类的紧耦合关系)的情形发生,实现了**创建怪物的代码**与各个具体怪物类对象要实现的业务逻辑**代码**隔离,这就是简单工厂模式的实现思路。当然,和使用 new 创建对象的直观性比,显然简单工厂模式的实现思路是绕了弯的。

下面就创建一个怪物工厂类 MonsterFactory,用这个工厂类来生产(产生)出各种不同种类的怪物,代码如下:

```
//怪物工厂类
class MonsterFactory
{
public:
    Monster * createMonster(string strmontype)
    {
        Monster * prtnobj = nullptr;
        if(strmontype == "udd")             //udd 代表要创建亡灵类怪物
        {
            prtnobj = new M_Undead(300, 50, 80);
        }
        else if(strmontype == "elm")        //elm 代表要创建元素类怪物
```

```
        {
            prtnobj = new M_Element(200, 80, 100);
        }
        else if(strmontype == "mec")        //mec 代表要创建机械类怪物
        {
            prtnobj = new M_Mechanic(400, 0, 110);
        }
        return prtnobj;
    }
};
```

通过上面的代码可以看到，createMonster 成员函数的形参是一个字符串，代表怪物类型。虽然通过工厂创建怪物不再需要直接与各个怪物类打交道，但必须通过一个标识告诉怪物工厂类要创建哪种怪物，这就是该字符串的作用。当然，不使用字符串而使用一个整型数字也没问题，只要能标识出不同的怪物类型即可。createMonster 成员函数返回的是 Monster * 这个所有怪物类的父类指针以支持多态。

在 main 主函数中，注释掉原有代码，增加如下代码：

```
MonsterFactory facobj;
Monster * pM1 = facobj.createMonster("udd");        //产生了一只亡灵类怪物,当然这里必须知
                                                    //道"udd"代表的是创建亡灵类怪物
Monster * pM2 = facobj.createMonster("elm");        //产生了一只元素类怪物
Monster * pM3 = facobj.createMonster("mec");        //产生了一只机械类怪物
//释放资源
delete pM1;
delete pM2;
delete pM3;
```

代码虽然经过了上述改造，但执行结果不变。

代码经过改造后，创建各种怪物时就不必面对（书写）M_Undead、M_Element、M_Mechanic 等具体的怪物类，只要面对 MonsterFactory 类即可。当然，其实 main 主函数创建对象时遇到的麻烦（依赖具体怪物类）依旧存在，只是被转嫁给了 MonsterFactory 类而已。其实，依赖这件事本身并不会因为引入设计模式而完全消失，程序员能做的是把这种依赖的范围尽量缩小（例如缩小到 MonsterFactory 类的 createMonster 成员函数中），从而避免依赖关系遍布整个代码（所有需要创建怪物对象的地方），这就是所谓的**封装变化**（把容易变化的代码段限制在一个小范围内），就可以在很大程度上提高代码的可维护性和可扩展性，否则可能会导致一修改代码就要修改一大片的困境。例如以往如果这样写代码：

```
Monster * pM1 = new M_Undead(300, 50, 80);
```

那么一旦要对圆括号中的参数类型进行修改或者新增参数，则所有涉及 new M_Undead 的代码段可能都要修改，但采用简单工厂模式后，只需要修改 MonsterFactory 类的 createMonster 成员函数，确实省了很多事。

MonsterFactory 类的实现也有缺点。最明显的缺点就是当引入新的怪物类型时，需要修改 createMonster 成员函数的源码来增加新的 if 判断分支，从而支持对新类型怪物的创建工作，这违反了面向对象程序设计的一个原则——开闭原则（Open Close Principle，

OCP)。

面向对象程序设计有几大原则比较难理解,讲解时需要相关的代码做讲解支撑才容易懂,所以笔者尽可能遇到时再讲解。这里提一下开闭原则,开闭原则讲的是代码的扩展性问题,它是这样解释的:**对扩展开放,对修改关闭(封闭)**。这个解释太粗糙,如果解释得详细一点,应该是这样:当增加新功能时,不应该通过修改已经存在的代码来进行(修改MonsterFactory 类中的 createMonster 成员函数就属于修改已经存在的代码范畴),而应该通过扩展代码(例如增加新类、增加新成员函数等)来进行。开闭原则一般是面向对象程序设计所追求的目标。

前述通过修改 createMonster 成员函数来增加对新类型怪物的支持,违反了开闭原则,得到的好处是代码阅读起来简单明了,但如果通过扩展代码来增加对新怪物的支持,那么代码会复杂很多,也会在相当程度上增加对代码的理解难度,具体如何通过扩展代码来践行开闭原则,后面的讲解中会详细谈到。

请记住,如果 if 分支语句并不是很多(此时用简单工厂设计模式就是适合的),例如只有数个而并不是数十上百个,那么适当地违反开闭原则完全可以接受。当然,如果怪物类型只有 2 或 3 种且不经常变动则不引入工厂类 MonsterFactory 而直接采用 new 的方式创建对象也仍然可以,开发者需要在代码的可读性和可扩展性之间做出权衡,在应用设计模式时不应该生搬硬套,而是依据实际情形和实际应用场景确定。

引入"**简单工厂**"设计模式的定义(实现意图):定义一个工厂类(MonsterFactory),该类的成员函数(createMonster)可以根据不同的参数创建并返回不同的类对象,被创建的对象所属的类(M_Undead、M_Element、M_Mechanic)一般都具有相同的父类(Monster)。调用者(这里指 main 函数)无须关心创建对象的细节。

也可以把 MonsterFactory 类中的 createMonster 实现为静态成员函数,具体如下:

```
public:
    static Monster * createMonster(string strmontype)
    {
        …
    }
```

这样在 main 函数中就不必创建 facobj 对象,直接采用诸如"MonsterFactory::createMonster("udd");"的调用方式创建怪物即可,此时的简单工厂模式又可以称为静态工厂方法(Static Factory Method)模式。

针对前面的代码范例绘制简单工厂模式的 UML 图,如图 3.1 所示。

在图 3.1 中,可以看到:

(1) 类与类之间以实线箭头表示父子关系,子类(M_Undead、M_Element、M_Mechanic)与父类(Monster)之间有一条带箭头的实线,箭头的方向指向父类。MonsterFactory 类与M_Undead、M_Element、M_Mechanic 类之间的虚线箭头表示箭头连接的两个类之间存在着依赖关系(一个类引用另一个类),换句话说,虚线箭头表示一个类(MonsterFactory)实例化另外一个类(M_Undead、M_Element、M_Mechanic)的对象,箭头指向被实例化对象的类。

(2) 因为创建怪物只需要与 MonsterFactory 类打交道,所以创建怪物的代码(调用

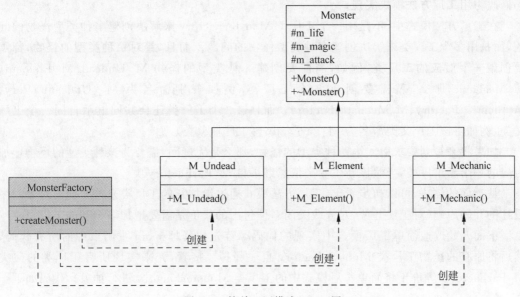

图 3.1　简单工厂模式 UML 图

createMonster 成员函数的代码)是稳定的,但增加新类型怪物需要修改 MonsterFactory 类的 createMonster 成员函数代码,所以 createMonster 成员函数是变化的。

(3) 如果 MonsterFactory 类由第三方开发商开发,该开发商并不希望将 M_Undead、M_Element、M_Mechanic 这些类的名字等信息暴露给开发者,那么通过为开发者提供 createMonster 成员函数(接口)来创建出不同类型的怪物就可以实现具体怪物类的隐藏效果,同时也实现了创建怪物对象的代码与具体的怪物类(M_Undead、M_Element、M_Mechanic)解耦合(对任意一个模块的更改都不会影响另外一个模块)的效果。

3.1.2　工厂方法模式

有些书籍资料会把简单工厂模式看成工厂方法(Factory Method)模式的特例(笔者认为这种看法不太合适,读者学习完本模式后可自行体会),所以并不会单独讲解简单工厂模式。工厂方法模式是使用频率最高的工厂模式,而人们通常所说的工厂模式也常常指的就是工厂方法模式,换句话说,工厂方法模式可以简称为**工厂模式**或**多态工厂模式**,这种模式的实现难度比简单工厂模式略高一些。

前面讲解简单工厂模式时,读者已经注意到了如果引入新的怪物类型,则必须要修改 MonsterFactory 类的 createMonster 成员函数来增加新的 if 判断分支,如果怪物的种类非常多,那么这个 if 判断分支会很长,从而造成逻辑过于烦琐使代码变得难以维护,同时,前面也介绍了 createMonster 成员函数的设计违反了开闭原则(对扩展开放,对修改关闭)。工厂方法模式的引入,很好地满足了面向对象程序设计的开闭原则。当增加新的怪物类型时,工厂方法模式采用增加新的工厂类的方式支持新怪物类型(不影响已有的代码)。与简单工厂模式相比,工厂方法模式的灵活性更强,实现也更加复杂(增加了理解难度),同时也要引入更多的新类(主要是引入新的工厂类)。

本节以简单工厂模式中实现的代码为基础进行代码改造,将用**简单工厂模式**实现的代码修改为用**工厂方法模式**实现。

在工厂方法模式中,不是用一个工厂类 MonsterFactory 来解决创建多种类型怪物的问题,而是用多个工厂类来解决创建多种类型怪物的问题。而且,**针对每种类型的怪物,都需要创建一个对应的工厂类**,例如,当前要创建 3 种类型的怪物 M_Undead、M_Element、M_Mechanic,那么,就需要创建 3 个工厂类,例如分别命名为 M_ UndeadFactory、M_ElementFactory、M_MechanicFactory。而且这 3 个工厂类还会共同继承自同一个工厂父类,例如将该工厂父类命名为 M_ParFactory(工厂抽象类)。

如果将来策划要求引入第四种类型的怪物,那么毫无疑问,需要为该种类型的怪物增加对应的一个新工厂类,当然该新工厂类依然继承自 M_ParFactory 类。

从上面的描述,可以初步看出,工厂方法模式通过增加新的工厂类来符合面向对象程序设计的开闭原则(对扩展开放,对修改关闭),但付出的代价是需要增加多个新的工厂类。

下面开始改造简单工厂模式中实现的代码。首先注释掉 main 主函数中的所有代码,然后将原有的怪物工厂类 MonsterFactory 也注释掉。接着,先来实现所有工厂类的父类 M_ParFactory(等价于将简单工厂模式中的工厂类 MonsterFactory 进行抽象),代码如下:

```cpp
//所有工厂类的父类
class M_ParFactory
{
public:
    virtual Monster * createMonster() = 0;        //具体的实现在子类中进行
    virtual ~M_ParFactory() {}                    //作父类时析构函数应该为虚函数
};
```

然后,针对每个具体的怪物子类,都需要创建一个相关的工厂类,所以,针对 M_Undead、M_Element、M_Mechanic 类,创建 3 个工厂类 M_UndeadFactory、M_ElementFactory、M_MechanicFactory,代码如下:

```cpp
//M_Undead 怪物类型的工厂,生产 M_Undead 类型怪物
class M_UndeadFactory : public M_ParFactory
{
public:
    virtual Monster * createMonster()
    {
        return new M_Undead(300, 50, 80);        //创建亡灵类怪物
    }
};

//M_Element 怪物类型的工厂,生产 M_Element 类型怪物
class M_ElementFactory : public M_ParFactory
{
public:
    virtual Monster * createMonster()
    {
        return new M_Element(200, 80, 100);      //创建元素类怪物
    }
};
```

```
//M_Mechanic 怪物类型的工厂,生产 M_Mechanic 类型怪物
class M_MechanicFactory : public M_ParFactory
{
public:
    virtual Monster * createMonster()
    {
        return new M_Mechanic(400, 0, 110);        //创建机械类怪物
    }
};
```

有了这 3 个怪物工厂类之后,可以创建一个全局函数 Gbl_CreateMonster 来处理怪物对象的生成,代码如下:

```
//全局用于创建怪物对象的函数,注意形参的类型是工厂父类类型的指针,返回类型是怪物父类类
//型的指针
Monster * Gbl_CreateMonster(M_ParFactory * factory)
{
    return factory->createMonster();    //createMonster 虚函数扮演了多态 new 的行为,factory
                                        //指向的具体怪物工厂类不同,创建的怪物对象也不同
}
```

从现在的代码可以看到,Gbl_CreateMonster 作为创建怪物对象的核心函数,并不依赖于具体的 M_Undead、M_Element、M_Mechanic 怪物类,只依赖于 Monster 类(Gbl_CreateMonster 的返回类型)和 M_ParFactory 类(Gbl_CreateMonster 的形参类型),变化的部分被隔离到调用 Gbl_CreateMonster 函数的地方去了。

在 main 主函数中,注释掉原有代码,增加如下代码来通过各自的工厂生产各自的产品:

```
M_ParFactory * p_ud_fy = new M_UndeadFactory();    //多态工厂,注意指针类型
Monster * pM1 = Gbl_CreateMonster(p_ud_fy);        //产生了一只亡灵类怪物,也是多态,注意返
                                                    //回类型,当然也可以直接写成 Monster *
                                                    //pM1 = p_ud_fy->createMonster();

M_ParFactory * p_elm_fy = new M_ElementFactory();
Monster * pM2 = Gbl_CreateMonster(p_elm_fy);       //产生了一只元素类怪物

M_ParFactory * p_mec_fy = new M_MechanicFactory();
Monster * pM3 = Gbl_CreateMonster(p_mec_fy);       //产生了一只机械类怪物

//释放资源
//释放工厂
delete p_ud_fy;
delete p_elm_fy;
delete p_mec_fy;

//释放怪物
delete pM1;
delete pM2;
delete pM3;
```

从上述代码可以看到,创建怪物对象时,不需要记住具体怪物类的名称,但需要知道创建该类怪物的工厂的名称。

引入**工厂方法设计模式的定义**(实现意图):定义一个用于创建对象的接口(M_ParFactory类中的createMonster成员函数,这其实就是工厂方法,工厂方法模式的名字也是由此而来),但由子类(M_UndeadFactory、M_ElementFactory、M_MechanicFactory)决定要实例化的类是哪一个。该模式使得某个类(M_Undead、M_Element、M_Mechanic)的实例化**延迟**到子类(M_UndeadFactory、M_ElementFactory、M_MechanicFactory)。

针对前面的代码范例绘制工厂方法模式的UML图,如图3.2所示。

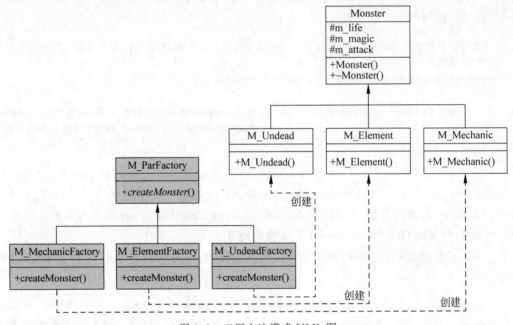

图 3.2 工厂方法模式 UML 图

在图 3.2 中,可以看到:

- Gbl_CreateMonster 函数所依赖的 Monster 类和 M_ParFactory 类都属于稳定部分 (不需要改动的类)。
- M_UndeadFactory、M_ElementFactory、M_MechanicFactory 类以及 M_Undead、M_Element、M_Mechanic 类都属于变化部分。Gbl_CreateMonster 函数并不依赖于这些变化部分。
- 当出现一个新的怪物类型[例如 M_Beast(野兽类怪物)]时,既不需要更改 Gbl_CreateMonster 函数,也不需要像简单工厂模式那样修改 MonsterFactory 类中的 createMonster 成员函数来增加新的 if 分支,除了要添加继承自 Monster 的类 M_Beast 之外,只需要为新的怪物类型 M_Beast 增加一个新的继承自 M_ParFactory 的工厂类 M_BeastFactory 即可。这正好符合面向对象程序设计的开闭原则——对扩展开放,对修改关闭(封闭)。所以,一般可以认为,将简单工厂模式的代码通过把工厂类进行抽象改造成符合开闭原则后的代码,就变成了工厂方法模式的代码。
- 如果 M_ParFactory 工厂类以及各个工厂子类由第三方开发商开发,那么利用工厂方法模式可以很好地隐藏 M_Undead、M_Element、M_Mechanic 类，使其不暴露给开发者。

- 可以根据实际需要扩充 M_ParFactory 中的接口（虚函数），例如增加游戏中对其他内容［例如 NPC（非玩家角色，如商人、路人等）］的创建支持，或者不实现成抽象类而为 createMonster 提供一些默认实现，等等，这方面读者可以发挥自身的想象力和创造力。
- 增加新的工厂类是工厂方法设计模式必须付出的代价。

关于使用工厂模式的好处，再次阐明一下笔者的观点。从宏观的角度来讲，所有的工厂模式（简单工厂模式、工厂方法模式、抽象工厂模式）都致力于将 new 创建对象这件事集中到某个或者某些工厂类的成员函数（createMonster）中去做，这样做有几个非常明显的好处。

（1）在讲解简单工厂模式时已经说过，就是希望封装变化，想将依赖具体怪物类的范围尽量缩小，试想如果将来 new 相关的代码行需要修改，例如原来是如下代码行：

```
prtnobj = new M_Element(200, 80, 100);
```

现在需要增加一个参数或者修改一个已有的参数：

```
prtnobj = new M_Element(200, 80, 80,300);
```

那么利用了工厂模式的代码，只需要修改工厂类的成员函数（createMonster）即可；如果不采用工厂模式，则代码中凡是涉及"new M_Element(200，80，100)；"的代码段可能都需要修改，这是一个极其繁重又枯燥的工作。

当然，如果不怕暴露各种怪物类的类名，又不想写这么多的工厂子类，单纯地只是想封装变化，也就是想把创建怪物对象的代码段限制在 createMonster 成员函数中，那么通过创建一个继承自 M_ParFactory 类的子类模板，也能达到同样的效果。参考如下代码段：

```
//创建怪物工厂子类模板
template < typename T>
class M_ChildFactory : public M_ParFactory
{
public:
    virtual Monster * createMonster()
    {
        return new T(300, 50, 80);              //如果需要不同的值，则可以考虑通过
                                                //createMonster 的形参将值传递进来
    }
};
```

main 主函数中，可以像下面这样来使用 M_ChildFactory 类模板：

```
M_ChildFactory < M_Undead > myFactory;
Monster * pM10 = myFactory.createMonster();
//释放资源
delete pM10;
```

（2）如果在创建一个对象之前需要一些额外的业务代码（例如，返回怪物对象之前还要设置一下怪物的位置），那么可以将这些代码统一增加到具体工厂类的 createMonster 成员

函数中,例如:

```cpp
virtual Monster * createMonster()
{
    Monster * ptmp = new M_Undead(300, 50, 80);    //创建亡灵类怪物
    //这里可以增加一些其他的业务代码
    return ptmp;
}
```

对于工厂方法模式与简单工厂模式相比有什么明显不同或者说好处的问题,其实上面已经解释得很清楚了,面向对象程序设计原则告诉人们:"修改现有的代码来实现一个新功能不如通过增加新代码来实现该功能好。"为了遵循这个原则,人们将简单工厂模式通过将工厂类进行抽象的方法进行改造升级成了工厂方法模式。如果从源码实现的角度看,也可以这样解释:简单工厂模式把创建对象这件事放到了一个统一的地方来处理,弹性比较差,而工厂方法模式相当于建立了一个程序实现框架,从而让工厂子类来决定对象如何创建。

另外,必须注意,**工厂方法模式往往需要创建一个与产品等级结构(层次)相同的工厂等级结构**,这也增加了新类的层次结构和数目。

3.1.3　抽象工厂模式

1. 战斗场景分类范例

继续前面开发的单机闯关打斗类游戏,随着游戏内容越来越丰富,游戏中战斗场景(关卡)数量和类型不断增加,从原来的在城镇中战斗逐步进入在沼泽地战斗、在山脉地区战斗等。于是,策划把怪物种类进一步按照场景进行了分类,怪物目前仍旧保持 3 类:亡灵类、元素类和机械类。战斗场景也分为 3 类:沼泽地区、山脉地区和城镇。这样来划分的话,整个游戏中目前就有 9 类怪物:沼泽地区的亡灵类、元素类、机械类怪物;山脉地区的亡灵类、元素类、机械类怪物;城镇中的亡灵类、元素类、机械类怪物。策划规定每个区域的同类型怪物能力上差别很大,例如,沼泽地中的亡灵类怪物攻击力比城镇中的亡灵类怪物高很多,山脉地区的机械类怪物会比沼泽地区的机械类怪物生命值高许多。

这样看起来,从怪物父类 Monster 继承而来的怪物子类就会由原来的 3 种 M_Undead、M_Element、M_Mechanic 变为 9 种,按照这样的怪物分类方式,使用工厂方法模式创建怪物对象则需要创建多达 9 个工厂子类,但如果一个工厂子类能够生产不止一种具有相同规则的怪物对象,那么就可以有效地减少所创建的工厂子类数量,这就是抽象工厂(**Abstract Factory**)模式的核心思想。

有两个概念在抽象工厂模式中经常被提及,分别是"产品等级结构"和"产品族"。绘制一个坐标轴,把前述的 9 种怪物放入其中,如图 3.3 所示。

在图 3.3 中,相同的形状代表种类相同但场景不同的怪物,横着按行来观察,发现每个怪物的种类不同,但所有怪物都位于相同的场景中,例如都位于沼泽中(产品的产地相同),每一行产品就是一个产品族(3 行代表着 3 个产品族)。接着,竖着按列来观察,发现每个怪物的种类相同,但每个怪物都位于不同的场景中,那么每一列怪物就是一个产品等级结构(3 列代表着 3 个产品等级结构)。不难想象,如果用一个工厂子类生产 1 个产品族(1 行),那么因为有 3 个产品族(3 行),所以只需要 3 个工厂就可以生产 9 个产品(9 种怪物对象)。所

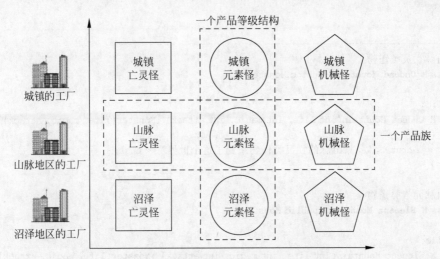

图 3.3　生产怪物范例抽象工厂模式示意图

以在图中,所需的 3 个工厂分别是沼泽地区的工厂、山脉地区的工厂以及城镇的工厂。请记住,抽象工厂模式是按照**产品族**来生产产品——一个地点有一个工厂,该工厂负责生产本产地的所有产品。

　　现在,程序要根据策划的需求重新规划怪物对象的创建问题。保留 Monster 怪物父类,删除原有的 M_Undead、M_Element、M_Mechanic 怪物子类,重新引入一共 9 个怪物类。代码如下,注意代码中的注释部分:

```
//-----------------------------------------------
//沼泽亡灵类怪物
class M_Undead_Swamp :public Monster
{
public:
    M_Undead_Swamp(int life, int magic, int attack) :Monster(life, magic, attack)
    {
        cout << "一只沼泽的亡灵类怪物来到了这个世界" << endl;
    }
};
//沼泽元素类怪物
class M_Element_Swamp :public Monster
{
public:
    M_Element_Swamp(int life, int magic, int attack) :Monster(life, magic, attack)
    {
        cout << "一只沼泽的元素类怪物来到了这个世界" << endl;
    }
};
//沼泽机械类怪物
class M_Mechanic_Swamp :public Monster
{
public:
    M_Mechanic_Swamp(int life, int magic, int attack) :Monster(life, magic, attack)
    {
        cout << "一只沼泽的机械类怪物来到了这个世界" << endl;
```

```cpp
    }
};
//-------------------------------------------------
//山脉亡灵类怪物
class M_Undead_Mountain :public Monster
{
public:
    M_Undead_Mountain(int life, int magic, int attack) :Monster(life, magic, attack)
    {
        cout << "一只山脉的亡灵类怪物来到了这个世界" << endl;
    }
};
//山脉元素类怪物
class M_Element_Mountain :public Monster
{
public:
    M_Element_Mountain(int life, int magic, int attack) :Monster(life, magic, attack)
    {
        cout << "一只山脉的元素类怪物来到了这个世界" << endl;
    }
};
//山脉机械类怪物
class M_Mechanic_Mountain :public Monster
{
public:
    M_Mechanic_Mountain(int life, int magic, int attack) :Monster(life, magic, attack)
    {
        cout << "一只山脉的机械类怪物来到了这个世界" << endl;
    }
};
//-------------------------------------------------
//城镇亡灵类怪物
class M_Undead_Town :public Monster
{
public:
    M_Undead_Town(int life, int magic, int attack) :Monster(life, magic, attack)
    {
        cout << "一只城镇的亡灵类怪物来到了这个世界" << endl;
    }
};
//城镇元素类怪物
class M_Element_Town :public Monster
{
public:
    M_Element_Town(int life, int magic, int attack) :Monster(life, magic, attack)
    {
        cout << "一只城镇的元素类怪物来到了这个世界" << endl;
    }
};
//城镇机械类怪物
class M_Mechanic_Town :public Monster
{
public:
    M_Mechanic_Town(int life, int magic, int attack) :Monster(life, magic, attack)
```

```
    {
        cout << "一只城镇的机械类怪物来到了这个世界" << endl;
    }
};
```

因为工厂是针对一个产品族进行生产的,所以总共需要创建1个工厂父类和3个工厂子类。先看一看工厂父类的写法:

```
//所有工厂类的父类
class M_ParFactory
{
public:
    virtual Monster * createMonster_Undead() = 0;        //创建亡灵类怪物
    virtual Monster * createMonster_Element() = 0;       //创建元素类怪物
    virtual Monster * createMonster_Mechanic() = 0;      //创建机械类怪物
    virtual ~M_ParFactory() {}                           //作父类时析构函数应该为虚函数
};
```

3个工厂子类代码如下:

```
//------------------------------------------------
//沼泽地区的工厂
class M_Factory_Swamp : public M_ParFactory
{
public:
    virtual Monster * createMonster_Undead()
    {
        return new M_Undead_Swamp(300, 50, 120);        //创建沼泽亡灵类怪物
    }
    virtual Monster * createMonster_Element()
    {
        return new M_Element_Swamp(200, 80, 110);       //创建沼泽元素类怪物
    }
    virtual Monster * createMonster_Mechanic()
    {
        return new M_Mechanic_Swamp(400, 0, 90);        //创建沼泽机械类怪物
    }
};
//山脉地区的工厂
class M_Factory_Mountain : public M_ParFactory
{
public:
    virtual Monster * createMonster_Undead()
    {
        return new M_Undead_Mountain(300, 50, 80);      //创建山脉亡灵类怪物
    }
    virtual Monster * createMonster_Element()
    {
        return new M_Element_Mountain(200, 80, 100);    //创建山脉元素类怪物
    }
    virtual Monster * createMonster_Mechanic()
    {
```

```
                return new M_Mechanic_Mountain(600, 0, 110);        //创建山脉机械类怪物
        }
};
//城镇的工厂
class M_Factory_Town : public M_ParFactory
{
public:
    virtual Monster * createMonster_Undead()
    {
        return new M_Undead_Town(300, 50, 80);                      //创建城镇亡灵类怪物
    }
    virtual Monster * createMonster_Element()
    {
        return new M_Element_Town(200, 80, 100);                    //创建城镇元素类怪物
    }
    virtual Monster * createMonster_Mechanic()
    {
        return new M_Mechanic_Town(400, 0, 110);                    //创建城镇机械类怪物
    }
};
```

在 main 主函数中，注释掉原有代码，增加如下代码：

```
M_ParFactory * p_mou_fy = new M_Factory_Mountain();        //多态工厂,山脉地区的工厂
Monster * pM1 = p_mou_fy->createMonster_Element();         //创建山脉地区的元素类怪物

M_ParFactory * p_twn_fy = new M_Factory_Town();            //多态工厂,城镇的工厂
Monster * pM2 = p_twn_fy->createMonster_Undead();          //创建城镇的亡灵类怪物
Monster * pM3 = p_twn_fy->createMonster_Mechanic();        //创建城镇的机械类怪物

//释放资源
//释放工厂
delete p_mou_fy;
delete p_twn_fy;

//释放怪物
delete pM1;
delete pM2;
delete pM3;
```

看一看抽象工厂模式的优缺点：

（1）如果游戏中的战斗场景新增加一个森林类型的场景而怪物种类不变（依旧是亡灵类怪物、元素类怪物和机械类怪物），则只需要增加一个新的子工厂类，例如 M_Factory_Forest 并继承自 M_ParFactory，而后在 M_Factory_Forest 类中实现 createMonster_Undead、createMonster_Element、createMonster_Mechanic 虚函数（接口）即可。这种代码实现方式符合开闭原则，也就是通过增加新代码而不是修改原有代码来为游戏增加新功能（对森林类型场景中怪物的创建支持）。

（2）如果游戏中新增加了一个新的怪物种类（例如龙类怪物），则此时不但要新增 3 个继承自 Monster 的子类来分别支持沼泽龙类怪物、山脉龙类怪物、城镇龙类怪物，还必须修

改工厂父类 M_ParFactory 来增加新的虚函数(例如 createMonster_Dragon)以支持创建龙类怪物,各个工厂子类也需要增加对 createMonster_Dragon 的支持。这种在工厂类中通过修改已有代码来扩充游戏功能的方式显然不符合开闭原则。所以此种情况下不适合使用抽象工厂模式。

(3) 抽象工厂模式具备工厂方法模式的优点,从图 3.3 来看,如果只是增加新的产品族(新增 1 行),则只需要增加新的子工厂类,符合开闭原则,这是抽象工厂模式的优点。但如果增加新的产品等级结构(新增 1 列),那么就需要修改抽象层的代码,这是抽象工厂模式的缺点,所以应该避免在产品等级结构不稳定的情况下使用该模式,也就是说,如果游戏中怪物种类(亡灵类、元素类、机械类)比较固定的情况下,更适合使用抽象工厂模式。

针对前面的代码范例绘制工厂方法模式的 UML 图,如图 3.4 所示。

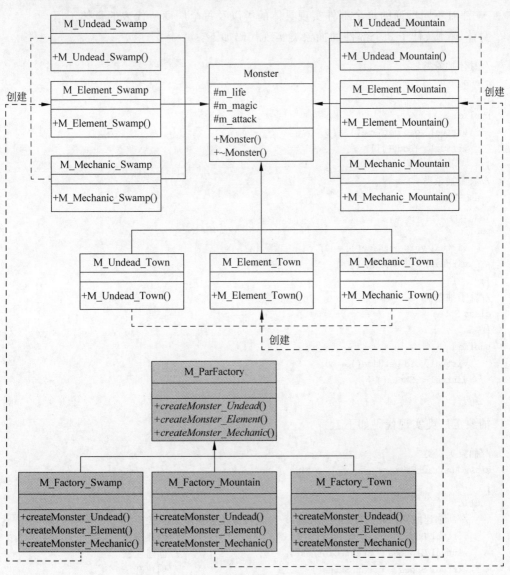

图 3.4 生产怪物范例抽象工厂模式 UML 图

2. 不同厂商生产不同部件范例

再举一个范例增加读者对抽象工厂模式的理解。

芭比娃娃受到很多人的喜爱，它主要由 3 个部件组成：身体（包括头、颈、躯干、四肢）、衣服、鞋子。现在，中国、日本、美国的厂商都可以制造芭比娃娃的身体、衣服、鞋子部件。现在要求制作两个芭比娃娃，其中一个芭比娃娃的身体、衣服、鞋子全部采用中国厂商制造的部件，另一个芭比娃娃的身体部件采用中国厂商，衣服部件采用日本厂商，鞋子部件采用美国厂商。

这个题目就可以采用抽象工厂来实现，理一理类的设计思路：

- 将身体、衣服、鞋子这 3 个部件实现为抽象类。
- 实现一个抽象工厂，分别用来生产身体、衣服、鞋子这 3 个部件。
- 针对不同厂商的每个部件实现具体的类以及每个厂商所代表的具体工厂。

身体、衣服、鞋子 3 个部件的抽象类实现代码如下：

```cpp
//身体抽象类
class Body
{
public:
    virtual void getName() = 0;
    virtual ~Body(){}
};
//衣服抽象类
class Clothes
{
public:
    virtual void getName() = 0;
    virtual ~Clothes() {}
};
//鞋子抽象类
class Shoes
{
public:
    virtual void getName() = 0;
    virtual ~Shoes() {}
};
```

抽象工厂类实现代码如下：

```cpp
//抽象工厂类
class AbstractFactory
{
public:
    //所创建的部件应该稳定地保持这 3 个部件,才适合抽象工厂模式
    virtual Body * createBody() = 0;                //创建身体
    virtual Clothes * createClothes() = 0;          //创建衣服
    virtual Shoes * createShoes() = 0;              //创建鞋子
    virtual ~AbstractFactory() {}
};
```

抽象类和抽象工厂都具备的情况下,可以写一个芭比娃娃类如下:

```cpp
//芭比娃娃类
class BarbieDoll
{
public:
    //构造函数
    BarbieDoll(Body * tmpbody, Clothes * tmpclothes, Shoes * tmpshoes)
    {
        body = tmpbody;
        clothes = tmpclothes;
        shoes = tmpshoes;
    }
    void Assemble()                                 //组装芭比娃娃
    {
        cout << "成功组装了一个芭比娃娃: " << endl;
        body -> getName();
        clothes -> getName();
        shoes -> getName();
    }
private:
    Body * body;
    Clothes * clothes;
    Shoes * shoes;
};
```

接着,就是针对每个厂商、针对每个部件实现具体部件类和具体工厂类。先针对中国来实现,代码如下:

```cpp
//中国厂商实现的 3 个部件
class China_Body : public Body
{
public:
    virtual void getName()
    {
        cout << "中国厂商产的_身体部件" << endl;
    }
};
class China_Clothes : public Clothes
{
public:
    virtual void getName()
    {
        cout << "中国厂商产的_衣服部件" << endl;
    }
};
class China_Shoes : public Shoes
{
public:
    virtual void getName()
    {
```

```cpp
        cout << "中国厂商产的_鞋子部件" << endl;
    }
};
//创建一个中国工厂
class ChinaFactory : public AbstractFactory
{
public:
    virtual Body * createBody()
    {
        return new China_Body;
    }
    virtual Clothes * createClothes()
    {
        return new China_Clothes;
    }
    virtual Shoes * createShoes()
    {
        return new China_Shoes;
    }
};
```

接着,再针对日本厂商实现具体部件类和具体工厂类,代码如下:

```cpp
//日本厂商实现的 3 个部件
class Japan_Body : public Body
{
public:
    virtual void getName()
    {
        cout << "日本厂商产的_身体部件" << endl;
    }
};
class Japan_Clothes : public Clothes
{
public:
    virtual void getName()
    {
        cout << "日本厂商产的_衣服部件" << endl;
    }
};
class Japan_Shoes : public Shoes
{
public:
    virtual void getName()
    {
        cout << "日本厂商产的_鞋子部件" << endl;
    }
};
//创建一个日本工厂
class JapanFactory : public AbstractFactory
{
```

```cpp
public:
    virtual Body * createBody()
    {
        return new Japan_Body;
    }
    virtual Clothes * createClothes()
    {
        return new Japan_Clothes;
    }
    virtual Shoes * createShoes()
    {
        return new Japan_Shoes;
    }
};
```

最后,针对美国厂商实现具体部件类和具体工厂类,代码如下:

```cpp
//美国厂商实现的 3 个部件
class America_Body : public Body
{
public:
    virtual void getName()
    {
        cout << "美国厂商产的_身体部件" << endl;
    }
};
class America_Clothes : public Clothes
{
public:
    virtual void getName()
    {
        cout << "美国厂商产的_衣服部件" << endl;
    }
};
class America_Shoes : public Shoes
{
public:
    virtual void getName()
    {
        cout << "美国厂商产的_鞋子部件" << endl;
    }
};
//创建一个美国工厂
class AmericaFactory : public AbstractFactory
{
public:
    virtual Body * createBody()
    {
        return new America_Body;
    }
    virtual Clothes * createClothes()
```

```
    {
        return new America_Clothes;
    }
    virtual Shoes * createShoes()
    {
        return new America_Shoes;
    }
};
```

现在,在 main 主函数中,就可以生产第一个芭比娃娃了(身体、衣服、鞋子全部采用中国厂商制造的部件),代码如下:

```
//创建第一个芭比娃娃 ----------------------------------------
//(1)创建一个中国工厂
AbstractFactory * pChinaFactory = new ChinaFactory();
//(2)创建中国产的各种部件
Body * pChinaBody = pChinaFactory -> createBody();
Clothes * pChinaClothes = pChinaFactory -> createClothes();
Shoes * pChinaShoes = pChinaFactory -> createShoes();
//(3)创建芭比娃娃
BarbieDoll * pbd1obj = new BarbieDoll(pChinaBody, pChinaClothes, pChinaShoes);
pbd1obj -> Assemble();                                    //组装芭比娃娃
```

上面的代码没有释放内存,内存留到最后统一释放。

执行起来,看一看结果:

```
成功组装了一个芭比娃娃:
中国厂商产的_身体部件
中国厂商产的_衣服部件
中国厂商产的_鞋子部件
```

接着,生产第二个芭比娃娃(身体采用中国厂商,衣服采用日本厂商,鞋子采用美国厂商),代码如下:

```
//创建第二个芭比娃娃 ----------------------------------------
//(1)创建另外两个工厂: 日本工厂,美国工厂
AbstractFactory * pJapanFactory = new JapanFactory();
AbstractFactory * pAmericaFactory = new AmericaFactory();
//(2)创建中国产的身体部件,日本产的衣服部件,美国产的鞋子部件
Body * pChinaBody2 = pChinaFactory -> createBody();
Clothes * pJapanClothes = pJapanFactory -> createClothes();
Shoes * pAmericaShoes = pAmericaFactory -> createShoes();
//(3)创建芭比娃娃
BarbieDoll * pbd2obj = new BarbieDoll(pChinaBody2, pJapanClothes, pAmericaShoes);
pbd2obj -> Assemble();                                    //组装芭比娃娃
```

执行起来,看一看新增代码行的执行结果:

```
成功组装了一个芭比娃娃:
中国厂商产的_身体部件
日本厂商产的_衣服部件
美国厂商产的_鞋子部件
```

在 main 主函数的最后统一释放内存：

```
//最后记得释放内存-----------------------------------
delete pbd1obj;
delete pChinaShoes;
delete pChinaClothes;
delete pChinaBody;
delete pChinaFactory;
//-----------
delete pbd2obj;
delete pAmericaShoes;
delete pJapanClothes;
delete pChinaBody2;
delete pAmericaFactory;
delete pJapanFactory;
```

针对前面的代码范例绘制工厂方法模式的 UML 图，如图 3.5 所示。

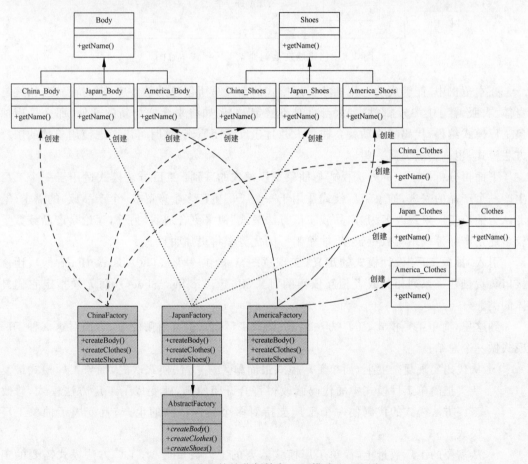

图 3.5　芭比娃娃范例抽象工厂模式 UML 图

从图 3.5 中可以看到，如果新增一个法国工厂也同样生产身体、衣服、鞋子部件，那么编写代码并不复杂，并且代码也符合开闭原则。从整体看，抽象工厂整个确实比较复杂，无论是产品还是工厂都进行了抽象。抽象工厂 AbstractFactory 定义了一组虚函数

（createBody、createClothes、createShoes），而在工厂子类中这一组虚函数中的每一个都负责创建一个具体的产品，例如 China_Body、Japan_Clothes 等。

相应地，绘制模式示意图，如图 3.6 所示。

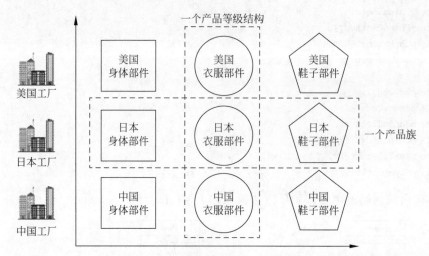

图 3.6　芭比娃娃范例抽象工厂模式示意图

在本范例中，能够成功运用抽象工厂模式的前提是所创建的部件应该保持稳定，始终是身体、衣服、鞋子这 3 个部件，如果部件是不稳定的，例如将来会增加新的部件，那么采用抽象工厂模式编程，代码的改动就会非常大并且违反开闭原则，这时可以考虑使用单独的工厂方法模式，也许会更灵活一些。

下面再分析一下工厂方法模式与抽象工厂模式的区别：工厂方法模式适用于一个工厂生产一个产品的需求，抽象工厂模式适用于一个工厂生产多个产品（一个产品族）的需求（笔者认为抽象工厂模式改名为"产品族工厂方法模式"似乎更合适）。另外，无论是产品族数量较多还是产品等级结构数量较多，抽象工厂的优势都将更加明显。

引入"抽象工厂"设计模式的定义（实现意图）：提供一个接口（AbstractFactory），让该接口负责创建一系列相关或者相互依赖的对象（Body、Clothes、Shoes），而无须指定它们具体的类。

到这里，简单工厂模式、工厂方法模式、抽象工厂模式就都讲解完了，下面对这 3 种工厂模式做一个总结：

- 从代码实现复杂度上，简单工厂模式最简单，工厂方法模式次之，抽象工厂模式最复杂。把简单工厂模式中的代码修改得符合开闭原则，就变成了工厂方法模式，修改工厂方法模式的代码使一个工厂支持对多个具体产品的生产，就变成了抽象工厂模式。
- 从需要的工厂数量上，简单工厂模式需要的工厂数量最少，工厂方法模式需要的工厂数量最多，抽象工厂模式能够有效地减少工厂方法模式所需要的工厂数量（可以将工厂方法模式看作抽象工厂模式的一种特例——抽象工厂模式中的工厂若只创建一种对象就是工厂方法模式）。
- 从实际应用上，当项目中的产品数量比较少时考虑使用简单工厂模式，如果项目稍大一点或者为了满足开闭原则，则可以使用工厂方法模式，而对于大型项目中有众多厂商并且每个厂商都生产一系列产品时应考虑使用抽象工厂模式。

3.2 原型模式

同工厂模式一样，原型（Prototype）模式也是一种创建型模式。原型模式通过一个对象（原型对象）克隆出多个一模一样的对象。实际上，该模式与其说是一种设计模式，不如说是一种创建对象的方法（对象克隆），尤其是创建给定类的对象（实例）过程很复杂（例如，要设置许多成员变量的值）时，使用这种设计模式就比较合适。

3.2.1 通过工厂方法模式演变到原型模式

回顾一下前面讲解**工厂方法模式**时的范例，由图 3.2，可以看到：

- 怪物相关类 M_Undead、M_Element、M_Mechanic 分别继承自怪物父类 Monster；
- 怪物工厂相关类 M_UndeadFactory、M_ElementFactory、M_MechanicFactory 分别继承自工厂父类 M_ParFactory；
- 怪物工厂类 M_UndeadFactory、M_ElementFactory、M_MechanicFactory 中的成员函数 createMonster 分别用于创建怪物类 M_Undead、M_Element、M_Mechanic 对象。

现在，把上述类的层次结构（源码）进行一下变换，请读者仔细观察：

（1）把怪物父类 Monster 和工厂父类 M_ParFactory 合二为一（或者说成是把 M_ParFactory 类中的能力搬到 Monster 中去并把 M_ParFactory 类删除掉），让怪物父类 Monster 本身具有克隆自己的能力。改造后的代码如下：

```
//怪物父类
class Monster
{
public:
    //构造函数
    Monster(int life, int magic, int attack) :m_life(life), m_magic(magic), m_attack(attack) {}
    virtual ~Monster() {}                    //作父类时析构函数应该为虚函数

public:
    virtual Monster* createMonster() = 0;    //具体的实现在子类中进行

protected:                                   //可能被子类访问的成员,用 protected 修饰
    //怪物属性
    int m_life;                              //生命值
    int m_magic;                             //魔法值
    int m_attack;                            //攻击力
};
```

（2）遵从传统习惯（但不是一定要这样做），将上述成员函数 createMonster 重新命名为 clone，clone 的中文翻译为"克隆"，意味着调用该成员函数就会从当前类对象复制出一个完全相同的对象（通过克隆自己来创建出新对象），这当然也是一种创建该类所属对象的方式，

虽然读者可能以往没见过这种创建对象的方式，但相信在将来阅读大型项目的源码时会遇到这种创建对象的方式。改造后的代码如下：

```
public:
    virtual Monster * clone() = 0;                  //具体的实现在子类中进行
```

（3）把 M_UndeadFactory、M_ElementFactory、M_MechanicFactory 这 3 个怪物工厂类中的 createMonster 成员函数分别搬到 M_Undead、M_Element、M_Mechanic 中并将该成员函数重新命名为 clone，同时将 M_UndeadFactory、M_ElementFactory、M_MechanicFactory 类删除掉。改造后的代码如下：

```
//亡灵类怪物
class M_Undead :public Monster
{
public:
    //构造函数
    M_Undead(int life, int magic, int attack) :Monster(life, magic, attack)
    {
        cout << "一只亡灵类怪物来到了这个世界" << endl;
    }

    virtual Monster * clone()
    {
        return new M_Undead(300, 50, 80);           //创建亡灵类怪物
    }
    //其他代码略…
};

//元素类怪物
class M_Element :public Monster
{
public:
    //构造函数
    M_Element(int life, int magic, int attack) :Monster(life, magic, attack)
    {
        cout << "一只元素类怪物来到了这个世界" << endl;
    }

    virtual Monster * clone()
    {
        return new M_Element(200, 80, 100);         //创建元素类怪物
    }
    //其他代码略…
};

//机械类怪物
class M_Mechanic :public Monster
{
public:
    //构造函数
```

```
        M_Mechanic(int life, int magic, int attack) :Monster(life, magic, attack)
        {
             cout << "一只机械类怪物来到了这个世界" << endl;
        }

        virtual Monster * clone()
        {
             return new M_Mechanic(400, 0, 110);       //创建机械类怪物
        }
        //其他代码略…
};
```

（4）当然，既然是克隆，那么上述 M_Undead、M_Element、M_Mechanic 中的 clone 成员函数的实现体是需要修改的。例如，某个机械类怪物因为被主角砍了一刀失去了 100 点生命值，导致该怪物对象的 m_life 成员变量（生命值）从原来的 400 变成 300，那么调用 clone 方法克隆出来的新机械类怪物对象也应该是 300 点生命值，所以此时 M_Mechanic 类中 clone 成员函数中的代码行"return new M_Mechanic(400，0，110)；"就不合适，因为这样会创建（克隆）出一个 400 点生命值的新怪物，不符合 clone 这个成员函数的本意（复制出一个完全相同的对象）。

克隆对象自身实际上是需要调用类的**拷贝构造函数**的。阅读过笔者的《C++新经典：对象模型》的读者都知道：

① 如果程序员在类中没有定义自己的拷贝构造函数，那么编译器会在**必要**的时候（但不是一定）合成出一个拷贝构造函数；

② 在某些情况下，程序员必须书写自己的拷贝构造函数，例如在涉及**深拷贝**的情形之下，如果读者对深拷贝和浅拷贝这两个概念理解模糊，建议一定要通过搜索引擎或者《C++新经典：对象模型》这本书理解清楚，因为这决定着你能否写出正确的程序代码。克隆对象意味着复制出一个**全新的对象**，所以在涉及深拷贝和浅拷贝概念时都是要实现**深拷贝**的（这样后续如果需要对克隆出来的对象进行修改才不会影响原型对象）。

为方便查看测试结果，笔者为 M_Element 类编写了一个拷贝构造函数供读者参考，在 M_Element 中，加入如下代码：

```
public:
    //拷贝构造函数
    M_Element(const M_Element& tmpobj) :Monster(tmpobj)        //初始化列表中注意对父类子对象
                                                               //的初始化
    {
         cout << "调用了 M_Element::M_Element(const M_Element& tmpobj)拷贝构造函数创建了一
只元素类怪物" << endl;
    }
```

也为 M_Mechanic 类编写一个拷贝构造函数，在 M_Mechanic 中，加入如下代码：

```
public:
    //拷贝构造函数
    M_Mechanic(const M_Mechanic& tmpobj):Monster(tmpobj)
    {
```

```
        cout << "调用了 M_Mechanic::M_Mechanic(const M_Mechanic& tmpobj)拷贝构造函数创建了
    一只机械类怪物" << endl;
    }
```

M_Undead 类的拷贝构造函数留给读者自己编写。

对 M_Undead、M_Element、M_Mechanic 中的 clone 成员函数的实现体分别进行修改，通过调用类的拷贝构造函数的方式真正实现类对象的克隆，修改后的代码如下（重复的代码省略，以"…"标注）：

```
//亡灵类怪物
class M_Undead :public Monster
{
public:
    …
    virtual Monster * clone()
    {
        return new M_Undead( * this);        //触发拷贝构造函数的调用来创建亡灵类怪物
    }
    …
};
//元素类怪物
class M_Element :public Monster
{
public:
    …
    virtual Monster * clone()
    {
        return new M_Element( * this);
    }
    …
};
//机械类怪物
class M_Mechanic :public Monster
{
public:
    …
    virtual Monster * clone()
    {
        return new M_Mechanic( * this);
    }
    …
};
```

（5）如果在上述（4）中确定要编写自己的拷贝构造函数，应确保无误。因为只有拷贝构造函数正确，调用 clone 成员函数时才能正确地克隆出新的对象。

（6）在实际项目中，可以先创建出原型对象，原型对象一般只是用于克隆目的而存在，然后就可以调用这些对象所属类的 clone 成员函数来随时克隆出新的对象，并通过这些**新对象**实现项目的业务逻辑。在 main 主函数中，增加如下测试代码：

```
M_Mechanic myPropMecMonster(400, 0, 110);                //创建一只机械类怪物对象作为原型
                                                         //对象以用于克隆目的
```

```
Monster * pmyPropEleMonster = new M_Element(200, 80, 100);
                        //创建一只元素类怪物对象作为原型对象以用于克隆目的,这里可以直接用
                        //new 创建,也可以通过工厂模式创建原型对象,取决于程序员自己的喜好
...
Monster * p_CloneObj1 = myPropMecMonster.clone();      //使用原型对象克隆出新的机械类怪
                                                       //物对象
Monster * p_CloneObj2 = pmyPropEleMonster -> clone();  //使用原型对象克隆出新的元素类怪
                                                       //物对象

//可以对 p_CloneObj1、p_CloneObj2 所指向的对象进行各种操作(实现具体业务逻辑)
....

//释放资源
//释放克隆出来的怪物对象
delete p_CloneObj1;
delete p_CloneObj2;

//释放原型对象(堆中的)
delete pmyPropEleMonster;
```

执行起来,看一看结果:

> 一只机械类怪物来到了这个世界
> 一只元素类怪物来到了这个世界
> 调用了 M_Mechanic::M_Mechanic(const M_Mechanic& tmpobj)拷贝构造函数创建了一只机械类怪物
> 调用了 M_Element::M_Element(const M_Element& tmpobj)拷贝构造函数创建了一只元素类怪物

　　从代码中可以看到,分别在栈和堆上创建了一个原型对象以用于克隆的目的,当然,在堆中创建的原型对象最终不要忘记释放对应的内存以防止内存泄漏。可以根据项目的需要,将多个原型对象保存在例如 map 容器中,甚至可以书写专门的管理类来管理这些原型对象,当需要用这些原型对象创建(克隆)新对象时,可以从容器中取出来使用。在对原型对象的使用方面,程序员完全可以发挥自己的想象力。

3.2.2　引入原型模式

　　在前面的范例中,原型对象通过 clone 成员函数调用怪物子类的拷贝构造函数,可能有些读者认为这有些多余——直接利用怪物子类的拷贝构造函数生成新对象不是更直接、更方便吗? 例如在 main 主函数利用代码行"Monster * p_CloneObj3 = new M_Mechanic (myPropMecMonst);"也可以克隆出一个新的对象。其实这样认为也没错,但读者要认识到,设计模式是独立于计算机编程语言而存在的,这意味着虽然 C++语言中怪物子类的 clone 成员函数可以直接调用拷贝构造函数,但在其他计算机编程语言中可能并没有拷贝构造函数这种概念,此时,本该在拷贝构造函数中的实现代码就必须放在 clone 成员函数中实现了。

　　引入"原型"(Prototype)模式的定义:用原型实例指定创建对象的种类,并且通过复制这些原型创建新的对象。简单来说,就是通过克隆来创建新的对象实例。

　　前面范例中的 main 主函数中,myPropMecMonster 对象就是原型实例,通过调用该对

象的 clone 成员函数就指定了所创建的对象种类——当然，创建的是 M_Mechanic 类型的对象而不是 M_Undead 或 M_Element 类型的对象。通过复制 myPropMecMonster 这个原型对象以及 pmyPropEleMonster 所指向的原型对象创建了两个新对象：一个是机械类怪物对象，一个是元素类怪物对象，指针 p_CloneObj1 和 p_CloneObj2 分别指向这两个新对象。

针对前面的代码范例绘制原型模式的 UML 图，如图 3.7 所示。

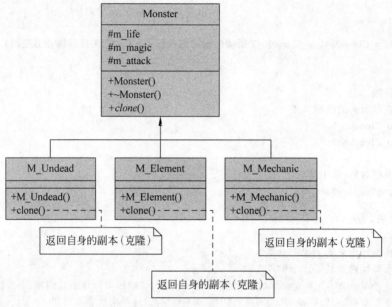

图 3.7　原型模式 UML 图

原型模式的 UML 图中，包含两种角色。

（1）Prototype（抽象原型类）：所有具体原型类的父类，在其中声明克隆方法。这里指 Monster 类。

（2）ConcretePrototype（具体原型类）：实现在抽象原型类中声明的克隆方法，在克隆方法中返回自己的一个克隆对象。这里指 M_Undead 类、M_Element 类和 M_Mechanic 类。

和工厂方法模式相比，原型模式有什么明显的特点呢？什么情况下应该采用原型模式来克隆对象呢？

设想一下，如果某个对象的内部数据比较复杂且多变，例如一个实际游戏中的怪物对象：

- 在战斗中它的**生命值**可能因为被玩家攻击而不断减少；
- 如果这个怪物会魔法，那么它施法后自身的**魔法值**也会减少；
- 在生命值过低时怪物还可能自己使用一些药剂类物品或者治疗类魔法来替自己增加生命值；
- 玩家也可能通过施法导致怪物产生一些**负面效果**，例如中毒会持续让怪物丢失生命值、混乱会让怪物乱跑而无法攻击玩家、石化导致怪物完全原地不动若干秒等。

如果使用工厂方法模式创建这种怪物对象（战斗中的，自身生命值、魔法值、状态等数据随时在变化的怪物对象），那么大概要执行的步骤是：

- 先通过调用工厂方法模式中的 createMonster 创建出该怪物对象(实际上就是创建一个怪物对象);
- 通过怪物所属类中暴露出的设置接口(成员函数)来设置该怪物当前的生命值、魔法值、状态(例如,中毒、混乱、石化)等,这些程序代码可能会比较烦琐。

显然,在这种情形下,使用工厂模式创建当前这个怪物对象就不如使用克隆方式来克隆当前怪物对象容易,如果采用克隆方式来克隆当前对象,仅仅需要调用 clone 成员函数,那么因为 clone 调用的实际是类的拷贝构造函数,所以这个怪物对象当前的内部数据(生命值、魔法值、状态等)都会被立即克隆到新产生的对象中而不需要程序员额外通过程序代码设置这些数据,也就是说,在调用 clone 成员函数的那个时刻,克隆出来的对象与原型对象内部的数据是完全一样的。例如,当游戏中的一个 BOSS 级别的怪物被攻击失血到一定程度时,它会产生自己的分身,这种情况下使用 clone 成员函数来产生这个分身就很合适,当然,一旦新的对象被克隆出来后依旧可以单独设置该克隆对象自身的数据而丝毫不会影响原型对象。

所以,如果对象的**内部数据比较复杂且多变**并且在创建对象的时候希望保持对象的当前的状态,那么用原型模式显然比用工厂方法模式更合适。

总结一下工厂方法模式和原型模式在创建对象时的异同点:

- 在前面范例中创建怪物对象时,这两种模式其实都不需要程序员知道所创建对象所属的类名;
- 工厂方法模式是调用相应的创建接口,例如使用 createMonster 接口来创建新的怪物对象,该接口中采用代码行"new 类名(参数⋯);"来完成对象的最终创建工作,这仍旧是属于**根据类名来生成新对象**;
- 原型模式是调用例如 clone(程序员可以修改成任意其他名字)接口来创建新的怪物对象,按照惯例,这个接口一般不带任何参数,以免破坏克隆接口的统一性。该接口中采用的是代码行"new 类名(* this);"完成对类拷贝构造函数的调用来创建对象,所以这种创建对象的方式是**根据现有对象来生成新对象**。

当然,有些读者把原型模式看成是一种特殊的工厂方法模式(工厂方法模式的变体),这也是可以的——把原型对象所属的类本身(例如,M_Undead、M_Element、M_Mechanic)看成是创建克隆对象的工厂,而工厂方法指的自然就是克隆方法(clone)。

看一看原型模式的优缺点:

(1) 如果创建的新对象内部数据比较复杂且多变,那么使用原型模式可以简化对象的创建过程,提高新对象的创建效率。设想一下,如果对象内部数据是通过复杂的算法(例如通过排序、计算哈希值等)计算得到,或者是通过从网络、数据库、文件中读取得到,那么用原型模式从原型对象中直接复制生成新对象而不是每次从零开始创建全新的对象,对象的创建效率显然会提高很多。

(2) 通过观察图 3.2(工厂方法模式 UML 图)可以发现,工厂方法模式往往需要创建一个与产品等级结构(层次)相同的工厂等级结构,这当然是一种额外的开销,而原型模式不存在这种额外的等级结构——原型模式不需要额外的工厂类,只要通过调用类中的克隆方法就可以生产新的对象。

(3) 在产品类中,必须存在一个克隆方法以用于根据当前对象克隆出新的对象(加重开发者负担,这算是缺点)。当然,不一定采用"new 类名(* this);"的形式来调用所属类的拷贝构造函数实现对原型对象自身的克隆,也可以采用"new 类名(参数…);"先生成新的对象,然后通过调用类的成员函数、直接设置成员变量等手段把原型对象内部的所有当前数据赋给新对象,例如,可以把 M_Undead 的 clone 成员函数实现成下面的样子:

```cpp
public:
    virtual Monster * clone()
    {
        Monster * pmonster = new M_Undead(300, 50, 80);
        pmonster -> m_life = m_life;
        pmonster -> m_magic = m_magic;
        pmonster -> m_attack = m_attack;
        return pmonster;
    }
```

当然,上述代码段要想顺利编译通过,必须在 Monster 类中将 m_life、m_magic、m_attack 的修饰符从 protected 修改为 public。从更规范的编程角度来讲,修改 protected 修饰符的方式不太妥当,可以编写专门的成员函数来设置这 3 个成员变量的值,例如,可以增加如下的成员函数来修改怪物的生命值:

```cpp
public:
    void setlife(int tmplife)
    {
        m_life = tmplife;
    }
```

这样,M_Undead 的 clone 成员函数中的"pmonster-> m_life = m_life;"代码行就可以修改为"pmonster-> setlife(m_life);"了,同理,可以增加类似的成员函数来修改怪物的魔法值和攻击力。

(4) 在某些情况下,产品类中存在一个克隆方法也会给开发提供一些明显的便利。设想一个全局函数 Gbl_CreateMonster2,其形参为 Monster * 类型的指针,如果期望创建一个与该指针所指向的对象相同类型的对象,那么传统做法的代码可能如下:

```cpp
//全局用于创建怪物对象的函数
void Gbl_CreateMonster2(Monster * pMonster)
{
    Monster * ptmpobj = nullptr;
    if (dynamic_cast < M_Undead * >(pMonster) != nullptr)
    {
        ptmpobj = new M_Undead(300, 50, 80);          //创建亡灵类怪物
    }
    else if (dynamic_cast < M_Element * >(pMonster) != nullptr)
    {
        ptmpobj = new M_Element(200, 80, 100);        //创建元素类怪物
    }
    else if (dynamic_cast < M_Mechanic * >(pMonster) != nullptr)
    {
        ptmpobj = new M_Mechanic(400, 0, 110);        //创建机械类怪物
    }
```

```
        }
        if (ptmpobj != nullptr)
        {
            //这里可以针对 ptmpobj 对象实现各种业务逻辑
            //…
            //不要忘记释放资源
            delete ptmpobj;
        }
    }
```

在 main 主函数中,可以注释掉原有代码并加入如下代码进行测试:

```
Monster * pMonsterObj = new M_Element(200, 80, 100);
Gbl_CreateMonster2(pMonsterObj);
delete pMonsterObj;
```

但是,如果每一个 Monster 子类(M_Undead、M_Element、M_Mechanic)都提供一个克隆方法,那么 Gbl_CreateMonster2 函数的实现就简单得多,此时根本不使用 **dynamic_cast** 和通过**类名**进行类型判断就可以直接利用已有对象来创建新对象,新的实现代码如下:

```
//全局用于创建怪物对象的函数
void Gbl_CreateMonster2(Monster * pMonster)
{
    Monster * ptmpobj = pMonster -> clone();        //根据已有对象直接创建新对象,不需要
                                                    //知道已有对象所属的类型

    //这里可以针对 ptmpobj 对象实现各种业务逻辑
    //…
    //不要忘记释放资源
    delete ptmpobj;
}
```

从这个范例中不难看到,根本就不需要知道 Gbl_CreateMonster2 的形参 pMonster 所指向的对象到底是什么类型就可以创建出新的该形参所属类型的对象,这也减少了 Gbl_CreateMonster2 函数中需要知道的产品类名的数目。

3.3 建造者模式

建造者(Builder)模式也称构建器模式、构建者模式或生成器模式,同工厂模式或原型模式一样,也是一种创建型模式。建造者模式比较复杂,不太常用,但这并不表示不需要了解和掌握该模式。建造者模式通常用来创建一个比较复杂的对象(这也是建造者模式本身比较复杂的主要原因),该对象的构建一般是需要按一定顺序分步骤进行的。例如,建造一座房子(无论是平房、别墅还是高楼),通常都需要按顺序建造地基、建筑体、建筑顶等步骤,建造一辆汽车通常会包含发动机、方向盘、轮胎等部件,创建一份报表也通常会包含表头、表身、表尾等部分。

3.3.1 一个具体实现范例的逐步重构

这里还是以游戏中的怪物类来讲解。怪物同样分为亡灵类怪物、元素类怪物、机械类

怪物。

在创建怪物对象的过程中,有一个创建步骤非常烦琐——把怪物模型创建出来用于显示给玩家。策划规定,任何一种怪物都由**头部**、**躯干**(包括颈部、尾巴等)、**肢体** 3 个部位组成,在制作怪物模型时,头部、躯干、肢体模型**分开**制作。每个部位模型都会有一些位置和方向信息,用于挂接在其他部位模型上,比如将头部挂接到躯干部,再将肢体挂接到躯干部就可以构成一个完整的怪物模型。当然,一些在水中的怪物可能不包含四肢,那么将肢体挂接到躯干部这个步骤什么都不做即可。

之所以在制作怪物模型时将头部、躯干、肢体模型**分开**制作,是便于同类型怪物的 3 个组成部位进行互换。试想一下,如果针对亡灵类怪物制作了 3 个头部、3 个躯干以及 3 个肢体,则最多可以组合出 27 个外观不同的亡灵类怪物(当然,有些组合看起来会比较丑陋,不适合用在游戏中),这既节省了游戏制作成本,又节省了游戏运行时对内存的消耗。

程序需要先把怪物模型载入内存并进行装配以保证正确地显示给玩家看。所以程序需要进行如下编码步骤:

(1) 将怪物的躯干模型信息读入内存并提取其中的位置和方向信息;

(2) 将怪物的头部和四肢模型信息读入内存并提取其中的位置和方向信息;

(3) 将头部和四肢模型以正确的位置和方向挂接(Mount)到躯干部位,从而装配出完整的怪物模型。

因为讲解的侧重点不同,所以在这里重新实现 Monster 怪物类,在该类中引入 Assemble 成员函数,用于装配一个怪物,代码大概如下:

```cpp
//怪物父类
class Monster
{
public:
    virtual ~Monster() {}               //作父类时析构函数应该为虚函数
    void Assemble(string strmodelno)    //参数:模型编号,形如"1253679201245"等,每种
                                        //位的组合都有一些特别的含义,这里无须深究
    {
        LoadTrunkModel(strmodelno.substr(4, 3));   //载入躯干模型,截取某部分字符串以表
                                                   //示躯干模型的编号
        LoadHeadModel(strmodelno.substr(7, 3));    //载入头部模型并挂接到躯干模型上
        LoadLimbsModel(strmodelno.substr(10, 3));  //载入四肢模型并挂接到躯干模型上
    }

    virtual void LoadTrunkModel(string strno) = 0; //这里也可以写为空函数体,子类决定是否
                                                   //重新实现
    virtual void LoadHeadModel(string strno) = 0;
    virtual void LoadLimbsModel(string strno) = 0;
};
```

上述代码只是大致的实现代码,在 Assemble 成员函数中实现了载入一个怪物模型的固定流程——分别载入了躯干、头部、四肢模型并将它们装配到一起,游戏中所有怪物的载入都遵循该流程(其中的代码是稳定的,不发生变化),所以这里的 Assemble 成员函数很像模板方法模式中的模板方法。

笔者在上述代码中做了很多简化,例如 LoadTrunkModel 载入躯干模型时可能要返回一个与载入结果相关的结构(模型结构)以传递到后续即将调用的 LoadHeadModel 和 LoadLimbsModel 成员函数中,这样这两个成员函数就可以在载入头部和四肢模型时完善(继续填充)该结构等,因为这些内容与设计模式无关,所以全部省略。

因为亡灵类怪物、元素类怪物、机械类怪物的外观差别巨大,所以虽然这 3 类怪物的载入流程相同,但不同种类怪物的细节载入差别很大,所以,将 LoadTrunkModel、LoadHeadModel、LoadLimbsModel(构建模型的子步骤)成员函数写为虚函数以方便在 Monster 的子类中重新实现。

有些读者可能会希望将 Assemble 成员函数的内容放到 Monster 类构造函数中以达到怪物对象创建时就载入模型数据的目的,但在本书附录 A 中将重点强调,不要在类的构造函数与析构函数中调用虚函数以防止出现问题,而 Assemble 调用的都是虚函数,所以,切不可将 Assemble 成员函数的内容放到 Monster 类构造函数中实现。

接下来分别实现继承自父类 Monster 的亡灵类怪物、元素类怪物、机械类怪物相关类 M_Undead、M_Element、M_Mechanic,代码如下:

```cpp
//亡灵类怪物
class M_Undead :public Monster
{
public:
    virtual void LoadTrunkModel(string strno)
    {
        cout << "载入亡灵类怪物的躯干部位模型,需要调用 M_Undead 类或其父类中其他诸多成员
函数,逻辑代码略 …" << endl;
    }
    virtual void LoadHeadModel(string strno)
    {
        cout << "载入亡灵类怪物的头部模型并挂接到躯干部位,需要调用 M_Undead 类或其父类中
其他诸多成员函数,逻辑代码略 …" << endl;
    }
    virtual void LoadLimbsModel(string strno)
    {
        cout << "载入亡灵类怪物的四肢模型并挂接到躯干部位,需要调用 M_Undead 类或其父类中
其他诸多成员函数,逻辑代码略 …" << endl;
    }
};

//元素类怪物
class M_Element :public Monster
{
public:
    virtual void LoadTrunkModel(string strno)
    {
        cout << "载入元素类怪物的躯干部位模型,需要调用 M_Element 类或其父类中其他诸多成
员函数,逻辑代码略 …" << endl;
    }
    virtual void LoadHeadModel(string strno)
    {
```

```
        cout << "载入元素类怪物的头部模型并挂接到躯干部位,需要调用 M_Element 类或其父类
中其他诸多成员函数,逻辑代码略 …" << endl;
    }
    virtual void LoadLimbsModel(string strno)
    {
        cout << "载入元素类怪物的四肢模型并挂接到躯干部位,需要调用 M_Element 类或其父类
中其他诸多成员函数,逻辑代码略 …" << endl;
    }
};

//机械类怪物
class M_Mechanic :public Monster
{
public:
    virtual void LoadTrunkModel(string strno)
    {
        cout << "载入机械类怪物的躯干部位模型,需要调用 M_Mechanic 类或其父类中其他诸多成
员函数,逻辑代码略 …" << endl;
    }
    virtual void LoadHeadModel(string strno)
    {
        cout << "载入机械类怪物的头部模型并挂接到躯干部位,需要调用 M_Mechanic 类或其父类
中其他诸多成员函数,逻辑代码略 …" << endl;
    }
    virtual void LoadLimbsModel(string strno)
    {
        cout << "载入机械类怪物的四肢模型并挂接到躯干部位,需要调用 M_Mechanic 类或其父类
中其他诸多成员函数,逻辑代码略 …" << endl;
    }
};
```

在 main 主函数中加入如下代码,创建一个怪物对象并对其进行装配:

```
Monster * pmonster = new M_Element();        //创建一只元素类怪物
pmonster -> Assemble("1253679201245");

//释放资源
delete pmonster;
```

执行起来,看一看结果:

载入元素类怪物的躯干部位模型,需要调用 M_Element 类或其父类中其他诸多成员函数,逻辑代码
略 …
载入元素类怪物的头部模型并挂接到躯干部位,需要调用 M_Element 类或其父类中其他诸多成员函
数,逻辑代码略 …
载入元素类怪物的四肢模型并挂接到躯干部位,需要调用 M_Element 类或其父类中其他诸多成员函
数,逻辑代码略 …

可以看到,在代码中,创建了一只元素类怪物对象,然后调用 Assemble 成员函数对怪
物模型进行装配以用于后续的怪物显示。

上述代码看起来更像是模板方法模式。但阅读代码应该更侧重代码的实现目的而非代

码的实现结构,这些代码用于创建怪物对象以显示给玩家看,但怪物的创建比较复杂,严格地说,应该是怪物模型的载入过程比较复杂,需要按顺序分别载入躯干、头部、四肢模型并实现不同部位模型之间的挂接。至此,可以说所需的功能(指模型载入功能)已经完成,如果程序员不再继续开发,也是可以的。但是,目前的代码实现结构还不能称为建造者模式,通过对程序进一步拆分还可以进一步提升灵活性。

这里将 Assemble、LoadTrunkModel、LoadHeadModel、LoadLimbsModel 这些与模型载入与挂接步骤相关的成员函数称为**构建过程相关函数**。考虑到 Monster 类中要实现的逻辑功能可能较多,如果把构建过程相关函数提取出来(分离)放到一个单独的类中,不但可以减少 Monster 类中的代码量,还可以增加构建过程相关代码的独立性,日后游戏中任何由**头部**、**躯干**、**肢体** 3 个部位组成并需要将头部挂接到躯干部,再将肢体挂接到躯干部的生物,都可以通过这个单独的类实现模型的构建。

引入与怪物类同层次的相关构建器类,把怪物类中的代码搬到相关的构建器类中,代码如下:

```cpp
//怪物父类
class Monster
{
public:
    virtual ~Monster() {}                       //作父类时析构函数应该为虚函数
};

//亡灵类怪物
class M_Undead :public Monster
{
};

//元素类怪物
class M_Element :public Monster
{
};

//机械类怪物
class M_Mechanic :public Monster
{
};

// -------------------
//怪物构建器父类
class MonsterBuilder
{
public:
    virtual ~MonsterBuilder() {}                //作父类时析构函数应该为虚函数
    void Assemble(string strmodelno)            //参数:模型编号,形如"1253679201245"等,每种位的组
                                                //合都有一些特别的含义,这里无须深究
    {
        LoadTrunkModel(strmodelno.substr(4, 3));  //载入躯干模型,截取某部分字符串以表示
                                                  //躯干模型的编号
```

```
                LoadHeadModel(strmodelno.substr(7, 3));      //载入头部模型并挂接到躯干模型上
                LoadLimbsModel(strmodelno.substr(10, 3));    //载入四肢模型并挂接到躯干模型上
        }
        //返回指向 Monster 类的成员变量指针 m_pMonster,当一个复杂的对象构建完成后,可以通过该
        //成员函数把对象返回
        Monster * GetResult()
        {
            return m_pMonster;
        }

        virtual void LoadTrunkModel(string strno) = 0;  //这里也可以写为空函数体,子类决定是否
                                                        //重新实现
        virtual void LoadHeadModel(string strno) = 0;
        virtual void LoadLimbsModel(string strno) = 0;

protected:
        Monster * m_pMonster;                           //指向 Monster 类的成员变量指针
};


//-----------------
//亡灵类怪物构建器类
class M_UndeadBuilder :public MonsterBuilder
{
public:
        M_UndeadBuilder()                               //构造函数
        {
            m_pMonster = new M_Undead();
        }


        virtual void LoadTrunkModel(string strno)
        {
            cout << "载入亡灵类怪物的躯干部位模型,需要 m_pMonster 指针调用 M_Undead 类或其父类
中其他诸多成员函数,逻辑代码略…" << endl;
            //具体要做的事情其实是委托给怪物子类来完成,委托指把本该自己实现的功能转给其他
            //类实现
            //m_pMonster->…略


        }
        virtual void LoadHeadModel(string strno)
        {
            cout << "载入亡灵类怪物的头部模型并挂接到躯干部位,需要 m_pMonster 指针调用 M_
Undead 类或其父类中其他诸多成员函数,逻辑代码略…" << endl;
            //m_pMonster->…略
        }
        virtual void LoadLimbsModel(string strno)
        {
            cout << "载入亡灵类怪物的四肢模型并挂接到躯干部位,需要 m_pMonster 指针调用 M_
Undead 类或其父类中其他诸多成员函数,逻辑代码略…" << endl;
            //m_pMonster->…略
        }
};
```

```cpp
//元素类怪物构建器类
class M_ElementBuilder :public MonsterBuilder
{
public:
    M_ElementBuilder()                              //构造函数
    {
        m_pMonster = new M_Element();
    }

    virtual void LoadTrunkModel(string strno)
    {
        cout << "载入元素类怪物的躯干部位模型,需要 m_pMonster 指针调用 M_Element 类或其父
类中其他诸多成员函数,逻辑代码略…" << endl;
        //m_pMonster->…略
    }
    virtual void LoadHeadModel(string strno)
    {
        cout << "载入元素类怪物的头部模型并挂接到躯干部位,需要 m_pMonster 指针调用 M_
Element 类或其父类中其他诸多成员函数,逻辑代码略…" << endl;
        //m_pMonster->…略
    }
    virtual void LoadLimbsModel(string strno)
    {
        cout << "载入元素类怪物的四肢模型并挂接到躯干部位,需要 m_pMonster 指针调用 M_
Element 类或其父类中其他诸多成员函数,逻辑代码略…" << endl;
        //m_pMonster->…略
    }
};
//机械类怪物构建器类
class M_MechanicBuilder :public MonsterBuilder
{
public:
    M_MechanicBuilder()                             //构造函数
    {
        m_pMonster = new M_Mechanic();
    }

    virtual void LoadTrunkModel(string strno)
    {
        cout << "载入机械类怪物的躯干部位模型,需要 m_pMonster 指针调用 M_Mechanic 类或其父
类中其他诸多成员函数,逻辑代码略…" << endl;
        //m_pMonster->…略
    }
    virtual void LoadHeadModel(string strno)
    {
        cout << "载入机械类怪物的头部模型并挂接到躯干部位,需要 m_pMonster 指针调用 M_
Mechanic 类或其父类中其他诸多成员函数,逻辑代码略…" << endl;
        //m_pMonster->…略
    }
    virtual void LoadLimbsModel(string strno)
```

```
    {
        cout << "载入机械类怪物的四肢模型并挂接到躯干部位,需要 m_pMonster 指针调用 M_
Mechanic 类或其父类中其他诸多成员函数,逻辑代码略…" << endl;
        //m_pMonster->…略
    }
};
```

在上述代码中,可以注意到,在 MonsterBuilder 类中放置了一个指向 Monster 类的成员变量指针 m_pMonster,同时引入 GetResult 成员函数用于返回这个 m_pMonster 指针,也就是说,当一个复杂的对象通过构建器构建完成后,可以通过 GetResult 返回。分别为 Monster 的子类 M_Undead、M_Element、M_Mechanic 创建对应的父类为 MonsterBuilder 的构建子类 M_UndeadBuilder、M_ElementBuilder、M_MechanicBuilder,因为工厂方法模式是创建一个与产品等级结构相同的工厂等级结构,所以这部分看起来似乎与工厂方法模式有些相似之处。

重点观察 MonsterBuilder 类中的 Assemble 成员函数,前面曾经提过,该成员函数中的代码是稳定的,不会发生变化。所以可以继续把 Assemble 成员函数的功能拆出到一个新类中(这步拆分也不是必需的)。创建新类 MonsterDirector(扮演一个指挥者角色),将 MonsterBuilder 类中的 Assemble 成员函数整个**迁移**到 MonsterDirector 类中并按照惯例重新命名为 Construct,同时,在 MonsterDirector 类中放置一个指向 MonsterBuilder 类的成员变量指针 m_pMonsterBuilder,同时对 Construct 成员函数的代码进行调整(注意也增加了返回值)。完整的 MonsterDirector 类代码如下:

```
//指挥者类
class MonsterDirector
{
public:
    MonsterDirector(MonsterBuilder * ptmpBuilder)   //构造函数
    {
        m_pMonsterBuilder = ptmpBuilder;
    }

    //指定新的构建器
    void SetBuilder(MonsterBuilder * ptmpBuilder)
    {
        m_pMonsterBuilder = ptmpBuilder;
    }

    //原 MonsterBuilder 类中的 Assemble 成员函数
    Monster * Construct(string strmodelno)    //参数:模型编号,形如"1253679201245"等,每种位
                                              //的组合都有一些特别的含义,这里无须深究
    {
        m_pMonsterBuilder->LoadTrunkModel(strmodelno.substr(4, 3));
                        //载入躯干模型,截取某部分字符串以表示躯干模型的编号
        m_pMonsterBuilder->LoadHeadModel(strmodelno.substr(7, 3));
                                    //载入头部模型并挂接到躯干模型上
        m_pMonsterBuilder->LoadLimbsModel(strmodelno.substr(10, 3));
                                    //载入四肢模型并挂接到躯干模型上
```

```
        return m_pMonsterBuilder->GetResult();    //返回构建后的对象
    }
private:
    MonsterBuilder * m_pMonsterBuilder;           //指向所有构建器类的父类
};
```

在 main 主函数中，注释掉原有代码，增加如下代码：

```
MonsterBuilder * pMonsterBuilder = new M_UndeadBuilder();    //创建亡灵类怪物构建器类对象
MonsterDirector * pDirector = new MonsterDirector(pMonsterBuilder);
Monster * pMonster = pDirector->Construct("1253679201245");
                                        //这里就构造出了一个完整的怪物对象

//释放资源
delete pMonster;
delete pDirector;
delete pMonsterBuilder;
```

执行起来，看一看结果：

载入亡灵类怪物的躯干部位模型，需要 m_pMonster 指针调用 M_Undead 类或其父类中其他诸多成员函数，逻辑代码略…
载入亡灵类怪物的头部模型并挂接到躯干部位，需要 m_pMonster 指针调用 M_Undead 类或其父类中其他诸多成员函数，逻辑代码略…
载入亡灵类怪物的四肢模型并挂接到躯干部位，需要 m_pMonster 指针调用 M_Undead 类或其父类中其他诸多成员函数，逻辑代码略…

3.3.2 引入建造者模式

从前面的代码可以看到，建造者模式的实现代码相对比较复杂。

引入"**建造者**"模式的定义：将一个复杂对象的**构建**与它的**表示**分离，使得同样的构建过程可以创建不同的表示。

在 3.3.1 节的范例中，MonsterBuilder 类是对象的构建，而 Monster 类是对象的表示，这两个类是相互分离的。构建过程是指 MonsterDirector 类中的 Construct 成员函数所代表的怪物模型的载入和装配（挂接）过程，该过程稳定不会发生变化（稳定的算法），所以只要传递给 MonsterDirector 不同的构建器子类（M_UndeadBuilder、M_ElementBuilder、M_MechanicBuilder），就会构建出不同的怪物，可以随时调用 MonsterDirector 类的 SetBuilder 成员函数为 MonsterDirector（指挥者）指定一个新的构建器以创建不同种类的怪物对象。

针对前面的范例绘制建造者模式的 UML 图，如图 3.8 所示。

在图 3.8 中，重点观看除抽象产品父类和具体产品类（Monster、M_Undead、M_Element、M_Mechanic）之外的其他类。图 3.8 中的空心菱形在哪个类这边，就表示哪个类中包含另外一个类的对象**指针**（这里表示 MonsterDirector 类中包含指向 MonsterBuilder 类对象的指针 m_pMonsterBuilder）作为成员变量。**右上有折角**的框中的内容代表注释，一般用虚线与注释框相连。

建造者模式的 UML 图包含 4 种角色。

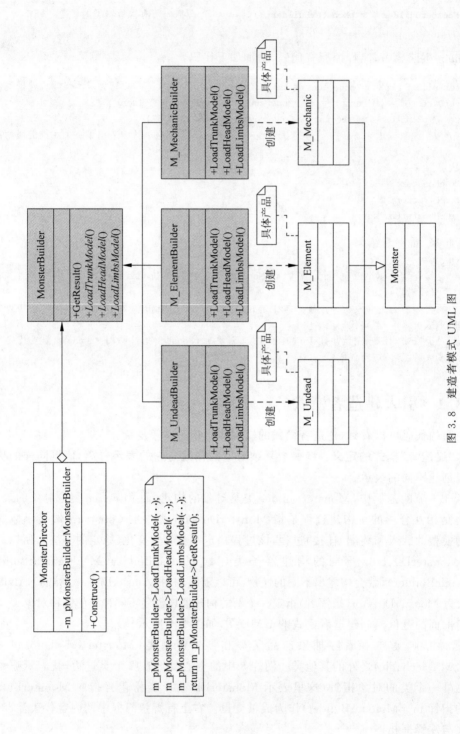

图 3.8 建造者模式 UML 图

（1）Builder（抽象构建器）：为创建一个产品对象的各个部件指定抽象接口（LoadTrunkModel、LoadHeadModel、LoadLimbsModel），同时，也会指定一个接口（GetResult）用于返回所创建的复杂对象。这里指 MonsterBuilder 类。

（2）ConcreteBuilder（具体构建器）：实现了 Builder 接口以创建（构造和装配）该产品的各个部件，定义并明确其所创建的复杂对象，有时也可以提供一个方法用于返回创建好的复杂对象。这里指 M_UndeadBuilder、M_ElementBuilder、M_MechanicBuilder 类。

（3）Product（产品）：指的是被构建的复杂对象，其包含多个部件，由具体构建器创建该产品的内部表示并定义它的装配过程。这里指 M_Undead、M_Element、M_Mechanic 类。

（4）Director（指挥者）：又称导演类，这里指 MonsterDirector 类。该类有一个指向抽象构建器的指针（m_pMonsterBuilder），利用该指针可以在 Construct 成员函数中调用构建器对象中"构建和装配产品部件"的方法来完成复杂对象的构建，只要指定不同的具体构建器，用相同的构建过程就会构建出不同的产品。同时，Construct 成员函数还控制复杂对象的构建次序（例如，在 Construct 成员函数中对 LoadTrunkModel、LoadHeadModel、LoadLimbsModel 的调用是有先后次序的）。在客户端（指 main 主函数中的调用代码）只需要生成一个具体的构建器对象，并利用该构建器对象创建指挥者对象并调用指挥者类的 Construct 成员函数，就可以构建一个复杂的对象。

前面已经说过，从 MonsterBuilder 分拆出 MonsterDirector 这步**不是必需的**，不做分拆可以看作建造者模式的一种退化情形，当然，此时客户端就需要直接针对构建器进行编码了。一般的建议是：如果 MonsterBuilder 类本身非常庞大、非常复杂，则进行分拆，否则可以不进行分拆，总之——复杂的东西就考虑做拆解，简单的东西就考虑做合并。

3.3.3 另一个建造者模式的范例

为了进一步加深读者对建造者模式的理解，再来讲述一个比较常见的应用建造者模式的范例。

某公司各部门的员工工作日报中包含**标题**、**内容主体**、**结尾** 3 部分。

- 标题部分包含部门名称、日报生成日期等信息。
- 内容主体部分就是具体的描述数据（包括该项工作内容描述和完成该项工作花费的时间），具体描述数据可能会有多条（该该员工一天可能做了多项工作）。
- 结尾部分包含日报所属员工姓名。

现在要将工作日报导出成多种格式的文件，例如导出成纯文本格式、XML 格式、JSON 格式等，工作日报中内容主体部分的描述数据可能会有多条，导出到文件时每条数据占用一行。

1. 不用设计模式时程序应该如何书写

针对上面的需求，看一看不采用设计模式时应该如何编写程序代码。可以把工作日报中所包含的 3 部分内容分别定义 3 个类来实现，首先定义一个类来表达日报中的标题部分：

```
//日报中的"标题"部分
class DailyHeaderData
{
public:
```

```
    //构造函数
     DailyHeaderData(string strDepName, string strGenDate) :m_strDepName(strDepName), m_
strGenDate(strGenDate) {}
    string getDepName()                         //获取部门名称
    {
        return m_strDepName;
    }
    string getExportDate()                      //获取日报生成日期
    {
        return m_strGenDate;
    }
private:
    string m_strDepName;                        //部门名称
    string m_strGenDate;                        //日报生成日期
};
```

接着,定义一个类来表达工作日报内容主体部分的**每一条描述数据**:

```
//工作日报中的"内容主体"部分中的每一条描述数据
class DailyContentData
{
public:
    //构造函数
    DailyContentData(string strContent, double dspendTime) :m_strContent(strContent),
m_dspendTime(dspendTime) {}
    string getContent()                         //获取该项工作内容描述
    {
        return m_strContent;
    }
    double getSpendTime()                       //获取完成该项工作花费的时间
    {
        return m_dspendTime;
    }
private:
    string m_strContent;                        //该项工作内容描述
    double m_dspendTime;                        //完成该项工作花费的时间(单位:小时)
};
```

然后,定义一个类来表达日报中的结尾部分:

```
//工作日报中的"结尾"部分
class DailyFooterData
{
public:
    //构造函数
    DailyFooterData(string strUserName) :m_strUserName(strUserName){}
    string getUserName()                        //获取日报所属员工姓名
    {
        return m_strUserName;
    }
private:
    string m_strUserName;                       //日报所属员工姓名
```

```
};
```

最后,就可以将员工工作日报数据导出到文件了,编写一个类 ExportToTxtFile 完成将工作日报导出到**纯文本**格式的文件中,代码如下:

```
//将工作日报导出到纯文本格式文件
class ExportToTxtFile
{
public:
    //实现导出动作
    void doExport ( DailyHeaderData &dailyheaderobj, vector < DailyContentData * > &vec_
dailycontobj, DailyFooterData &dailyfooterobj)  //记得#include头文件vector,因为工作日报
                        //的内容主体部分中的描述数据可能会有多条,所以用vector容器保存
    {
        string strtmp = "";

        //(1)拼接标题
        strtmp += dailyheaderobj.getDepName() + "," + dailyheaderobj.getExportDate() + "\n";

        //(2)拼接内容主体,内容主体中的描述数据会有多条,因此需要迭代
        for (auto iter = vec_dailycontobj.begin(); iter != vec_dailycontobj.end(); ++iter)
        {
            ostringstream oss;                         //记得#include头文件sstream
            oss << ( * iter) -> getSpendTime();
            strtmp += ( * iter) -> getContent() + ":(花费的时间:" + oss.str() + "小时)" +
"\n";
        }                                              //end for

        //(3)拼接结尾
        strtmp += "报告人:" + dailyfooterobj.getUserName() + "\n";

        //(4)导出到真实文件的代码略,只展示在屏幕上的文件内容
        cout << strtmp;
    }
};
```

在 main 主函数中加入代码,来展示一下导出到纯文本格式文件中的内容:

```
DailyHeaderData * pdhd = new DailyHeaderData("研发一部","11月1日");
DailyContentData * pdcd1 = new DailyContentData("完成A项目的需求分析工作", 3.5);
DailyContentData * pdcd2 = new DailyContentData("确定A项目开发所使用的工具", 4.5);
vector < DailyContentData * > vec_dcd;                //记得#include头文件vector
vec_dcd.push_back(pdcd1);
vec_dcd.push_back(pdcd2);

DailyFooterData * pdfd = new DailyFooterData("小李");

ExportToTxtFile file_ettxt;
file_ettxt.doExport( * pdhd, vec_dcd, * pdfd);

//释放资源
```

```
delete pdhd;
for (auto iter = vec_dcd.begin(); iter != vec_dcd.end(); ++iter)
{
    delete (*iter);
}
delete pdfd;
```

执行起来，看一看结果：

```
研发一部,11 月 1 日
完成 A 项目的需求分析工作:(花费的时间: 3.5 小时)
确定 A 项目开发所使用的工具:(花费的时间: 4.5 小时)
报告人:小李
```

如果想将员工工作日报数据导出到 XML 格式的文件中，可以编写另一个类 ExportToXmlFile,代码如下：

```
//将工作日报导出到 XML 格式文件相关的类
class ExportToXmlFile
{
public:
    //实现导出动作
    void doExport (DailyHeaderData &dailyheaderobj, vector < DailyContentData * > &vec_
dailycontobj, DailyFooterData &dailyfooterobj)  //记得#include 头文件 vector,因为工作日报
                    //的内容主体部分中的描述数据可能会有多条,所以用 vector 容器保存
    {
        string strtmp = "";

        //(1)拼接标题
        strtmp += "<?xml version = \"1.0\" encoding = \"UTF - 8\" ?>\n";
        strtmp += "<DailyReport>\n";
        strtmp += " <Header>\n";
        strtmp += " <DepName>" + dailyheaderobj.getDepName() + "</DepName>\n";
        strtmp += " <GenDate>" + dailyheaderobj.getExportDate() + "</GenDate>\n";
        strtmp += " </Header>\n";

        //(2)拼接内容主体,内容主体中的描述数据会有多条,因此需要迭代
        strtmp += " <Body>\n";
        for (auto iter = vec_dailycontobj.begin(); iter != vec_dailycontobj.end(); ++iter)
        {
            ostringstream oss;                  //记得#include 头文件 sstream
            oss << (*iter) -> getSpendTime();
            strtmp += " <Content>" + (*iter) -> getContent() + "</Content>\n";
            strtmp += " <SpendTime>花费的时间: " + oss.str() + "小时" + "</SpendTime>\n";
        }                                       //end for
        strtmp += " </Body>\n";

        //(3)拼接结尾
        strtmp += " <Footer>\n";
```

```
strtmp += " < UserName >报告人:" + dailyfooterobj.getUserName() + "</UserName>\n";
strtmp += " </Footer >\n";

strtmp += "</DailyReport >\n";

//(4)导出到真实文件的代码略,只展示在屏幕上的文件内容
cout << strtmp;
    }
};
```

在 main 主函数中,将如下两行代码:

```
ExportToTxtFile file_ettxt;
file_ettxt.doExport( * pdhd, vec_dcd, * pdfd);
```

修改为:

```
ExportToXmlFile file_etxml;
file_etxml.doExport( * pdhd, vec_dcd, * pdfd);
```

执行起来,看一看结果:

```
<?xml version = "1.0" encoding = "UTF - 8" ?>
< DailyReport >
    < Header >
        < DepName >研发一部</DepName >
        < GenDate > 11 月 1 日</GenDate >
    </Header >
    < Body >
        < Content >完成 A 项目的需求分析工作</Content >
        < SpendTime >花费的时间: 3.5 小时</SpendTime >
        < Content >确定 A 项目开发所使用的工具</Content >
        < SpendTime >花费的时间: 4.5 小时</SpendTime >
    </Body >
    < Footer >
        < UserName >报告人:小李</UserName >
    </Footer >
</DailyReport >
```

从上述范例中可以看到,无论是将工作日报导出到纯文本格式文件中还是导出到 XML 格式文件中,如下 3 个步骤始终是稳定不会发生变化的:

- 拼接标题;
- 拼接内容主体;
- 拼接结尾。

虽然导出到的文件格式不同,上述 3 个步骤每一步的具体实现代码不同,但对于不同格式的文件,这 3 个步骤是重复的,所以考虑把这 3 个步骤(复杂对象的构建过程)提炼(抽象)出来,形成一个通用的处理过程,这样以后只要给这个处理过程传递不同的参数,就可以控制该过程导出不同格式的文件。这也就是建造者模式的初衷——将构建不同格式数据的细

节实现代码与具体的构建步骤分离，以达到复用构建步骤的目的。

2．采用设计模式时程序应该如何改写

可以参考前面采用建造者设计模式的范例来书写本范例。先实现抽象构建器 FileBuilder 类（文件构建器父类），用于为上述 3 个步骤指定抽象接口，代码如下：

```
//抽象构建器类(文件构建器父类)
class FileBuilder
{
public:
    virtual ~FileBuilder() {}                        //作父类时析构函数应该为虚函数
public:
    virtual void buildHeader(DailyHeaderData& dailyheaderobj) = 0;      //拼接标题
    virtual void buildBody(vector < DailyContentData * > & vec_dailycontobj) = 0;
                                                                //拼接内容主体
    virtual void buildFooter(DailyFooterData& dailyfooterobj) = 0;      //拼接结尾
    string GetResult()
    {
        return m_strResult;
    }
protected:
    string m_strResult;
};
```

紧接着，构建两个 FileBuilder 的子类——纯文本文件构建器类 TxtFileBuilder 和 XML 文件构建器类 XmlFileBuilder，以实现 FileBuilder 类中定义的接口。TxtFileBuilder 中接口的实现代码与前述 ExportToTxtFile 类中 doExport 成员函数的实现代码非常类似，XmlFileBuilder 中接口的实现代码与前述 ExportToXmlFile 类中 doExport 成员函数的实现代码非常类似。

```
//纯文本文件构建器类
class TxtFileBuilder :public FileBuilder
{
public:
    virtual void buildHeader(DailyHeaderData& dailyheaderobj)      //拼接标题
    {
        m_strResult += dailyheaderobj.getDepName() + "," + dailyheaderobj.getExportDate() +
"\n";
    }
    virtual void buildBody(vector < DailyContentData * > & vec_dailycontobj)   //拼接内容主体
    {
        for (auto iter = vec_dailycontobj.begin(); iter != vec_dailycontobj.end(); ++iter)
        {
            ostringstream oss;                               //记得 # include 头文件 sstream
            oss << ( * iter) -> getSpendTime();
            m_strResult += ( * iter) -> getContent() + ":(花费的时间:" + oss.str() + "小
时)" + "\n";
        }                                                    //end for
    }
    virtual void buildFooter(DailyFooterData& dailyfooterobj)      //拼接结尾
```

```cpp
    {
        m_strResult += "报告人:" + dailyfooterobj.getUserName() + "\n";
    }
};

//XML 文件构建器类
class XmlFileBuilder :public FileBuilder
{
public:
    virtual void buildHeader(DailyHeaderData& dailyheaderobj)          //拼接标题
    {
        m_strResult += "<?xml version = \"1.0\" encoding = \"UTF - 8\" ?>\n";
        m_strResult += "< DailyReport >\n";

        m_strResult += " < Header >\n";
        m_strResult += " < DepName >" + dailyheaderobj.getDepName() + "</DepName >\n";
        m_strResult += " < GenDate >" + dailyheaderobj.getExportDate() + "</GenDate >\n";
        m_strResult += " </Header >\n";
    }
    virtual void buildBody(vector < DailyContentData * > & vec_dailycontobj)    //拼接内容主体
    {
        m_strResult += " < Body >\n";
        for (auto iter = vec_dailycontobj.begin(); iter != vec_dailycontobj.end(); ++iter)
        {
            ostringstream oss;                               //记得 # include 头文件 sstream
            oss << ( * iter) -> getSpendTime();
            m_strResult += " < Content >" + ( * iter) -> getContent() + "</Content >\n";
            m_strResult += " < SpendTime >花费的时间: " + oss.str() + "小时" +
"</SpendTime >\n";
        }                                                         //end for
        m_strResult += " </Body >\n";
    }
    virtual void buildFooter(DailyFooterData& dailyfooterobj)//拼接结尾
    {
        m_strResult += " < Footer >\n";
        m_strResult += " < UserName >报告人:" + dailyfooterobj.getUserName() +
"</UserName >\n";
        m_strResult += " </Footer >\n";

        m_strResult += "</DailyReport >\n";
    }
};
```

　　当然,如果愿意,也可以继续实现 JSON 格式文件甚至是各种其他格式文件的导出,例如创建一个 JsonFileBuilder 类来实现 JSON 格式文件的导出工作,相关代码可仿照上面的代码自行扩展。

　　然后,实现一个文件指挥者类 FileDirector,代码如下:

```cpp
//文件指挥者类
class FileDirector
```

```
    {
    public:
        FileDirector(FileBuilder * ptmpBuilder)              //构造函数
        {
            m_pFileBuilder = ptmpBuilder;
        }

        //组装文件
        string Construct(DailyHeaderData& dailyheaderobj, vector < DailyContentData * > & vec_
    dailycontobj, DailyFooterData& dailyfooterobj)
        {
            //注意,有时指挥者需要和构建器通过参数传递的方式交换数据,这里指挥者通过委托的
            //方式把功能交给构建器完成
            m_pFileBuilder - > buildHeader(dailyheaderobj);
            m_pFileBuilder - > buildBody(vec_dailycontobj);
            m_pFileBuilder - > buildFooter(dailyfooterobj);
            return m_pFileBuilder - > GetResult();
        }

    private:
        FileBuilder *  m_pFileBuilder;                       //指向所有构建器类的父类
    };
```

在 main 主函数中,为将员工工作日报导出到纯文本格式文件中,应将如下两行代码:

```
ExportToXmlFile file_etxml;
file_etxml.doExport( * pdhd, vec_dcd, * pdfd);
```

修改为:

```
FileBuilder * pfb = new TxtFileBuilder();
FileDirector * pDtr = new FileDirector(pfb);
cout << pDtr - > Construct( * pdhd, vec_dcd, * pdfd) << endl;
```

在后续释放资源的代码段后,还要增加如下代码行:

```
delete pfb;
delete pDtr;
```

执行起来,结果与前面不使用设计模式时程序的输出完全相同:

```
研发一部,11 月 1 日
完成 A 项目的需求分析工作:(花费的时间:3.5 小时)
确定 A 项目开发所使用的工具:(花费的时间:4.5 小时)
报告人:小李
```

如果想将员工工作日报导出到 XML 格式文件中,那么只需要将上述 main 主函数中的
TxtFileBuilder 修改为 XmlFileBuilder,如下:

```
FileBuilder * pfb = new XmlFileBuilder();
```

执行起来,结果与前面不使用设计模式时程序的输出也完全相同:

```
<?xml version = "1.0" encoding = "UTF - 8" ?>
< DailyReport >
  < Header >
    < DepName >研发一部</DepName >
    < GenDate >11 月 1 日</GenDate >
  </Header >
  < Body >
    < Content >完成 A 项目的需求分析工作</Content >
    < SpendTime >花费的时间:3.5 小时</SpendTime >
    < Content >确定 A 项目开发所使用的工具</Content >
    < SpendTime >花费的时间:4.5 小时</SpendTime >
  </Body >
  < Footer >
    < UserName >报告人:小李</UserName >
  </Footer >
</DailyReport >
```

请注意,在上个(创建怪物)范例中,复杂的对象或产品是指具体的怪物,这些具体的怪物都继承自同一个父类(Monster 类),这不是必需的,即便是构建器子类创建彼此之间没什么关联关系的产品也完全可以。

在这个范例中,所导出的纯文本文件内容或 XML 文件内容就被看作一个复杂的对象或者说成是产品(当然,在这个范例中并没有为这些产品创建单独的类),构建步骤就是按照拼接标题、拼接内容主体、拼接结尾的顺序进行,这个拼接步骤是稳定的。看一看本范例的建造者模式 UML 图,如图 3.9 所示。

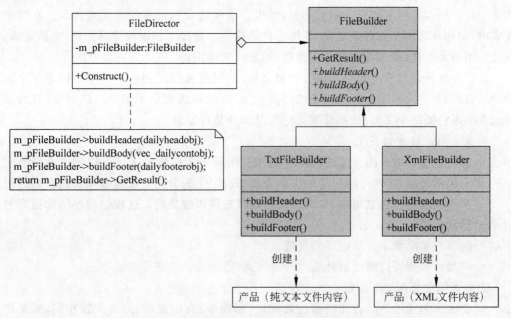

图 3.9　员工工作日报导出到文件范例的建造者模式 UML 图

3.3.4　建造者模式的总结

通过上述两个范例,不难看到,建造者设计模式主要用于分步骤构建一个复杂的对象,其中构建步骤是一个稳定的算法(构建算法),而复杂对象各个部分的创建则会有不同的变化。

在如下情形时,可以考虑使用建造者模式:

- 需要创建的产品对象内部结构复杂,产品往往由多个零部件组成。
- 需要创建的产品对象内部属性相互依赖,需要指定创建次序。
- 当创建复杂对象的步骤(过程)应该独立于该对象的组成部分(通过引入指挥者类,将创建步骤封装在其中)。
- 将复杂对象的创建和使用分离,使相同的创建过程可以创建不同的产品。

建造者模式的核心要点在于将构建算法和具体的构建相互分离,这样构建算法就可以被重用,通过编写不同的代码又可以很方便地对构建实现进行功能扩展。引入指挥者类后,只要使用不同的生成器,利用相同的构建过程就可以构建出不同的产品。

构建器接口定义的是如何构建各个部件,也就是说,当需要创建具体部件的时候,交给构建器来做。而指挥者有两个作用:

- 负责通过部件以**指定的顺序**来构建整个产品(控制了构建的过程)。
- 指挥者通过提供 Construct 接口**隔离**了客户端(指 main 主函数中的代码)与具体构建过程必须要调用的类的成员函数之间的关联。

对于客户端,只需要知道各种具体的构建器以及指挥者的 Construct 接口即可,并不需要知道如何构建具体的产品。想象一个项目开发小组,如果 main 中构建产品的代码由普通组员编写,这项工作自然比较轻松,但是,支撑代码编写所运用的设计模式及实现一般是由组长来完成,显然这项工作要复杂得多。

模板方法模式与建造者模式有类似之处,但模板方法模式主要用来定义算法的骨架,把算法中的某些步骤延迟到子类中去实现,模板方法模式采用继承的方式来体现。在建造者模式中,构建算法由指挥者来定义,具体部件的构建和装配工作由构建器实现,也就是说,该模式采用的是委托(指挥者委托给构建器)的方式来体现的。

工厂方法模式与建造者模式也有类似之处,但建造者模式侧重于一步步构建一个复杂的产品对象,构建完成后返回所构建的产品,工厂方法模式侧重于多个产品对象(且对象所属的类继承自同一个父类)的构建而无论产品本身是否复杂。

建造者模式具有如下优点:

- 将一个复杂对象的创建过程封装起来。用同一个构建算法可以构建出表现上完全不同的产品,实现产品构建和产品表现(表示)上的分离。**建造者模式也正是通过把产品构建过程独立出来,从而才使构建算法可以被复用**。这样的程序结构更容易扩展和复用。
- 向客户端隐藏了产品内部的表现。
- 产品的实现可以随时被替换(将不同的构建器提供给指挥者)。

建造者模式具有如下缺点:

- 要求所创建的产品有比较多的共同点,创建步骤(组成部分)要大致相同,如果产品很不相同,创建步骤差异极大,则不适合使用建造者模式,这是该模式使用范围受限的地方。
- 建造者模式涉及很多的类,例如需要组合指挥者和构建器对象,然后才能开始对象的构建工作,这对于理解和学习是有一定门槛的。

第 4 章

策略模式

策略（Strategy）模式是一种行为型模式，其实现过程与模板方法模式非常类似——都是以扩展的方式支持未来的变化。本章通过对一个具体范例的逐步重构来详细讲解策略模式，在此基础之上，引出面向对象程序设计的一个重要原则——依赖倒置原则，并对该原则进行详细阐述。

4.1 一个具体实现范例的逐步重构

这里还是以前面提出的单机闯关打斗类游戏（类似街机打拳类游戏）为例继续进行讲解。

随着游戏研发工作的不断进行，游戏内容逐渐增多，策划准备引入为游戏主角补充生命值（补血）的道具，当主角走到某个特定的场景位置或者击杀某个大型怪物后，这些道具就会出现，主角通过走到该道具上就可以实现为自身补充生命值的目的。前期主要规划了 3 个道具（药品）：

(1) 补血丹——可以补充 200 点生命值；

(2) 大还丹——可以补充 300 点生命值；

(3) 守护丹——可以补充 500 点生命值。

回忆前面讲解模板方法模式时，实现了游戏主角父类 Fighter 以及分别代表战士类型主角和法师类型主角的 F_Warrior 和 F_Mage 子类。为了看起来更接近一个真实项目，笔者把这 3 个类专门放入到新建立的 Fighter. h 文件中，并在 MyProject. cpp 的开头位置使用"＃include "Fighter. h""代码行将该文件包含进来。Fighter. h 文件的代码如下：

```
＃ifndef __FIGHTER__
＃define __FIGHTER__
//战斗者父类
class Fighter
{
public:
    Fighter(int life, int magic, int attack) :m_life(life), m_magic(magic), m_attack(attack) {}
    virtual ～Fighter() {}
protected:
    int m_life;
    int m_magic;
    int m_attack;
```

```
};

//"战士"类,父类为 Fighter
class F_Warrior :public Fighter
{
public:
    F_Warrior(int life, int magic, int attack) :Fighter(life, magic, attack) {}
};

//"法师"类,父类为 Fighter
class F_Mage :public Fighter
{
public:
    F_Mage(int life, int magic, int attack) :Fighter(life, magic, attack) {}
};
#endif
```

根据策划需求,增加前述 3 个道具分别补充主角生命值,为此,可以在 Fighter 类中增加一个成员函数 UseItem 来处理通过吃药来补充生命值这件事。第一个版本这样来实现代码:首先,在类 Fighter 定义上面增加枚举类型的定义,其中的枚举值分别代表 3 个道具。

```
//增加补充生命值道具
enum ItemAddlife
{
    LF_BXD,                                     //补血丹
    LF_DHD,                                     //大还丹
    LF_SHD,                                     //守护丹
};
```

接着,在 Fighter 类中实现 UseItem 成员函数:

```
public:
    void UseItem(ItemAddlife djtype)            //吃药补充生命值
    {
        if(djtype == LF_BXD)                    //道具类型:补血丹
        {
            m_life += 200;                      //补充 200 点生命值
        }
        else if(djtype == LF_DHD)               //大还丹
        {
            m_life += 300;                      //补充 300 点生命值
        }
        else if (djtype == LF_SHD)              //守护丹
        {
            m_life += 500;                      //补充 500 点生命值
        }
        //其他的一些判断逻辑,略…
    }
```

在 main 主函数中,增加如下代码:

```
Fighter * prole_war = new F_Warrior(1000, 0, 200);     //这里没有采用工厂模式,如果主角很
```

//多,可以考虑采用工厂模式创建对象

```
prole_war -> UseItem(LF_DHD);
delete prole_war;
```

从代码中可以看到,主角通过调用 UseItem 吃了一颗大还丹,为自己增加了 300 点生命值。从实现的功能上,上述代码本身没什么问题。但如果从长远角度或者从面向对象程序设计的角度来看,可能会发现这些实现代码存在一些问题:

(1) 如果增加新的能补充生命值的道具(药),则要增加新的枚举类型,也要在 UseItem 中的 if…else…语句中增加判断条件,这不符合开闭原则,而且一旦 if 条件特别多,对程序的运行效率和可维护性会造成影响。

(2) 代码复用性差,如果将来游戏中的怪物也可以通过吃这些药为自己补充生命值,那么可能需要把 UseItem 中的这些判断语句复制到怪物类中去,甚至要把整个 UseItem 成员函数搬到怪物类中去,显然,这会导致很多重复的代码(代码级别的复制粘贴)。

(3) 目前道具的功能比较简单,仅仅是给主角增加生命值,但如果将来道具功能特别复杂,例如能给主角同时增加生命值、魔法值,还能根据主角的角色和一些其他状态(例如主角中毒了)进行一些特殊的处理,甚至引入各种复杂功能的道具,那么上面的写法就会导致 UseItem 成员函数中的代码判断逻辑特别复杂,几乎可以肯定没人愿意看到下面这样的实现代码:

```
if(djtype == LF_BXD)                        //道具类型:补血丹
{
    m_life += 200;                          //补充 200 点生命值
    if(主角中毒了)
    {
        停止中毒状态,也就是主角吃药后就不再中毒
    }
    if (主角处于狂暴状态)
    {
        m_life += 400;                      //额外再补充 400 点生命值
        m_magic += 200;                     //魔法值也再补充 200 点
    }
    …
}
```

通过策略模式,可以对上述代码进行改造。在策略模式中,可以把 UseItem 成员函数中的每个 if 条件分支中的代码(也称"算法")写到一个个类中,那么每个封装了算法的类就可以称为一种策略(类不仅可以表示一种存在于真实世界的东西,也可以表示一种不存在于真实世界的东西),当然,应该为这些策略抽象出一个统一的父类以便实现多态。现在,看一看策略类父类及各个子类如何编写,专门创建一个 ItemStrategy.h 文件,代码如下:

```
# ifndef __ITEMSTRATEGY__
# define __ITEMSTRATEGY__
//道具策略类的父类
class ItemStrategy
{
public:
```

```cpp
    virtual void UseItem(Fighter * mainobj) = 0;
    virtual ~ItemStrategy() {}
};

//补血丹策略类
class ItemStrategy_BXD : public ItemStrategy
{
public:
    virtual void UseItem(Fighter * mainobj)
    {
        mainobj->SetLife(mainobj->GetLife() + 200);    //补充 200 点生命值
    }
};

//大还丹策略类
class ItemStrategy_DHD : public ItemStrategy
{
public:
    virtual void UseItem(Fighter * mainobj)
    {
        mainobj->SetLife(mainobj->GetLife() + 300);    //补充 300 点生命值
    }
};

//守护丹策略类
class ItemStrategy_SHD : public ItemStrategy
{
public:
    virtual void UseItem(Fighter * mainobj)
    {
        mainobj->SetLife(mainobj->GetLife() + 500);    //补充 500 点生命值
    }
};
#endif
```

从上面的代码中可以看到，UseItem 成员函数直接使用了 Fighter * 作为形参，意图是把主角所有必要的信息都传递到策略类中来，让策略类中的 UseItem 成员函数在需要时可以随时回调 Fighter 中的各种成员函数。这样做虽然策略类（ItemStrategy）和主角类（Fighter）耦合得比较紧密，但因为策略类的工作本身需要一些必要的数据（例如主角当前生命值、魔法值等），所以这样实现也未尝不可。

接着，需要对 Fighter.h 中的 Fighter 类进行改造，注释掉枚举类型的定义以及 UseItem 成员函数并增加如下代码行：

```cpp
public:
    void SetItemStrategy(ItemStrategy * strategy);    //设置道具使用的策略
    void UseItem();                                   //使用道具
    int GetLife();                                    //获取人物生命值
    void SetLife(int life);                           //设置人物生命值
private:
```

```
        ItemStrategy * itemstrategy = nullptr;                //C++11中支持这样初始化
```

同时记得在 Fighter 类定义的前面位置增加针对类 ItemStrategy 的前向声明,因为 SetItemStrategy 的形参中用到了 ItemStrategy:

```
class ItemStrategy;                                          //类前向声明
```

增加新文件 Fighter.cpp,并将该文件增加到当前的项目中。Fighter.cpp 的实现代码如下:

```cpp
# include < iostream >
# include "Fighter.h"
# include "ItemStrategy. h"
using namespace std;

//设置道具使用的策略
void Fighter::SetItemStrategy(ItemStrategy * strategy)
{
    itemstrategy = strategy;
}
//使用道具(吃药)
void Fighter::UseItem()
{
    itemstrategy - > UseItem(this);
}
//获取人物生命值
int Fighter::GetLife()
{
    return m_life;
}
//设置人物生命值
void Fighter::SetLife(int life)
{
    m_life = life;
}
```

在 MyProject. cpp 的开头位置,增加如下 #include 语句:

```cpp
# include "ItemStrategy. h"
```

在 main 主函数中,注释掉原有代码,增加如下代码:

```cpp
//创建主角
Fighter * prole_war = new F_Warrior(1000, 0, 200);

//吃一颗大还丹
ItemStrategy * strategy = new ItemStrategy_DHD();          //创建大还丹策略
prole_war - > SetItemStrategy(strategy);                    //主角设置大还丹策略,准备吃大还丹
prole_war - > UseItem();                                    //主角吃大还丹

//再吃一颗补血丹
ItemStrategy * strategy2 = new ItemStrategy_BXD();         //创建补血丹策略
```

```
prole_war->SetItemStrategy(strategy2);        //主角设置补血丹策略,准备吃补血丹
prole_war->UseItem();                          //主角吃补血丹

//释放资源
delete strategy;
delete strategy2;
delete prole_war;
```

跟踪调试程序不难发现,在吃了大还丹和补血丹后,主角的生命值已经从 1000 变成 1500 了。

从上面的代码中可以看到,通过引入策略模式,将算法(使用道具增加生命值这件事)本身独立到 ItemStrategy 的各个子类中,而不在 Fighter 类中实现。当增加新的道具时,只需要增加一个新的策略子类即可,这样就符合开闭原则了。

Fighter 类与 ItemStrategy 类相互作用实现指定的算法,当算法被调用时,Fighter 将算法需要的所有数据(这里其实是 Fighter 类对象自身)传递给 ItemStrategy,当然如果算法需要的数据比较少,则可以仅仅传递必需的数据(而不必将 Fighter 类对象本身传递给算法)。

引入"策略"设计模式的定义:定义一系列算法类(策略类),将每个算法封装起来,让它们可以相互替换。换句话说,策略模式通常把一系列算法封装到一系列具体策略类中作为抽象策略类的子类,然后根据实际需要使用这些子类。

针对前面的代码范例绘制策略模式的 UML 图,如图 4.1 所示。

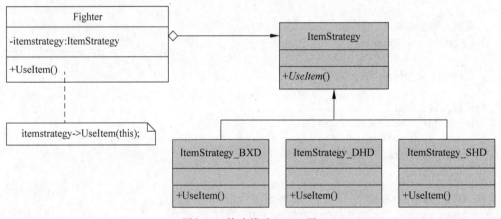

图 4.1　策略模式 UML 图

在图 4.1 中,可以看到 Fighter 类和 ItemStrategy 类之间的关系是一种组合关系,因为在 Fighter 类定义中,有如下代码:

```
ItemStrategy * itemstrategy = nullptr;
```

图 4.1 中的空心菱形在 Fighter 类这边,表示 Fighter 类中包含指向 ItemStrategy 类对象的指针(itemstrategy)作为成员变量。虚线下面框起来的部分代表注释。

策略模式的 UML 图中包含 3 种角色。

(1) Context(环境类):也叫上下文类,是使用算法的角色,该类中维持着一个对抽象策略类的指针或引用。这里指 Fighter 类。

（2）Stategy（抽象策略类）：定义所支持的算法的公共接口，是所有策略类的父类。这里指 ItemStrategy 类。

（3）ConcreteStrategy（具体策略类）：抽象策略类的子类，实现抽象策略类中声明的接口。这里指 ItemStrategy_BXD、ItemStrategy_DHD、ItemStrategy_SHD 类。

策略模式具有如下优点：

（1）以往利用增加新的 if 条件分支来支持新算法的方式违背了开闭原则，引入策略模式后，通过增加新的策略子类实现了对开闭原则的完全支持，也就是以扩展的方式支持未来的变化。所以，如果读者今后在编写代码时**遇到有多个 if 条件分支或者 switch 分支的语句，并且这些分支并不稳定，会经常改动时**，则率先考虑能否通过引入策略模式加以解决。所以很多情况下，策略模式是 if 或者 switch 条件分支的取代者。

当然，如果 if 或者 switch 中的分支数量有限，而且比较稳定，例如一周七天、一年四季，这种情况下也没必要引入策略模式。例如，下面这种判断就没有必要引入策略模式：

```
if(今天 == 春季){}
else if(今天 == 夏季){}
else if(今天 == 秋季){}
else {}                                        //这一定是冬季
```

（2）既然所有的算法都独立到策略类中去实现，这些算法就可以被复用。例如，将来其他的 Fighter 子类也可以使用，甚至如果 ItemStrategy 类和 Fighter 类耦合得并不紧密（ItemStrategy 类的 UseItem 成员函数不是以 Fighter * 类型作形参）的话，ItemStrategy 类也完全可以被 Monster（怪物）类使用来给怪物增加生命值。

（3）策略模式可以看成类继承的一种替代方案。当使用继承来定义类型时，子类一般会受限于父类（子类对象与父类对象之间是一个 is-a 关系，也就是子类对象同时也是一个父类对象，附录 A.3 中对 is-a 关系有详细的阐述，可以先行阅读），而使用策略模式，通过为环境类对象指定不同的策略就可以改变环境类对象的行为。

策略模式具有如下缺点：

（1）策略模式会导致引入许多新的策略类。

（2）使用策略时，调用者（也称客户端，这里指的就是 main 主函数中的代码）必须熟知所有策略类的功能并根据实际需要自行决定使用哪个策略类。

4.2 依赖倒置原则

通过对策略模式的讲解，引入面向对象程序设计的另外一个原则——依赖倒置原则（Dependency Inversion Principle，DIP）。

开发者普遍认为，面向对象程序设计的原则比设计模式本身更重要，遵循这些设计原则完全可以不局限于现有的二十多种常见设计模式，而是可以创造出新的设计模式。

依赖倒置原则贯穿于绝大部分设计模式，是一个非常重要的原则，是面向对象设计的主要实现方法，同时也是开闭原则的重要实现途径，该原则降低了客户与实现模块之间的耦合度。

依赖倒置原则是这样解释的：高层组件不应该依赖于低层组件（具体实现类），两者都应该依赖于抽象层。

对于高层组件、低层组件、抽象层等词汇有的读者可能不太熟悉,这里笔者试举一例来说明。

继续前面的单机闯关打斗类游戏,在讲解简单工厂模式时,将怪物分成了亡灵类怪物(M_Undead)、元素类怪物(M_Element)和机械类怪物(M_Mechanic)。如果主角在闯关中要针对这 3 种怪物进行击杀,那么有的程序员可能会写出下面这样的代码,先定义 3 种怪物类:

```cpp
class M_Undead                                      //亡灵类怪物
{
public:
    void getinfo()
    {
        cout << "这是一只亡灵类怪物" << endl;
    }
    //其他代码略…
};
class M_Element                                     //元素类怪物
{
public:
    void getinfo()
    {
        cout << "这是一只元素类怪物" << endl;
    }
    //其他代码略…
};
class M_Mechanic                                    //机械类怪物
{
public:
    void getinfo()
    {
        cout << "这是一只机械类怪物" << endl;
    }
    //其他代码略…
};
```

再定义一个战士主角类:

```cpp
//战士主角
class F_Warrior
{
public:
    void attack_enemy_undead(M_Undead * pobj)       //攻击亡灵类怪物
    {
        //进行攻击处理…
        pobj->getinfo();                            //可以调用亡灵类怪物相关的成员函数
    }
    //其他代码略…
};
```

观察 F_Warrior 类的 attack_enemy_undead 成员函数,该成员函数的形参为 M_Undead *,这就是一种类与类之间的依赖关系——F_Warrior 类依赖于 M_Undead 类。

在 main 主函数中加入代码，让主角攻击一只亡灵类怪物：

```
M_Undead * pobjud = new M_Undead();
F_Warrior * pobjwar = new F_Warrior();
pobjwar->attack_enemy_undead(pobjud);          //攻击一只亡灵类怪物
```

若让主角攻击一只元素类怪物，则需要为 F_Warrior 类增加一个新的成员函数：

```
public:
    void attack_enemy_element(M_Element * pobj)   //攻击元素类怪物
    {
        //进行攻击处理…
        pobj->getinfo();                          //可以调用元素类怪物相关的成员函数
    }
```

在 main 主函数中继续加入代码：

```
M_Element * pobjelm = new M_Element();
pobjwar->attack_enemy_element(pobjelm);        //攻击一只元素类怪物
```

执行起来，看一看结果：

```
这是一只亡灵类怪物
这是一只元素类怪物
```

当然，最后记得在 main 主函数中增加资源释放的代码：

```
//资源释放
delete pobjwar;
delete pobjud;
delete pobjelm;
```

看这段 main 主函数中的代码，如果还要攻击一只机械类怪物，则需要为 F_Warrior 类增加新的成员函数，并且代码中涉及的类也会变得越来越多（F_Warrior、M_Undead、M_Element、M_Mechanic）。

main 主函数中这几行主角击杀怪物的业务逻辑代码就是高层组件，而 M_Undead、M_Element、M_Mechanic 都属于低层组件，也就是具体的实现类。高层组件与低层组件直接交互实现对怪物的击杀，组件之间的依赖关系如图 4.2 所示（箭头指向谁就依赖谁）。

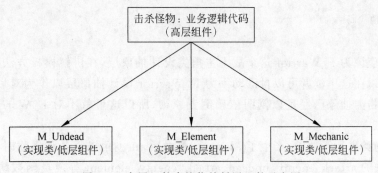

图 4.2　高层组件直接依赖低层组件示意图

针对击杀怪物这件事,如果设计一个 Monster 类作为所有怪物类(M_Undead、M_Element、M_Mechanic)的父类,那么 Monster 类代表的就是抽象层。下面为实现这个抽象层的代码:

```cpp
class Monster                              //作为所有怪物类的父类(抽象层)
{
public:
    virtual void getinfo() = 0;            //纯虚函数
    virtual ~Monster() {}                  //作父类时析构函数应该为虚函数
};
```

重新实现低层组件(M_Undead、M_Element、M_Mechanic 类),让它们全部继承抽象层 Monster 类:

```cpp
class M_Undead : public Monster            //亡灵类怪物
{
public:
    virtual void getinfo()
    {
        cout << "这是一只亡灵类怪物" << endl;
    }
    //其他代码略…
};
class M_Element : public Monster           //元素类怪物
{
public:
    virtual void getinfo()
    {
        cout << "这是一只元素类怪物" << endl;
    }
    //其他代码略…
};
class M_Mechanic : public Monster          //机械类怪物
{
public:
    virtual void getinfo()
    {
        cout << "这是一只机械类怪物" << endl;
    }
    //其他代码略…
};
```

当然,也应该为 F_Warrior 这个战士主角类设计抽象层,在讲解模板方法模式时,已经这样做了,所以在这里读者可以自己动手为 F_Warrior 设计抽象层以作为对以往知识的复习,因为对怪物类抽象已经足以阐明依赖倒置原则,所以这里就不对 F_Warrior 类进行抽象了。

在对怪物类进行了抽象,产生了 Monster 类之后,在主角击杀各种怪物时,就可以把其中与击杀有关的 attack_enemy_undead、attack_enemy_element 等成员函数统一写成一个成员函数。改造之后的 F_Warrior 类代码如下:

```
//战士主角
class F_Warrior
{
public:
    void attack_enemy(Monster * pobj)          //击杀怪物
    {
        //进行攻击处理…
        pobj->getinfo();                       //可以调用怪物相关的成员函数
    }
    //其他代码略…
};
```

在 main 主函数中,注释掉原有代码,增加如下代码:

```
Monster * pobjud = new M_Undead();
F_Warrior * pobjwar = new F_Warrior();
pobjwar->attack_enemy(pobjud);                 //攻击一只亡灵类怪物

Monster * pobjelm = new M_Element();
pobjwar->attack_enemy(pobjelm);                //攻击一只元素类怪物

//资源释放
delete pobjwar;
delete pobjud;
delete pobjelm;
```

上面的代码组件之间的依赖关系如图 4.3 所示。

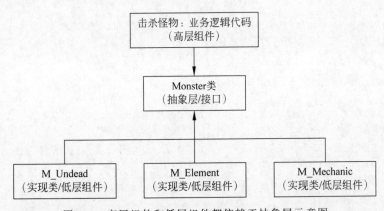

图 4.3　高层组件和低层组件都依赖于抽象层示意图

　　从图 4.3 可以看到,高层组件和低层组件之间不再有依赖关系,两者都依赖于抽象层
(接口)。当然,诸如 main 主函数中下面这样的代码行:

```
Monster * pobjud = new M_Undead();
```

虽然 new 后面用到了实现类 M_Undead,但这里所谈的依赖关系指的是 pobjud 的类型,也
就是 Monster 类。所以,在 main 主函数中,对于要击杀怪物这个业务逻辑,实际上只涉及
了 Monster 类(而图 4.2 中涉及的是 M_Undead、M_Element 两个类),即便日后增加新的
怪物类型也不会导致依赖更多的类。

　　传统思考和解决问题的方式是自顶向下的结构化程序设计方法,这种设计方法往往在最后才会考虑低层组件的设计,而依赖倒置原则中的倒置是指以低层组件如何设计作为思考的入口来率先确定抽象层的设计,而后让高层组件和低层组件全部依赖于抽象层。

　　在学习了依赖倒置原则之后,结合图 4.1 思考一下讲解过的策略模式实现范例,不难想象,策略模式中将算法的实现放在各个策略子类(ItemStrategy_BXD、ItemStrategy_DHD、ItemStrategy_SHD)中,使用算法的 Fighter 类(也称为"环境类",以表示使用算法的当前环境)只针对抽象策略类 ItemStrategy 进行编程,这种编码方式就符合依赖倒置原则。当增加一个新的补血道具时,可以增加一个新的策略子类来实现,这种编码方式同时也符合开闭原则。

　　依赖倒置原则是面向接口(抽象层)编程,而不是针对实现(实现类)编程,从而实现了高层组件和低层组件之间的解耦。

第 5 章

观察者模式

在程序设计中,需要为某对象建立一种"通知依赖关系",当该对象的状态发生变化时,通过公告或广播的方式通知一系列相关对象,实现对象之间的联动。但这种一对多的对象依赖关系往往又会造成该对象与其相关的一系列对象之间一种特别紧密的耦合关系。

观察者(Observer)模式是一种使用频率较高的行为型设计模式,可以弱化上述的一对多依赖关系,实现对象之间关系的松耦合。观察者模式在工作中往往会在不知不觉中被用到。

5.1 一个遍历问题导致的低效率范例

A 公司开发的单机闯关打斗类游戏因为收益日渐减少,公司举步维艰。看到隔壁 B 公司开发的网络游戏做得风生水起,A 公司的老板决定将这款单机闯关打斗类游戏改造成类似于《魔兽世界》的大型多人角色扮演类游戏(网络游戏),以往单机游戏中的主角变成了游戏中的每个玩家。游戏本身是不收费的,但游戏中的各种道具(例如药品等)是要收费的。这种对项目的改造要投入巨大的人力、物力以及时间成本,项目组又扩充了数名熟悉网络游戏开发的程序员。

某日,策划召集项目组全体人员开会增加新的游戏玩法,核心内容如下:

(1) 为增加游戏收入,必须实现游戏中玩家群体之间的战争,因为战争会消耗游戏中的各种物资,例如补充生命值或补充魔法值的药品等。为此,引入"家族"概念,玩家可以自由加入某个家族,一个家族最多容纳 20 个玩家,不同家族的玩家之间可以根据游戏规则在指定时间和地点通过战斗获取利益。

(2) 家族成员的聊天信息会被家族中的所有其他成员看到,当然,家族其他成员有权屏蔽家族的聊天信息。非本家族的玩家是看不到本家族成员聊天信息的。

策划要求程序率先实现家族成员聊天功能。于是,程序开始了第一版的开发工作,代码如下:

```
//玩家父类(以往的战斗者父类)
class Fighter
{
public:
    Fighter(int tmpID, string tmpName):m_iPlayerID(tmpID), m_sPlayerName(tmpName)  //构造函数
    {
```

```
        m_iFamilyID = -1;                              //-1表示没加入任何家族
    }
    virtual ~Fighter() {}                              //析构函数

public:
    void SetFamilyID(int tmpID)                        //加入家族时设置家族 ID
    {
        m_iFamilyID = tmpID;
    }

private:
    int m_iPlayerID;                                   //玩家 ID,全局唯一
    string m_sPlayerName;                              //玩家名字

    int m_iFamilyID;                                   //家族 ID
};

//"战士"类玩家,父类为 Fighter
class F_Warrior :public Fighter
{
public:
    F_Warrior(int tmpID, string tmpName) :Fighter(tmpID, tmpName) {}   //构造函数
};

//"法师"类玩家,父类为 Fighter
class F_Mage :public Fighter
{
public:
    F_Mage(int tmpID, string tmpName) :Fighter(tmpID, tmpName) {}   //构造函数
};
```

从代码中可以看到,游戏中的每个玩家角色的父类依旧是 Fighter,角色仍然分为战士
(F_Warrior)和法师(F_Mage)两种。

因为玩家在游戏中会创建很多家族,每个家族都用唯一的 ID 值(数字)来代表(在实际
的游戏中,这些家族信息会被保存到数据库中)。Fighter 类中提供了成员函数
SetFamilyID,通过调用该函数设置某玩家的家族 ID 值以标记该玩家加入了该 ID 值所代表
的家族。

还要引入一个全局的 list 容器,用来保存所有玩家的列表,以方便对玩家进行操作。在
Fighter 类定义的前面,增加如下代码:

```
class Fighter;                                  //类前向声明
list<Fighter*> g_playerList;                    //在文件头增加 #include<list>
```

每个玩家来到游戏中之后,都需要加入这个列表中,后续代码会演示。

当一个玩家发送一条聊天信息时,同家族的其他玩家也应该收到这条聊天信息。在类
Fighter 中引入 SayWords 成员函数,表示某玩家说了一句话,在其中会调用 NotifyWords
成员函数把这条聊天信息发送给其他玩家。在 Fighter 类定义中加入如下代码:

```
public:
```

```
    void SayWords(string tmpContent)                    //玩家说了某句话
    {
        if (m_iFamilyID != -1)
        {
            //该玩家属于某个家族,应该把聊天内容信息传送给该家族的其他玩家
            for (auto iter = g_playerList.begin(); iter != g_playerList.end(); ++iter)
            {
                if (m_iFamilyID == (*iter)->m_iFamilyID)
                {
                    //同一个家族的其他玩家也应该收到聊天信息
                    NotifyWords((*iter),tmpContent);
                }
            }
        }
    }
private:
    void NotifyWords(Fighter * otherPlayer,string tmpContent)
                                    //其他玩家收到了当前玩家的聊天信息
    {
        //显示信息
        cout << "玩家: " << otherPlayer->m_sPlayerName << " 收到了玩家: " << m_sPlayerName <
< " 发送的聊天信息: " << tmpContent << endl;
    }
```

从代码中可以看到,当某个玩家说了一句话,那么只要是同一家族的玩家都可以收到这句话。在 main 主函数中加入如下测试代码:

```
//创建游戏玩家
Fighter * pplayerobj1 = new F_Warrior(10, "张三"); //实际游戏中很多数据取自数据库
pplayerobj1->SetFamilyID(100);                      //假设该玩家所在的家族 ID 是 100
g_playerList.push_back(pplayerobj1);               //加入到全局玩家列表中

Fighter * pplayerobj2 = new F_Warrior(20, "李四");
pplayerobj2->SetFamilyID(100);
g_playerList.push_back(pplayerobj2);

Fighter * pplayerobj3 = new F_Mage(30, "王五");
pplayerobj3->SetFamilyID(100);
g_playerList.push_back(pplayerobj3);

Fighter * pplayerobj4 = new F_Mage(50, "赵六");
pplayerobj4->SetFamilyID(200);                     //赵六和前面三人属于两个不同的家族
g_playerList.push_back(pplayerobj4);

//某游戏玩家聊天,同族人都应该收到该信息
pplayerobj1->SayWords("全族人立即到沼泽地集结,准备进攻!");

//释放资源
delete pplayerobj1;
delete pplayerobj2;
delete pplayerobj3;
```

```
delete pplayerobj4;
```

执行起来,看一看结果:

> 玩家:张三 收到了玩家:张三 发送的聊天信息:全族人立即到沼泽地集结,准备进攻!
> 玩家:李四 收到了玩家:张三 发送的聊天信息:全族人立即到沼泽地集结,准备进攻!
> 玩家:王五 收到了玩家:张三 发送的聊天信息:全族人立即到沼泽地集结,准备进攻!

从结果中可以看到,与张三同属一个家族的李四、王五(包括张三本人)都收到了张三发送过来的聊天信息,但因为赵六与这三个玩家不属于同一个家族,因此无法收到张三发送的聊天信息。

上面这段代码虽然实现了要求的功能,但是代码的运行效率并不高。试想:如果游戏中有上万个玩家,那么当玩家每说一句话时,Fighter 中的 SayWords 成员函数的 for 循环就要遍历上万个玩家并在其中找到相同家族的玩家来发送聊天信息。有没有什么手段可以让给相同家族的玩家发送聊天信息这件事变得更高效呢?

5.2 引入观察者模式

如果把隶属于某个家族的所有玩家收集到一个列表中,那么当该家族中的某个玩家发出一条聊天信息后,就只需要遍历该玩家所在家族的列表,并向列表中的所有玩家发送该玩家的聊天信息。因为一个家族最多容纳 20 个玩家,所以这个遍历最多循环 20 次,相比于在一万个玩家中遍历,效率高得多。注释掉原有代码,重新用以下代码来实现原来的功能:

```cpp
class Fighter;                                    //类前向声明
class Notifier                                    //通知器父类
{
public:
    virtual void addToList(Fighter * player) = 0;      //把要被通知的玩家加到列表中
    virtual void removeFromList(Fighter * player) = 0; //把不想被通知的玩家从列表中去除
    virtual void notify(Fighter * talker, string tmpContent) = 0;     //通知的一些细节信息
    virtual ~Notifier() {}
};
class Fighter
{
public:
    Fighter(int tmpID, string tmpName) :m_iPlayerID(tmpID), m_sPlayerName(tmpName)    //构造函数
    {
        m_iFamilyID = -1;                          //-1表示没加入任何家族
    }
    virtual ~Fighter() {}                          //析构函数

public:
    void SetFamilyID(int tmpID)                    //加入家族时设置家族 ID
    {
        m_iFamilyID = tmpID;
    }
    int GetFamilyID()                              //获取家族 ID
```

```
    {
        return m_iFamilyID;
    }

    void SayWords(string tmpContent, Notifier * notifier)      //玩家说了某句话
    {
        notifier->notify(this, tmpContent);
    }

    //通知该玩家接收到其他玩家发送来的聊天信息,这是虚函数,子类可以覆盖该虚函数以实现
    //不同的动作
    virtual void NotifyWords(Fighter * talker,string tmpContent)
    {
        //显示信息
        cout << "玩家: " << m_sPlayerName << " 收到了玩家: " << talker->m_sPlayerName << " 发
送的聊天信息: " << tmpContent << endl;
    }
private:
    int m_iPlayerID;                                           //玩家 ID,全局唯一
    string m_sPlayerName;                                      //玩家名字

    int m_iFamilyID;                                           //家族 ID
};
//"战士"类玩家,父类为 Fighter
class F_Warrior :public Fighter
{
public:
    F_Warrior(int tmpID, string tmpName) :Fighter(tmpID, tmpName) {}            //构造函数
};

//"法师"类玩家,父类为 Fighter
class F_Mage :public Fighter
{
public:
    F_Mage(int tmpID, string tmpName) :Fighter(tmpID, tmpName) {}               //构造函数
};
//-----------------------------------
class TalkNotifier:public Notifier                             //聊天信息通知器
{
public:
    //将玩家增加到家族列表中来
    virtual void addToList(Fighter * player)
    {
        int tmpfamilyid = player->GetFamilyID();
        if(tmpfamilyid != -1)                                 //加入了某个家族
        {
            auto iter = m_familyList.find(tmpfamilyid);
            if (iter != m_familyList.end())
            {
                //该家族 ID 在 map 中已经存在
                iter->second.push_back(player);              //直接把该玩家加入到该家族
```

```
            }
            else
            {
                //该家族 ID 在 map 中不存在
                list<Fighter *> tmpplayerlist;
                m_familyList.insert(make_pair(tmpfamilyid, tmpplayerlist));
                                            //以该家族 ID 为 key,增加条目到 map 中
                m_familyList[tmpfamilyid].push_back(player);  //向该家族中增加第一个玩家
            }
        }
    }
    //将玩家从家族列表中删除
    virtual void removeFromList(Fighter * player)
    {
        int tmpfamilyid = player->GetFamilyID();
        if (tmpfamilyid != -1)                          //加入了某个家族
        {
            auto iter = m_familyList.find(tmpfamilyid);
            if (iter != m_familyList.end())
            {
                m_familyList[tmpfamilyid].remove(player);
            }
        }
    }


    //家族中某玩家说了句话,调用该函数来通知家族中所有人
    virtual void notify(Fighter * talker,string tmpContent)  //talker 是讲话的玩家
    {
        int tmpfamilyid = talker->GetFamilyID();
        if (tmpfamilyid != -1)
        {
            auto itermap = m_familyList.find(tmpfamilyid);
            if(itermap != m_familyList.end())
            {
                //遍历该玩家所属家族的所有成员
                for (auto iterlist = itermap->second.begin(); iterlist != itermap->
second.end(); ++iterlist)
                {
                    (*iterlist)->NotifyWords(talker,tmpContent);
                }
            }
        }
    }
private:
    //map 中的 key 表示家族 ID,value 代表该家族中所有玩家列表
    map<int, list<Fighter *>> m_familyList;                    //增加 #include<map>
};
```

在 main 主函数中,注释掉原有代码,增加如下代码:

```
//创建游戏玩家
```

```
Fighter * pplayerobj1 = new F_Warrior(10, "张三");
pplayerobj1->SetFamilyID(100);

Fighter * pplayerobj2 = new F_Warrior(20, "李四");
pplayerobj2->SetFamilyID(100);

Fighter * pplayerobj3 = new F_Mage(30, "王五");
pplayerobj3->SetFamilyID(100);

Fighter * pplayerobj4 = new F_Mage(50, "赵六");
pplayerobj4->SetFamilyID(200);

//创建通知器
Notifier * ptalknotify = new TalkNotifier();

//玩家增加到家族列表中来,这样才能收到家族聊天信息
ptalknotify->addToList(pplayerobj1);
ptalknotify->addToList(pplayerobj2);
ptalknotify->addToList(pplayerobj3);
ptalknotify->addToList(pplayerobj4);

//某游戏玩家聊天,相同家族的人都应该收到该信息
pplayerobj1->SayWords("全族人立即到沼泽地集结,准备进攻!",ptalknotify);

cout << "王五不想再收到家族其他成员的聊天信息了 --- " << endl;
ptalknotify->removeFromList(pplayerobj3);              //将王五从家族列表中删除

pplayerobj2->SayWords("请大家听从族长的调遣,前往沼泽地!", ptalknotify);

//释放资源
delete pplayerobj1;
delete pplayerobj2;
delete pplayerobj3;
delete pplayerobj4;
delete ptalknotify;
```

执行起来,看一看结果:

```
玩家:张三 收到了玩家:张三 发送的聊天信息:全族人立即到沼泽地集结,准备进攻!
玩家:李四 收到了玩家:张三 发送的聊天信息:全族人立即到沼泽地集结,准备进攻!
玩家:王五 收到了玩家:张三 发送的聊天信息:全族人立即到沼泽地集结,准备进攻!
王五不想再收到家族其他成员的聊天信息了 ---
玩家:张三 收到了玩家:李四 发送的聊天信息:请大家听从族长的调遣,前往沼泽地!
玩家:李四 收到了玩家:李四 发送的聊天信息:请大家听从族长的调遣,前往沼泽地!
```

上面的代码同样实现了家族中一个人说话时,全家族的人都能看到聊天信息,同时也实现了不看家族其他人聊天信息的功能。

代码的实现并不复杂,将属于同一个家族的玩家放到一个 list 容器中,当该家族中的某个玩家说话时,通过遍历 list 容器将说话内容广播给该家族中的每个玩家。

当家族中某人说话时, main 中函数的调用关系大概如下(缩进 4 个字符的写法表示上面一行调用下面一行):

```
(i) pplayerobj1->SayWords("全族人立即到沼泽地集结,准备进攻!",ptalknotify);
(i)     notifier->notify(this, tmpContent);
(i)         int tmpfamilyid = talker->GetFamilyID();
(i)         auto itermap = m_familyList.find(tmpfamilyid);
(i)         for (auto iterlist = itermap->second.begin(); iterlist != itermap->second.end();
                ++iterlist)                                                    //遍历 list 容器
(i)             (*iterlist)->NotifyWords(talker,tmpContent);
(i)                 cout << "玩家: " << m_sPlayerName << " 收到了玩家: " << talker->m_sPlayerName
                        << " 发送的聊天信息: " << tmpContent << endl;
```

上述范例实现了一个联动的动作:家族中某个玩家说话(SayWords)→触发通知器的通知机制(notify)→通知器通知每个家族中的人(NotifyWords)。

引入**"观察者"设计模式的定义**(实现意图):定义对象间的一种一对多的依赖关系,当一个对象的状态发生改变时,所有依赖于它的对象都会自动得到通知。解释如下:

(1) 对象之间是指 Notifier 类对象与 Fighter 类对象,也就是通知器类对象与玩家类对象之间。

(2) 一对多的依赖关系是指一个通知器对应多个玩家,换句话说,就是多个玩家都依赖于该通知器,这些玩家处于同一家族中,甚至可以根据策划需求将不同家族的人也加入进来。

(3) 当通知器类对象的状态发生改变时,所有依赖于这个通知器对象的玩家类对象都会收到说话内容,程序开发人员可以将说话内容显示到同一家族各个成员所代表玩家的游戏界面上。通知器类对象的状态改变也可以与玩家类对象无关。例如,通知器类对象状态的改变来自系统公告或来自游戏管理员主动发送的信息,而不是来自某个玩家说话。换句话说。玩家类对象也许无法知道通知器类对象的状态是如何发生变化的,只是知道了通知器类对象状态发生了变化这件事。

(4) 所有的玩家都是"观察者",观察目标(被观察对象)就是"通知器"。观察者实际上是被动地得到通知而不是主动去观察。所以,该模式中的"观察者"这 3 个字听起来并不是那么合适。

要进一步加深对该模式理解,通常会利用十字路口交通灯的例子进行说明。

十字路口通常都有交通信号灯,无论是行人还是车辆,都需要通过观察信号灯并依据绿灯走、红灯停的规则来决定是否通行。在这里,行人或者车辆就是观察者,而观察目标就是交通信号灯。交通信号灯与行人或车辆之间是一对多的依赖关系,因为一盏交通信号灯可以控制众多的行人或车辆。

针对前面的代码范例绘制观察者模式的 UML 图,如图 5.1 所示。

图 5.1 中的虚线箭头表示连接的两个类之间存在着依赖关系(一个类引用另一个类)。Notifier 和 Fighter 类属于稳定部分,而 TalkNotifier 类和 F_Warrior、F_Mage 类属于变化部分。

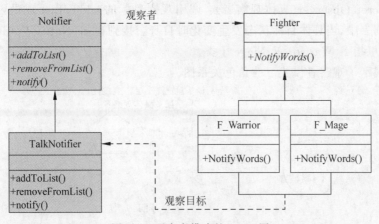

图 5.1　观察者模式的 UML 图

也可以不单独对通知器进行抽象，这主要取决于实际项目的需要，由程序员灵活决定。如果不单独对通知器进行抽象，则观察者模式的 UML 图可能如图 5.2 所示。

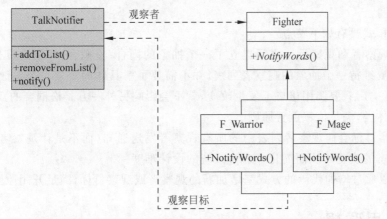

图 5.2　未抽象通知器情形下的观察者模式的 UML 图

"观察者"设计模式也叫作"发布-订阅（Publish-Subscribe）"设计模式，如果用最通俗易懂的语言来描述，应该是这样：观察者（Fighter 子类）提供一个特定的成员函数（NotifyWords），并把自己加入到通知器（Notifier 子类）的一个对象列表中（订阅/注册），当通知器意识到有事件发生的时候，通过遍历对象列表找到每个观察者并调用观察者提供的特定成员函数（发布）来达到通知观察者某个事件到来的目的。观察者可以在特定的成员函数（NotifyWords）中编写实现代码来实现收到通知后想做的事情。

传统观点认为，观察者模式的 UML 图中包含 4 种角色。

（1）Subject（主题）：也叫作观察目标，指被观察的对象。这里指 Notifier 类。提供增加和删除观察者对象的接口（addToList、removeFromList）。

（2）ConcreteSubject（具体主题）：维护一个观察者列表，当状态发生改变时，调用 notify 向各个观察者发出通知。这里指 TalkNotifier 子类。

（3）Observer（观察者）：当被观察的对象状态发生变化时候，观察者自身会收到通知。这里指 Fighter 类。

（4）ConcreteObserver（具体观察者）：调用观察目标的 addToList 成员函数将自身加入到观察者列表中，当具体目标状态发生变化时自身会接到通知（NotifyWords 成员函数会被调用）。这里指 F_Warrior、F_Mage 子类。

图 5.3 展示了观察者模式下的角色关系图。

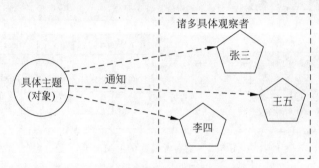

图 5.3　观察者模式下的角色关系图

在图 5.3 中，主题的状态一旦发生变化，观察者就会被通知，观察者自然就可以借此通知来更新自身。

观察者模式具有如下特点：

（1）在观察者和观察目标之间建立了一个抽象的耦合（松耦合，即耦合度比较低）。观察目标只需要维持一个抽象的观察者列表，并不需要了解具体的观察者类。改变观察者和观察目标的一方，只要调用接口不发生改变，就不会影响另外一方。松耦合的双方都依赖抽象而不是具体类，满足依赖倒置原则。

（2）观察目标会向观察者列表中的所有观察者发送通知（而不是让观察者不断向观察目标查询状态的变化），从而简化一对多系统的设计难度。

（3）可以通过增加代码的方式来增加新的观察者或观察目标，满足开闭原则。

5.3　应用联想

本章针对观察者模式虽然只举了一个具体的范例，但实际上观察者模式的应用范围比较广泛，读者应该发挥想象力并举一反三。

（1）在前面的范例中，实现了家族中的一个人说话，家族中的其他人都能看到该人的聊天信息。此功能可以类推，例如家族的一个人受到了敌人的攻击，可以通知家族其他人以便前去救援。在国产游戏《征途》中，当家族成员运送的镖车被敌人攻击时，本家族的其他成员就会收到通知，单击通知中的"前往"按钮就可以瞬间出现在镖车被攻击的地方，通过直接攻击敌人来救援家族成员的镖车。

（2）设想一个门户网站，该网站会长期对大量用户的阅读习惯进行追踪，有些用户对国际新闻感兴趣，有些用户对娱乐明星感兴趣，有些用户对摄影美食感兴趣等。每个用户都被看作是一个观察者，而诸如国际新闻、娱乐明星、摄影美食可被看作是观察目标，当出现观察者感兴趣的观察目标时，例如撰写了一篇美食类的新闻，就可以利用观察者模式把这篇新闻推送给对摄影美食感兴趣的用户。

（3）设想一种场景，某公司手中掌握着今年该公司的详细产品销售数据，现在要求分别用饼图、柱状图、折线图来表现这些数据。在此场景中,饼图、柱状图、折线图就是观察者,而该公司的详细产品销售数据就是观察目标。如果观察目标的数据发生了变化,就要同时通知这几个观察者,观察者收到状态变化的通知后,就需要通过改变自身绘制的图形来真实地反映公司的销售数据。

(4)在一款射击类网络游戏中,游戏场景内有一个炮楼,炮楼会监视游戏中玩家与自身的距离,当距离小于 30 米时,炮楼就会主动向玩家射击。在这种情形下,玩家就是观察者,炮楼就是观察目标,炮楼会随时维持一份 30 米内的玩家列表,因玩家在不停地奔跑移动中,所以该列表随时都在发生变化(新的观察者可能随时被加入进来,已有的观察者也可能随时被移除出去),炮楼只会对这个列表中的玩家进行攻击。

第 6 章

装 饰 模 式

装饰(Decorator)模式也称为装饰器模式/包装模式,是一种结构型模式。这是一个非常有趣和值得学习的设计模式,该模式展现出了运行时的一种扩展能力,以及比继承更强大和灵活的设计视角和设计能力,甚至在有些场合下,不使用该模式很难解决问题。

在本模式的讲解过程中,会提及类与类之间的继承关系和组合关系,还会引出面向对象程序设计的一个重要原则——组合复用原则。

6.1 问题的提出

继续前面的闯关打斗类游戏。在游戏中,不但会出现各种人物、怪物,还会出现许多 UI(用户接口)界面。例如,主角一般会随身携带背包,背包中的每个格子用于放置一个物品,根据策划的规定,背包中格子数量比较多时,还会在背包右侧显示出滚动条,如图 6.1 所示。

图 6.1 游戏主角背包的 UI 界面

再例如,有时需要显示一些公告信息,如图 6.2 所示。当公告信息太长时,也可能会出现滚动条等。

图 6.1 和图 6.2 这些看得见的 UI 界面元素称为控件。例如,要向其中输入文字可以使用文本控件,要显示多行信息可以使用列表控件等,当要显示的内容过长或者过宽时会显示出滚动条控件。

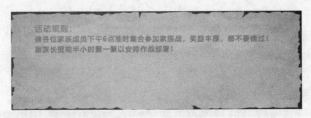

图 6.2　游戏中出现的公告信息的 UI 界面

这里就以一个最简单的控件——列表控件为例,说明如何丰富该控件上所显示的内容,图 6.3 中第 1 幅子图是一个普通的列表控件,第 2 幅图增加了边框让其更有立体感,第 3 幅图增加了一个垂直滚动条,而第 4 幅图又增加了一个水平滚动条。

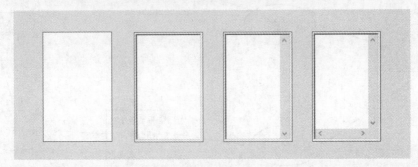

图 6.3　先后为一个普通的列表控件增加边框、垂直滚动条、水平滚动条后的效果

现在,希望在游戏中将上述这几个列表控件绘制出来(绘制工作一般会调用 DirectX 或者 OpenGL 绘制接口,细节不用关心)。读者都知道,使用继承机制是添加新功能或者特性的一种有效途径,子类通过继承父类并增加新的成员函数就可以增加新的功能。所以,传统的绘制方法可能如下:

(1) 创建一个名字叫作 ListCtrl 的类代表普通列表控件,提供 draw 方法绘制自身。

(2) 创建一个名字叫作 BorderListCtrl 的类,继承自 ListCtrl 类,用于表示增加了边框的列表控件,提供 draw 方法绘制自身。

(3) 创建一个名字叫作 VerScBorderListCtrl 的类,继承自 BorderListCtrl,用于表示增加了边框又增加了垂直滚动条的列表控件,提供 draw 方法绘制自身。

(4) 创建一个名字叫作 HorScVerScBorderListCtrl 的类,继承自 VerScBorderListCtrl,用于表示增加了边框又增加了垂直滚动条和水平滚动条的列表控件,提供 draw 方法绘制自身。

考虑下面两个问题:

(1) 如果还需要给这个列表控件增加一些新的内容,例如增加阴影效果、外发光效果等,则需要不断地创建各种子类。

(2) 如果希望创建一个没有边框但有垂直滚动条的列表控件,或者创建一个只有水平滚动条(没有边框,没有垂直滚动条)的列表控件,依然还是要继续创建更多的子类。

上面这两个问题都会导致子类数量的泛滥,灵活性也非常差,所以,采用继承机制创建子类来解决列表控件的绘制显然不是一个好的解决方案,换一种思路,可以采用**组装**的方式

来解决该问题:

（1）首先创建一个名字叫作 ListCtrl 的类代表普通列表控件（最基本的列表控件），提供 draw 方法绘制自身。

（2）如果给这个普通的列表控件增加一个边框（看成是增加一种功能或者是一个装饰），则形成了一个**带边框的**列表控件。

（3）同理，如果给这个普通的列表控件增加一个垂直滚动条，则形成了一个带垂直滚动条的列表控件，再给这个带垂直滚动条的列表控件增加一个水平滚动条，又形成了一个既带垂直滚动条又带水平滚动条的列表控件，如图 6.4 所示。

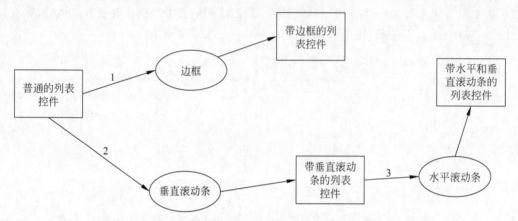

图 6.4　为列表控件增加不同的装饰可以得到不同的列表控件

（4）总之，通过增加不同的装饰，最终可以生成不同的列表控件。

上述通过增加装饰来组装新列表控件的方式非常灵活，可以组装出各种各样的列表控件，例如将边框组装到普通列表控件上，就会形成带有边框的列表控件；再将水平滚动条组装到这个带有边框的列表控件上，就会立即形成带有边框和水平滚动条的列表控件。这种通过组装方式将一个类的功能不断增强的思想（动态的增加新功能），就是装饰模式核心的设计思想。后续将给出实际的代码，在此之前，还需要掌握类之间的继承关系和组合关系相关知识，请读者率先阅读附录 **A. 3 到 A. 3. 1 之间**的内容以及附录 A. 4. 1 对于 has-a 关系和 is-implemented-in-terms-of 关系的介绍。

6.2　引入装饰模式

首先引入组合复用原则（Composite Reuse Principle，CRP），该原则也称为合成复用原则/聚合复用原则，是面向对象程序设计的一个重要原则。

组合复用原则的核心思想是: 若两个类使用继承进行设计（一个类是另一个类的子类），则父类代码的修改可能会影响子类的行为，而且，可能父类中的很多方法子类是用不上的，这显然是一种浪费。而若使用组合进行设计，则可以大大减弱两个类之间的依赖关系，也不会存在因继承关系而导致的浪费行为。所以**如果继承和组合都能达到设计目的，那么优先考虑使用组合（组合优于继承）**。在接下来的代码设计中，将充分利用组合复用原则。

针对前面提出的列表控件，这里将采用装饰模式进行设计，请仔细阅读实现代码。首先创建一个抽象的控件类：

```
//抽象的控件类
class Control
{
public:
    virtual void draw() = 0;                //draw方法,用于将自身绘制到屏幕上
public:
    virtual ~Control() {}                   //作父类时析构函数应该为虚函数
};
```

上面提到的列表控件 ListCtrl 以及其他控件,例如文本控件 TextCtrl 等,应该作为抽象控件的子类,也就是作为具体控件,这里以列表控件作为具体控件的代表,创建ListCtrl 类：

```
//列表控件类
class ListCtrl :public Control
{
public:
    virtual void draw()
    {
        cout << "绘制普通的列表控件!" << endl;        //具体可以用 DirectX 或 OpenGL 来绘制
    }
};
```

接着,装饰器类就要上场了,这是一个抽象的装饰器类(用于作具体装饰器的父类),其中有很多需要说明的内容,先将代码实现如下：

```
//抽象的装饰器类
class Decorator : public Control
{
public:
    Decorator(Control * tmpctrl) :m_control(tmpctrl) {}   //构造函数
    virtual void draw()
    {
        m_control -> draw();                //虚函数,调用的是哪个 draw 取决于 m_control 指向的对象
    }
private:
    Control * m_control;                    //需要被装饰的其他控件,这里用的是父类指针 Control *
};
```

针对上面的代码,有以下几点说明：

（1）抽象装饰器类（Decorator 类）的父类依旧是 Control 类,这可能会造成一些理解上的困扰。试想,一个普通的列表控件经过装饰器装饰后生成一个新的列表控件（例如带边框的列表控件）,该列表控件仍然要绘制自己,所以要有 draw 方法,因此,这个抽象的装饰器类会继承自 Control。从另外一个角度来理解,根据 public 继承的 is-a 特性,经过装饰器装饰过的列表控件依旧是列表控件（不要把装饰器单纯理解成装饰器,而是理解成经过包装之后的新控件）,所以抽象装饰器类继承自 Control 类也合乎情理。

（2）Decorator 类中有一个 m_control 成员变量，其类型是 Control 类型的指针，Control 同时作为 Decorator 类的父类，所以从这个角度来讲，Decorator 类与 Control 类又是一种组合关系。

（3）构造函数的形参也是 Control 类型的指针，代表的当然是被装饰的控件。

（4）虚函数 draw 中的"m_control-> draw();"调用的是哪个类的 draw 取决于 m_control 指向的是哪个对象。

完成抽象装饰器类后，就可以把前面谈到的除普通列表控件本体之外的其他附属控件，例如边框、滚动条等都作为具体装饰器类来实现，代码如下：

```cpp
//具体的"边框"装饰器类
class BorderDec :public Decorator
{
public:
    BorderDec(Control * tmpctrl) :Decorator(tmpctrl) {}            //构造函数
    virtual void draw()
    {
        Decorator::draw();              //调用父类的 draw 方法以保持以往已经绘制出的内容
        drawBorder();                   //也要绘制自己的内容
    }
private:
    void drawBorder()
    {
        cout << "绘制边框!" << endl;
    }
};
//具体的"垂直滚动条"装饰器类
class VerScrollBarDec :public Decorator
{
public:
    VerScrollBarDec(Control * tmpctrl) :Decorator(tmpctrl) {}    //构造函数
    virtual void draw()
    {
        Decorator::draw();              //调用父类的 draw 方法以保持以往已经绘制出的内容
        drawVerScrollBar();             //也要绘制自己的内容
    }
private:
    void drawVerScrollBar()
    {
        cout << "绘制垂直滚动条!" << endl;
    }
};
//具体的"水平滚动条"装饰器类
class HorScrollBarDec :public Decorator
{
public:
    HorScrollBarDec(Control * tmpctrl) :Decorator(tmpctrl) {}    //构造函数
    virtual void draw()
    {
        Decorator::draw();              //调用父类的 draw 方法以保持以往已经绘制出的内容
```

```
        drawHorScrollBar();              //也要绘制自己的内容
    }
private:
    void drawHorScrollBar()
    {
        cout << "绘制水平滚动条!" << endl;
    }
};
```

在 main 主函数中,增加如下代码来创建两个列表控件:一个列表控件既带边框又带垂直滚动条;另一个列表控件只带水平滚动条。

```
//(1)创建一个既带边框,又带垂直滚动条的列表控件
//首先绘制普通的列表控件
Control * plistctrl = new ListCtrl();
//plistctrl->draw();              //这里先不绘制了

//接着"借助普通的列表控件",可以通过边框装饰器绘制出一个"带边框的列表控件"
Decorator * plistctrl_b = new BorderDec(plistctrl);   //注意形参,是普通列表控件,这里类型用
                                                      //Control * 而不用 Decorator * 也是可以的
//plistctrl_b->draw();

//接着"借助带边框的列表控件",可以通过垂直滚动条装饰器绘制出一个"既带垂直滚动条又带边框
//的列表控件"
Decorator * plistctrl_b_v = new VerScrollBarDec(plistctrl_b);   //注意形参,是带边框的列表控件
plistctrl_b_v->draw();          //这里完成最终绘制

cout << "------------------------------ " << endl;
//(2)创建一个只带水平滚动条的列表控件
//首先绘制普通的列表控件
Control * plistctrl2 = new ListCtrl();
//plistctrl2->draw();              //这里先不绘制了

//接着借助普通的列表控件,通过水平滚动条装饰器绘制出一个"带水平滚动条的列表控件"
Decorator * plistctrl2_h = new HorScrollBarDec(plistctrl2);         //注意形参是普通列表控件
plistctrl2_h->draw();            //这里完成最终绘制

//(3)释放资源
delete plistctrl_b_v;
delete plistctrl_b;
delete plistctrl;

delete plistctrl2_h;
delete plistctrl2;
```

执行起来,看一看结果:

```
绘制普通的列表控件!
绘制边框!
绘制垂直滚动条!
------------------------------
绘制普通的列表控件!
绘制水平滚动条!
```

上面的代码比较长,但总结起来,只绘制了两个控件:一个既带边框又带垂直滚动条的列表控件;另一个只带水平滚动条的列表控件。

不妨回顾一下创建既带边框又带垂直滚动条的列表控件的过程:

(1) 首先要创建一个普通的列表控件 plistctrl。

(2) 借助这个普通的列表控件,才能进一步创建出带边框的列表控件,但应注意,普通的列表控件和带边框的列表控件是两个对象,分别用 plistctrl 和 plistctrl_b 代表,不要混为一谈。

(3) 借助带边框的列表控件 plistctrl_b,才能更进一步创建出既带垂直滚动条又带边框的列表控件 plistctrl_b_v,最终调用 draw 方法将该控件绘制出来。也就是说,控件创建的整个过程中,每一步都要利用上一步的成果(对控件本体进行层层装饰),在上一步成果的基础之上继续进行创建。最终创建完毕后,就可以绘制出"既带垂直滚动条又带边框的列表控件",而在这个过程中,创建出 3 个 Control * 类型的指针 plistctrl、plistctrl_b、plistctrl_b_v,最终进行资源释放的时候,不要遗漏。

针对前面的代码范例绘制装饰模式的 UML 图,如图 6.5 所示。

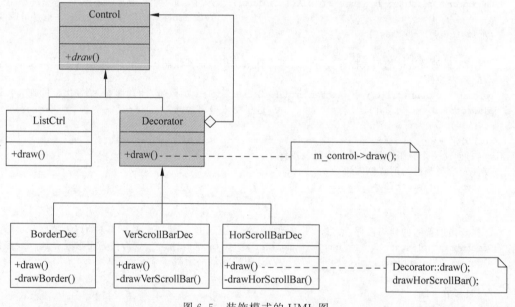

图 6.5 装饰模式的 UML 图

图 6.5 中的虚线右侧框起来的部分代表注释。类 Control 与类 Decorator **既是继承关系又是组合关系**(装饰模式的一大主要特征)。对于组合关系来说,图 6.5 中的空心菱形在 Decorator 类这边,表示 Decorator 类中包含 Control 类的对象指针(m_control)作为成员变量。ListCtrl 代表着列表控件这个主体类,而其他继承自 Decorator 的子类都是装饰器类。读者可以参考 ListCtrl 实现其他各种主体类,例如实现文本控件 TextCtrl 类,并且也可以将各种装饰器类作用于 TextCtrl 之上,构成诸如"带水平滚动条的文本控件"。

引入**"装饰"设计模式的定义(实现意图)**:动态地给一个对象添加一些额外的职责。就增加功能来说,该模式相比生成子类更加灵活。

装饰模式的 UML 图中包含 4 种角色。

(1) Control(抽象构件):是具体构件 ListCtrl 和抽象装饰器类 Decorator 的共同父类,

其中定义了必需的接口(draw),用来实现必需的业务。其引入的目的是让调用者(也称客户端,这里指的就是 main 主函数中的代码)以一致的方式处理未被修饰的对象以及经过修饰之后的对象,实现客户端的透明操作。

(2)ListCtrl(具体构件):抽象构件 Control 的子类,定义具体的构件,实现抽象构件中定义的接口,此后,装饰器就可以给该构件增加额外的方法(职责)。

(3)Decorator(抽象装饰器类):抽象构件 Control 的子类,在其中定义了一个与 Control 接口一致的接口(draw),子类通过对该接口的扩展,达到装饰的目的。

拥有一个指向 Control 对象的指针(m_control),通过该指针可以调用到该构件被装饰之前的构建对象的接口方法(指的是 Decorator 类中 draw 的实现代码)。

(4)BorderDec、VerScrollBarDec、HorScrollBarDec(具体装饰器类):作为抽象装饰器类的子类。每个具体装饰器类都增加了一些新的方法(例如 drawBorder、drawVerScrollBar、drawHorScrollBar 等)来修饰该构件或者说扩充该构件的能力,之后通过对 draw 接口的扩展,来达到最终的修饰目的。

对装饰器模式总结如下:

(1)该模式避免了传统继承方式导致的子类膨胀(继承被滥用)问题,让项目的设计具有了更好的灵活性和可扩展性,展现了运行时的一种扩展能力——只需要将新能力不断向本体上附着即可,另外还展现出了比继承更强的和更灵活的设计视角和设计能力,对于继承是一种更好的替代方案。同时,为对象增加新的装饰(职责/能力)只需要增加新的装饰器类,从而达到对对象进行扩展的目的,符合开闭原则。值得一提的是,对开闭原则的使用必须慎重。开闭原则往往应该用在最可能改变的地方,而不是到处都用,否则会导致滥用和浪费,也会使代码复杂度增加。

(2)装饰器(装饰者)对象和被装饰对象有相同的父类,这样装饰器就能够取代被装饰对象并且可以用一个或者多个装饰器包装一个对象,这样做的另外一个好处是 draw 接口也被正确地继承下来了。同时,该模式也通过组合使对象得到了新的能力。

(3)该模式的一个主要不足之处是会产生很多小对象。观察 main 主函数,plistctrl_b_v 对象是与 plistctrl_b、plistctrl 对象唇齿相依的,这些小对象区别又不是很大(大部分成员变量和成员函数都相同),小对象多了会导致占用资源,从而影响程序性能,而且也不太容易管理。例如,main 主函数中的代码行"plistctrl_b_v-> draw();"的顺利执行需要 plistctrl_b_v、plistctrl_b、plistctrl 这 3 个对象同时有效,缺一不可。换句话说,在 main 主函数中,如果想最终绘制出"既带垂直滚动条又带边框的列表控件"对象 plistctrl_b_v,必须存在"带边框的列表控件"对象 plistctrl_b,而要想让 plistctrl_b 正常工作,又必须存在"普通的列表控件"对象 plistctrl。如果程序员在执行"plistctrl_b_v-> draw();"代码行之前无意中使用"delete plistctrl;"把 plistctrl 所指向的对象删除了,那么整个程序运行就会崩溃,书写程序时务必小心认真,以免出现难以排查的错误。

6.3 另一个装饰模式的范例

为了增强读者对装饰模式的应用能力,在这里再举一个比较传统的也是被很多资料提及的关于计算水果饮料最终价格的范例,有如下说法:

（1）一杯单纯的水果饮料，售价为 10 元。

（2）如果向饮料中增加砂糖，则要额外多加 1 元。

（3）如果向饮料中增加牛奶，则要额外多加 2 元。

（4）如果向饮料中增加珍珠，则要额外多加 2 元。

显然还可以向饮料中增加各种其他调料……顾客需要额外加钱即可得到调配好的水果饮料，例如顾客希望向饮料中既加珍珠又加砂糖，则最终需要支付的价格是 10＋2＋1＝13 元。

上述计算水果饮料最终价格的范例用装饰模式实现是比较合适的。可以把单纯的水果饮料看成是本体，把各种调料看成装饰器。仿照前面的范例，使用装饰模式实现本范例将非常简单，首先创建一个抽象的饮料类：

```cpp
//抽象的饮料类
class Beverage
{
public:
    virtual int getprice() = 0;        //获取价格
public:
    virtual ~Beverage() {}
};
```

再定义一个具体的饮料类：

```cpp
//水果饮料类
class FruitBeverage : public Beverage
{
public:
    virtual int getprice()
    {
        return 10;                      //一杯单纯的水果饮料,售价为 10 元
    }
};
```

定义一个抽象的装饰器类：

```cpp
//抽象的装饰器类
class Decorator : public Beverage
{
public:
    Decorator(Beverage * tmpbvg) :m_pbvg(tmpbvg) {}     //构造函数
    virtual int getprice()
    {
        return m_pbvg->getprice();
    }
private:
    Beverage * m_pbvg;
};
```

再定义几个具体的装饰器类：

```cpp
//具体的"砂糖"装饰器类
class SugarDec : public Decorator
```

```
{
public:
    SugarDec(Beverage * tmpbvg) :Decorator(tmpbvg) {} //构造函数
    virtual int getprice()
    {
        return Decorator::getprice() + 1;              //额外多加 1 元,要调用父类的 getprice
                                                       //方法以把以往的价格增加进来
    }
};
//具体的"牛奶"装饰器类
class MilkDec : public Decorator
{
public:
    MilkDec(Beverage * tmpbvg) :Decorator(tmpbvg) {}   //构造函数
    virtual int getprice()
    {
        return Decorator::getprice() + 2;              //额外多加 2 元,要调用父类的 getprice
                                                       //方法以把以往的价格增加进来
    }
};
//具体的"珍珠"装饰器类
class BubbleDec : public Decorator
{
public:
    BubbleDec(Beverage * tmpbvg) :Decorator(tmpbvg) {} //构造函数
    virtual int getprice()
    {
        return Decorator::getprice() + 2;              //额外多加 2 元,要调用父类的 getprice
                                                       //方法以把以往的价格增加进来
    }
};
```

在 main 主函数中,增加如下代码来计算一杯增加了珍珠和砂糖的水果饮料的价格:

```
//创建一杯单纯的水果饮料,价格 10 元
Beverage * pfruit = new FruitBeverage();
//向饮料中增加珍珠,价格多加了 2 元
Decorator * pfruit_addbubb = new BubbleDec(pfruit);
//再向饮料中增加砂糖,价格又多加了 1 元
Decorator * pfruit_addbubb_addsugar = new SugarDec(pfruit_addbubb);
//输出最终的价格
cout << "加了珍珠又加了砂糖的水果饮料最终价格是: " << pfruit_addbubb_addsugar -> getprice()
<< "元人民币" << endl;

//释放资源
delete pfruit_addbubb_addsugar;
delete pfruit_addbubb;
delete pfruit;
```

执行起来,看一看结果:

加了珍珠又加了砂糖的水果饮料最终价格是：13 元人民币

如果不是一杯水果饮料，而是一杯奶茶，那么可以以奶茶作为本体，这些装饰器也同样可以用于装饰奶茶。用中文的表达方式绘制该范例的 UML 图，如图 6.6 所示。

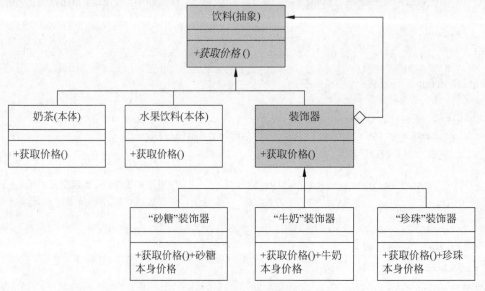

图 6.6 奶茶与水果饮料的装饰模式 UML 图

可以使用装饰模式的范例还有很多，这需要读者开动脑筋，发挥想象力，才能恰当地运用装饰模式。

第7章

单 件 模 式

单件(Singleton)模式也称单例模式/单态模式,是一种创建型模式,用于创建只能产生一个对象实例的类。该模式比较特殊,其实现代码中没有用到设计模式中经常提起的抽象概念,而是使用了一种比较特殊的语法结构(私有的构造函数)实现类的定义。

该模式比较好理解,也比较常用,但要设计得好并不容易,有许多细节需要把握,本章将详细探讨。

7.1 单件类的基本概念和实现

在一个软件中,往往存在一些比较特殊的类,希望在整个软件中只存在该类的一个对象(实例)。继续讲解闯关打斗类游戏,策划要求游戏中有一些配置选项,能够对游戏的声音大小、图像质量等进行配置,为此,要创建一个游戏配置相关的类 GameConfig,代码如下:

```
//游戏配置相关类
class GameConfig
{
    //…待增加
};
```

为了使用该类,需要创建该类相关的对象,于是,可以通过下面的代码创建一个类对象:

```
GameConfig g_config1;
```

当然,还可以创建该类的另外一个对象,甚至还可以创建更多的该类对象:

```
GameConfig g_config2;
```

但是从项目需求来讲,整个游戏中只应该存在一个 GameConfig 类对象(对象可以在栈上创建也可以用 new 在堆上创建),该对象相当于一个全局的 GameConfig 类对象,统管游戏的配置。没必要创建多个 GameConfig 类对象,因为创建多个 GameConfig 类对象可能会造成混乱或实现的程序逻辑不正确(也可能造成性能问题)。

这种在项目中只应该存在某个类的单独一个对象的情形并不少见。例如,项目中只存在一个声音管理系统、一个配置系统、一个文件管理系统、一个日志系统、一个线程池,甚至如果把整个 Windows 操作系统看成一个项目,那么其中只存在一个任务管理器窗口等。

有的读者可能认为既然希望只创建一个 GameConfig 类对象,那么编写代码的时候不要创建额外的 GameConfig 类对象不就可以了吗? 其实不是这样,C++ 软件开发专家 Scott Meyers 曾经说过:"要使接口或者类型易于正确使用,难以错误使用。"这句话的意思就是说不要把保证不创建出多个 GameConfig 类对象的责任推到类的使用者身上,这本来应该是类的设计者的责任。试想一下,如果 GameConfig 类是第三方机构开发的并希望在整个项目中只能创建一个该类的对象,那么该机构应该做的是从 GameConfig 类的设计上入手来确保项目中只能创建一个该类的对象,而不是出一份文档告诉 GameConfig 类的使用者只允许创建一个该类的对象。

这种只能创建一个属于该类对象的类就称为单件类。那么这样的类应该如何设计呢? 代码如下:

```cpp
//游戏配置相关类
class GameConfig
{
    // …
private:
    GameConfig(){};
    GameConfig(const GameConfig& tmpobj);
    GameConfig& operator = (const GameConfig& tmpobj);
    ~GameConfig() {};
public:
    static GameConfig * getInstance()
    {
        if (m_instance == nullptr)
        {
            m_instance = new GameConfig();
        }
        return m_instance;
    }
private:
    static GameConfig * m_instance;                //指向本类对象的指针
};

GameConfig * GameConfig::m_instance = nullptr;     //在类外,某个.cpp 源文件的开头位置,
                                                   //为静态成员变量赋值(定义并赋值)
```

在 main 主函数中,增加如下代码就可以创建一个单件类的对象:

```cpp
GameConfig * g_gc = GameConfig::getInstance();
```

后续随时可以通过调用 getInstance 成员函数拿到指向该对象的指针。例如下面代码行的 g_gc2 与 g_gc 指向的是同一个对象。

```cpp
GameConfig * g_gc2 = GameConfig::getInstance();
```

从上面代码中可以看到以下几个需要说明的问题。

(1)类的构造函数设置为私有。所以站在类外部的角度来讲,既无法在栈上也无法在堆上创建该类所属的对象。例如下面的代码都变得不合法了:

```cpp
GameConfig * g_gc = new GameConfig;
GameConfig gc;
```

（2）通过静态成员函数 getInstance 创建该单件类的对象，第一次执行该成员函数时 if 条件肯定成立，所以通过 new 创建了该类对象，并返回了指向该类对象的指针（静态成员变量 m_instance）。而第二次执行该成员函数时，if 条件就不再成立了，直接返回该类的对象指针（第一次 if 条件成立是 new 出来的对象）即可。这样就可以确保在整个项目中最多只能存在一个 GameConfig 类对象。

（3）将拷贝构造函数设置为私有，保证对象不可以被拷贝构造，例如下面的代码是不合法的：

```
GameConfig g_gc3( * g_gc);
```

将拷贝赋值运算符设置为私有，保证了对象不可以被拷贝赋值，例如下面的代码是不合法的：

```
( * g_gc2) = ( * g_gc);
```

将析构函数设置为私有，保证了对象不可以在外界被随意删除，例如下面的代码是不合法的：

```
delete g_gc2;
```

还有哪些是必须设置为私有的成员函数吗？请读者进一步思考。

7.2　单件类在多线程中可能导致的问题

思考前面的 GameConfig 类实现代码，如果在多个线程中同时调用 getInstance 成员函数的情况下，会产生什么问题呢？有可能导致 GameConfig 类对象被创建出超过一个的情况。

试想，如果程序在两个或者多个线程中同时调用 GameConfig 类的 getInstance 成员函数，那么当线程 1 刚好执行完判断代码行 if(m_instance＝＝nullptr)并且确认此 if 条件成立时，突然因为操作系统时间片调度问题切换到了线程 2，线程 2 也会执行 if(m_instance＝＝nullptr)并且也会确认此 if 条件成立，然后线程 2 就会直接执行"m_instance ＝ new GameConfig();"代码行创建出了一个 GameConfig 对象，此时时间片切换回了线程 1，线程 1 接着刚才暂停处继续执行也就是刚好执行"m_instance＝new GameConfig();"代码行，这种情况就会导致在两个线程中分别创建了一个 GameConfig 类对象（总共创建了两个 GameConfig 类对象），从而使代码逻辑违背了开发者意愿，产生了混乱。那么如何解决这个问题呢？

解决这个问题的第一个方法是为 getInstance 成员函数加锁，因为 C++ 11 新标准的引入，加锁变得比较方便，笔者在《C++新经典》一书的"并发与多线程"一章对加锁有非常详细的讲述。可以在 getInstance 成员函数的**第一行**（最开始行）增加类似如下的代码来实现加锁，这里不详述（因笔者认为该方案弊端比较大）：

```
std::lock_guard < std::mutex > gcguard(my_mutex);
```

这样加锁之后，在一个线程执行完整个 getInstance 成员函数之前，其他的线程必须等待，从而避免了多个线程小概率同时创建多个 GameConfig 对象的问题。

虽然通过加锁实现的 getInstance 成员函数从代码逻辑上没有问题，实现了线程安全，但从执行效率上来说，是有大问题的。试想如果程序执行过程中，getInstance 被多个线程频繁调用，每次调用都会经历加锁解锁的过程，则会严重影响程序执行效率，更何况这种加锁机制，仅仅对第一次创建 GameConfig 对象有意义，该对象一旦被创建之后，其实就变成了一个只读的对象，在多线程中，对一个只读对象的访问进行加锁不但代价很大，更是毫无意义。所以，发展出来了一个**双重锁定**（双重检查）机制，基于这种机制的 getInstance 成员函数实现代码如：

```cpp
static GameConfig * getInstance()
{
    if (m_instance == nullptr)
    {
        //这里加锁
        std::lock_guard < std::mutex > gcguard(my_mutex);
        if (m_instance == nullptr)
        {
            m_instance = new GameConfig();
        }
    }
    return m_instance;
}
```

从代码中可以看到，上个加锁版本是只要执行了 getInstance 成员函数，就立即加锁，而这个双重锁定机制用到了两个内容相同的 if 判断语句而且第一个 if 判断语句并没有加锁，第二个 if 判断语句之前才加了锁。

这样做的目的就是为了提高效率而采用的一种代码编写手段，具体解释如下：

（1）首先必须要承认一点，如果条件 if(m_instance ! = nullptr)成立，则肯定代表 m_instance 已经被 new 过了。

（2）如果条件 if(m_instance = = nullptr)成立，不代表 m_instance 一定没被 new 过，因为很可能线程 1 刚要执行"m_instance = new GameConfig();"代码行，就切换到线程 2 去了（结果线程 2 可能就会 new 这个单件对象），但是一会切换回线程 1 时，线程 1 会立即执行"m_instance = new GameConfig();"来 new 这个单件对象（结果 new 了两次这个单件对象）。

所以笔者才会说：if(m_instance = = nullptr)成立，不代表 m_instance 一定没被 new 过。

那么，在 m_instance 可能被 new 过（也可能没被 new 过）的情况下，再去加锁。加锁后，只要这个锁能锁住，就再次判断条件 if(m_instance = = nullptr)，如果这个条件依然满足，那么肯定表示这个单件对象还没有被初始化，这个时候就可以放心地用 new 来初始化。

平时常规调用 getInstance 的时候，因为最外面有一个条件判断 if(m_instance = = nullptr)，这样就不会每次调用 getInstance 都加锁。也就是说，平常的调用根本就执行不到加锁代码，而是直接执行"return m_instance;"，这样调用者就能够直接获得这个单件类的对象，所以提高了执行 getInstance 的效率。

上述双重锁定机制看起来比较完美,但实际上存在潜在的问题——内存访问**重新排序**(重新排列编译器产生的汇编指令)导致双重锁定失效的问题(因此不要在实际项目中使用这段代码)。以代码行"m_instance＝new GameConfig();"来说明,当**线程 1** 执行该代码行时,通常认为大概要细分成 3 个步骤并按顺序来执行:首先调用 malloc 分配内存,然后执行 GameConfig 的构造函数来初始化这块内存,最后让 m_instance 指针指向这块内存。但是在 CPU 内部执行时,这 3 个执行步骤有可能会因为编译器的**优化**等原因被重新排序,例如,首先调用 malloc 分配内存,然后让 m_instance 指针指向这块内存,最后才执行 GameConfig 的构造函数来初始化这块内存(笔者还听说过编译器出于性能考虑甚至可能在加锁之前就进行第二个 if 条件的测试,这可是编译器的大 Bug)。这样麻烦就来了,因为 m_instance 一被赋值来指向这块内存,就表示 m_instance!＝nullptr 条件成立了,但这块内存还没被初始化(需要执行 GameConfig 的构造函数来初始化),是不应该拿来用的,若此时突然有另外一个线程(**线程 2**)执行 getInstance 成员函数,则线程 2 首先要执行的是代码行 if(m_instance ＝＝nullptr),而这个判断会成立并立即执行"return m_instance;"代码行,把 m_instance 返回去直接使用。这时候就出现了在线程 1 中未被初始化完的 GameConfig 类对象被线程 2 拿去使用了的尴尬局面,这就是双重锁定代码有可能导致的问题,这个问题在 C++语言中解决起来比较复杂(在其他语言,例如 Java、C♯中,可以通过 volatile 关键字来提示编译器不要进行内存访问重新排序),需要借助 C++ 11 新标准的一些新特性、新类型来使内存不会出现重新排序。这里给出实现了新版本双重锁定的 GameConfig 类代码(这段代码没有经过严格的测试验证,仅供参考),有兴趣的读者可以自行研究。

```
#include <atomic>                              //#include 的头文件加在源文件顶部位置
#include <mutex>
//游戏配置相关类
class GameConfig
{
private:
    GameConfig() {};
    GameConfig(const GameConfig& tmpobj);
    GameConfig& operator = (const GameConfig& tmpobj);
    ~GameConfig() {};
public:
    static GameConfig * getInstance()
    {
        GameConfig * tmp = m_instance.load(std::memory_order_relaxed);
        std::atomic_thread_fence(std::memory_order_acquire);
        if (tmp == nullptr)
        {
            std::lock_guard < std::mutex > lock(m_mutex);
            tmp = m_instance.load(std::memory_order_relaxed);
            if (tmp == nullptr)
            {
                tmp = new GameConfig();
                std::atomic_thread_fence(std::memory_order_release);
                m_instance.store(tmp, std::memory_order_relaxed);
            }
```

```
        }
        return tmp;
    }
private:
    static atomic < GameConfig * > m_instance;
    static std::mutex m_mutex;
};
std::atomic < GameConfig * > GameConfig::m_instance;
std::mutex GameConfig::m_mutex;
```

一个好的解决多线程创建 GameConfig 类对象问题的方法是**在 main 主函数（程序执行入口）中，在创建任何其他线程之前，先执行一次"GameConfig::getInstance();"来把这个单独的 GameConfig 类对象创建出来**，这样，后续再对 GameConfig 类的 getInstance 成员函数进行调用时就相当于只读取 m_instance 成员变量，对 getInstance 成员函数的调用就不再需要加锁了。

7.3　饿汉式与懒汉式

单件类的实现代码在多线程中可能导致出现问题的另外一种解决方案，就是在 .cpp 源文件中给静态成员变量赋初值时不赋值成 nullptr，而是直接 new 一个 GameConfig 类对象，这样也就不会存在多线程的加锁问题，重新实现的 GameConfig 代码如下：

```
class GameConfig
{
    // …
private:
    GameConfig() {};
    GameConfig(const GameConfig& tmpobj);
    GameConfig& operator = (const GameConfig& tmpobj);
    ~GameConfig() {};
public:
    static GameConfig * getInstance()
    {
        return m_instance;
    }
private:
    static GameConfig * m_instance;             //指向本类对象的指针
};
GameConfig * GameConfig::m_instance = new GameConfig();
                                    //趁静态成员变量定义的时机直接初始化是被允
                                    //许的，即便 GameConfig 构造函数用 private 修饰
```

因为用 new 创建 GameConfig 对象的代码行会早于 main 主函数（程序执行入口）被执行，所以在 main 中，GameConfig::m_instance 已经有了有效值，后续对 getInstance 成员函数的调用就不需要加锁了。

这种单件类代码的实现方式也被称为**"饿汉式"（很饥渴、很迫切之意）**——程序一执行，不管是否调用了 getInstance 成员函数，这个单件类对象就已经被创建了（对象创建将不受

多线程问题困扰)。

　　还有一种实现方式称为**"懒汉式"**(**很懒惰之意**),前面实现的单件类代码采用的就是该种方式——程序执行后该单件类对象并不存在,只有第一次调用 getInstance 成员函数时该单件类对象才会被创建,这种方式能够更好地控制单件类对象的创建时机,以免过早加载可能导致对内存等资源的不必要消耗(假如类 GameConfig 非常庞大的话)。

　　在**饿汉式**单件类代码的实现中必须要注意,如果一个项目中有多个.cpp 源文件,而且这些源文件中(例如,文件开头位置)包含对全局变量的初始化代码,例如某个.cpp 源文件中可能存在如下代码:

```
int g_test = GameConfig::getInstance()->m_i;          //m_i 为一个 int 型成员变量
```

那么这样的代码是不安全的,因为多个源文件中全局变量的初始化顺序是不确定的,很可能上述代码先于"GameConfig * GameConfig::m_instance = new GameConfig();"代码行执行而造成 GameConfig::getInstance()返回的是 nullptr,此时去访问 m_i 成员变量肯定会导致程序执行异常。所以,对饿汉式单件类对象的使用,应该在程序入口函数开始执行后,例如 main 主函数开始执行后。

7.4　单件类对象内存释放问题

　　单件对象的生命周期一般贯穿整个程序,当整个程序执行结束时,该对象所占用的内存可以由操作系统回收。但也有许多开发者希望在程序执行结束前能够主动回收单件对象所占用的内存,当然可以写一个如下的 GameConfig 成员函数并在程序结束之前手工调用:

```
public:
    static void freeInstance()
    {
        if (m_instance != nullptr)
        {
            delete GameConfig::m_instance;
            GameConfig::m_instance = nullptr;
        }
    }
```

　　但这种手工调用 freeInstance 来释放单件类对象内存的方式增加了额外的调用步骤,并不方便,能否做到程序执行结束时单件类对象所占用的内存被自动释放呢?可以做到,需要一些代码编写技巧——在类 GameConfig 定义中增加一个名字叫作 Garbo 的类(嵌套类),代码如下:

```
private:
    //手工释放单件类对象引入的 GameConfig 类中的嵌套类(垃圾回收)
    class Garbo
    {
    public:
        ~Garbo()
        {
            if (GameConfig::m_instance != nullptr)
```

```
        {
            delete GameConfig::m_instance;
            GameConfig::m_instance = nullptr;
        }
    }
};
```

如果单件类代码是以"饿汉式"实现的,则意味着不管程序是否调用过 getInstance 成员函数,该单件类对象都已经被 new 出来了,都需要释放,此时应该按如下步骤释放内存。

(1)在类 GameConfig 定义中,增加一个 private 修饰的静态成员变量:

```
private:
    static Garbo garboobj;
```

(2)在类外,某个.cpp 源文件的开头位置,对上述静态成员变量进行定义:

```
GameConfig::Garbo GameConfig::garboobj;
```

经过上述步骤后,如果在 Garbo 类的析构函数中增加断点,则可以观察到代码行 "delete GameConfig::m_instance;"被执行了,这表示单件类对象占用的内存已被成功释放。程序代码的实现原理比较简单:静态成员变量 garboobj 所分配的内存会在程序执行结束前由操作系统回收,该回收动作会导致 garboobj 所属类 Garbo 析构函数的执行,在该析构函数中,正好释放单件类对象。

如果单件类代码是以"懒汉式"实现的,则意味着如果不调用 getInstance 成员函数,则单件类对象不会被 new 出来,自然也就不需要释放。具体的实现代码相对简单,只需要在 getInstance 成员函数中的 new 语句行下面增加一个局部静态变量定义即可:

```
static GameConfig * getInstance()
{
    if(m_instance == nullptr)
    {
        m_instance = new GameConfig();
        static Garbo garboobj;
    }
    return m_instance;
}
```

经过上述步骤后,如果程序调用过 getInstance 为单件类分配了内存,自然也就相当于 garboobj 局部静态变量被构造出来了,该局部静态变量所分配的内存会在程序执行结束前由操作系统回收,该回收动作会导致 garboobj 所属类 Garbo 析构函数的执行,在该析构函数中,正好释放单件类对象。

7.5 单件类定义、UML 图及另外一种实现方法

单件类除只能创建一个该类对象外,在使用方面与普通类没什么区别,读者在使用时也无须有太多顾虑。

引入**"单件"**设计模式的定义(实现意图):保证一个类仅有一个实例存在,同时提供能

对该实例访问的全局方法（getInstance 成员函数）。

针对前面的代码范例绘制单件模式的 UML 图，如图 7.1 所示。

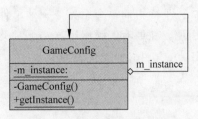

在图 7.1 中，带下画线的成员表示类中的静态成员。图 7.1 中的空心菱形所引出的箭头指向了自己，表示类中的 m_instance 指向的是其自身所属类类型的对象。

图 7.1 单件模式 UML 图

下面说明单件类对象与全局变量的区别。从某种角度来看，单件类对象似乎与全局变量有些类似，例如一个类的对象可以是一个全局变量，而单件类对象可以看成一个经过改进的全局变量。但其实两者所表达的概念侧重点不同：程序员并不能阻止创建多个代表类（指普通类）对象的全局变量，而单件类却做到了通过自身来保存唯一的实例而阻止创建多个单件类对象。

因为运用了单件模式的类只能创建一个类对象，所以比较节省系统资源，但因为这种模式不涉及抽象层，所以扩展起来比较困难，例如很难为其创建子类（要创建子类应考虑使用 protected 来修饰构造函数，而且作为父类要考虑把析构函数设置为虚函数）等，当然，一般情况下也不需要为单件类创建子类。

在前面的范例中，读者已经看到了创建单件类对象的方法是通过 new 一个 GameConfig 类对象的方式实现的。可能此时有些读者灵机一动，想到了另外一种实现方法，即将 m_instance 从指针类型修改为对象类型，代码如下：

```
class GameConfig
{
    //…
private:
    GameConfig() {};
    GameConfig(const GameConfig& tmpobj);
    GameConfig& operator = (const GameConfig& tmpobj);
    ~GameConfig() {};
public:
    static GameConfig * getInstance()
    {
        return &m_instance;
    }
private:
    static GameConfig m_instance;
};
GameConfig GameConfig::m_instance;
```

上面这个版本也相当于饿汉式编码，m_instance 的创建和初始化工作也是在程序运行时就进行了。同样，如果一个项目中有多个.cpp 源文件，其中某个.cpp 源文件中可能存在如下对全局变量 g_test 进行初始化的代码：

```
int g_test = GameConfig::getInstance()->m_i;
```

那么这行代码可能会出现问题（多个源文件中全局变量/静态成员变量的初始化顺序不确

定),即编译器无法保证初始化 g_test 全局变量时 m_instance 已经被创建和初始化。

下面再简单介绍另外一种单件类的实现方法——让 getInstance 返回局部静态变量的引用。在原有懒汉编码方式下对类 GameConfig 的 getInstance 成员函数进行改造,完整的 GameConfig 实现代码如下:

```cpp
class GameConfig
{
private:
    GameConfig() {};
    GameConfig(const GameConfig& tmpobj);
    GameConfig& operator = (const GameConfig& tmpobj);
    ~GameConfig() {};
public:
    static GameConfig& getInstance()
    {
        static GameConfig instance;
        return instance;
    }
};
```

这个版本的代码实现更简洁,焦点集中在 getInstance 成员函数上,注意,其返回的类型是 GameConfig&(局部静态变量的引用)。

在代码中,系统会保证 instance 局部静态变量在第一次 getInstance 成员函数被调用时被初始化(执行构造函数)。这里要注意区别"**函数第一次执行时被初始化的静态变量**"与"**通过编译期常量进行初始化的基本类型静态变量**"这两种情况,上述 instance 属于第一种情况,而如下函数 myfunc 中的静态变量 stcs 就属于第二种(后一种)情况:

```cpp
int myfunc()
{
    static int stcs = 100;              //不需要调用 myfunc 函数,stcs 就已经等于 100 了
    stcs += 180;
    return stcs;
}
```

在上述 myfunc 函数中,stcs 的初始化是程序一运行就进行的,根本无须调用 myfunc 函数,想测试的读者可以在程序中手工调用 myfunc 函数,就会发现"static int stcs = 100;"代码行根本没产生汇编代码,而且通过调试可以看到没执行到该行代码时将鼠标放到 stcs 时 stcs 显示的已经是 100 了,如图 7.2 所示。

这一点和 getInstance 中的 instance 这种类类型的静态成员变量不同(instance 的初始化是在 getInstance 被第一次调用时进行),当然,instance 的析构(释放),也会在整个程序执行结束后(例如 main 主函数执行完毕后)进行。

在 main 主函数中,可以加入如下代码使用这个版本的单件类:

```cpp
GameConfig&  g_gc40 = GameConfig::getInstance();
```

这个版本的单件类实现也存在多线程问题,因此笔者同样建议在创建任何其他线程之前,先执行"GameConfig::getInstance();",把这个 instance 局部静态变量构造出来,这样,

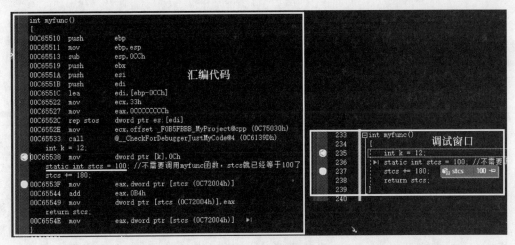

图 7.2　程序开始运行就已经对基本类型静态变量 stcs 进行了初始化

后续再对 GameConfig 类的 getInstance 成员函数进行调用时就很安全，不再有多线程问题。

　　另外一个让人困扰的问题就是多个单件类之间的相互引用问题，例如，还有另一个负责写日志的单件类 Log，假设 Log 单件类对象和 GameConfig 单件类对象都通过 getInstance 被构造并初始化了，但是在程序执行结束时，两个对象的析构顺序是不确定的，读者可以尝试在 Log 和 GameConfig 类的析构函数中增加一些输出代码，可以看到，程序在退出执行时，Log 和 GameConfig 这两个单件类的析构函数都会被系统调用，但是这两个单件类对象究竟谁先被析构掉（摧毁）的顺序并不可知，如果 Log 对象被先摧毁，但在 GameConfig 类的析构函数中为了记录一些日志信息用到了 Log 类对象，就会导致代码执行出错。因为一旦进入单件类对象的析构阶段就表示程序要执行结束（此时程序员也就无法控制程序的执行流程了），所以解决这个问题的最简单的方法就是：**不要在单件类的析构函数中引用其他单件类对象。**

## 第 8 章

外 观 模 式

外观(Facade)模式也称为门面模式,是一种结构型模式。这是一个非常简单的设计模式,该模式的目的用于隔离接口,换句话说,就是扮演中间层的角色,把本来结合紧密的两部分模块(系统)隔离开来,让这两部分内容通过中间层来打交道(类似于依赖倒置原则:高层和低层都依赖于抽象层),从而极大地降低了两部分模块之间的耦合性并通过中间层对许多操作进行简化。

本章详细描述外观模式,在讲解过程中,还会引出面向对象程序设计的一个重要原则——迪米特法则。

8.1 一个与配置相关的范例

常玩网络游戏的读者都知道,一款游戏可玩的内容越多,或者说功能越多,它的配置项也越多。以《魔兽世界》这款网游为例,其配置项就分好多类,例如有图形、声音、语音聊天等,而每个配置项都会有很多可供配置的细节内容,例如:

(1)图形——是否全屏显示、是否开启特效、窗口分辨率、是否开启抗锯齿等。

(2)声音——是否开启背景声音、是否开启环境音效、是否开启表情声音、音量大小设置等。

(3)语音聊天设置——麦克风音量、麦克风灵敏度、聊天音量等。

现在,策划希望在闯关打斗类游戏项目中也引入这些配置项。程序经过思考,准备创建3个类来分别实现图形、声音、语音聊天相关功能,因为这些类在整个项目中只保持一个对象就可以,因此准备将这3个类设置为单件类(不采用单件类当然也可以),代码如下:

```
//图形相关类
class graphic
{
    //--------------- 单件类实现相关 begin -----------------
private:
    graphic() {};
    graphic(const graphic& tmpobj);
    graphic& operator = (const graphic& tmpobj);
    ~graphic() {};
public:
    static graphic& getInstance()
    {
```

```
        static graphic instance;
        return instance;
    }
    //-------------- 单件类实现相关 end ----------------
public:
    void display(bool enable)              //是否全屏显示(true: 是)
    {
        cout << "图形 ->是否全屏显示 ->" << enable << endl;
        //其他代码略…
    }
    void effect(bool enable)               //是否开启特效(true: 是)
    {
        cout << "图形 ->是否开启特效 ->" << enable << endl;
    }
    void resolution(int index)             //设置窗口分辨率
    {
        cout << "图形 ->分辨率设置选项 ->" << index << endl;
    }
    void antialiasing(bool enable)         //是否开启抗锯齿(true: 是)
    {
        cout << "图形 ->是否开启抗锯齿 ->" << enable << endl;
    }
    //其他接口略…
};


//声音相关类
class sound
{
    //-------------- 单件类实现相关 begin ----------------
private:
    sound() {};
    sound(const sound& tmpobj);
    sound& operator = (const sound& tmpobj);
    ~sound() {};
public:
    static sound& getInstance()
    {
        static sound instance;
        return instance;
    }
    //-------------- 单件类实现相关 end ----------------
public:
    void bgsound(bool enable)              //是否开启背景声音(true: 是)
    {
        cout << "声音 ->是否开启背景声音 ->" << enable << endl;
    }
    void envirsound(bool enable)           //是否开启环境音效(true: 是)
    {
        cout << "声音 ->是否开启环境音效 ->" << enable << endl;
    }
    void expsound(bool enable)             //是否开启表情声音(true: 是)
```

```
    {
        cout << "声音 ->是否开启表情声音 ->" << enable << endl;
    }
    void setvolume(int level)                  //音量大小设置(0~100)
    {
        cout << "声音 ->音量大小为 ->" << level << endl;
    }
    //其他接口略…
};


//语音聊天相关类
class chatvoice
{
    //-------------- 单件类实现相关 begin ----------------
private:
    chatvoice() {};
    chatvoice(const chatvoice& tmpobj);
    chatvoice& operator = (const chatvoice& tmpobj);
    ~chatvoice() {};
public:
    static chatvoice& getInstance()
    {
        static chatvoice instance;
        return instance;
    }
    //-------------- 单件类实现相关 end ----------------
public:
    void micvolume(int level)                 //麦克风音量大小设置(0~100)
    {
        cout << "语音聊天 ->麦克风音量大小为 ->" << level << endl;
    }
    void micsens(int level)                   //麦克灵敏度设置(0~100)
    {
        cout << "语音聊天 ->麦克风灵敏度为 ->" << level << endl;
    }
    void chatvolume(int level)                //聊天音量设置(0~100)
    {
        cout << "语音聊天 ->聊天音量为 ->" << level << endl;
    }
    //其他接口略…
};
```

从上面的代码中可以看到一个问题,一个项目中可能有多个单件类,从而造成了一些代码冗余,例如这些单件类的构造函数、拷贝构造函数、拷贝赋值运算符以及析构函数只有名字不同,每个单件类也都需要有 getInstance 成员函数。所以实际上可以实现一个**单件类模板**,通过单件类模板可以避免多个单件类的定义中造成的代码冗余。为了简化问题,也考虑到有些读者对模板编程不太熟悉,此处不具体介绍单件类模板的实现,有兴趣的读者可以通过搜索引擎寻找相关实现代码。

另外,这个范例的单件类的使用没有多线程问题的困扰,所以设计单件类时不考虑多线程安全问题,如果读者的程序项目涉及多线程,请参考第7章提出的解决方案来应对单件类的多线程问题。

在 main 主函数中加入如下代码对上述3个单件类进行使用,从而达到对游戏中的图形、声音、语音聊天进行设置的目的。

```
graphic    &g_gp = graphic::getInstance();
g_gp.display(false);
g_gp.effect(true);
g_gp.resolution(2);
g_gp.antialiasing(false);

cout << " --------------- " << endl;
sound& g_snd = sound::getInstance();
g_snd.setvolume(80);
g_snd.envirsound(true);
g_snd.bgsound(false);

cout << " --------------- " << endl;
chatvoice& g_cv = chatvoice::getInstance();
g_cv.chatvolume(70);
g_cv.micsens(65);
```

执行起来,看一看结果:

```
图形 ->是否全屏显示 ->0
图形 ->是否开启特效 ->1
图形 ->分辨率设置选项 ->2
图形 ->是否开启抗锯齿 ->0
---------------
声音 ->音量大小为 ->80
声音 ->是否开启环境音效 ->1
声音 ->是否开启背景声音 ->0
---------------
语音聊天 ->聊天音量为 ->70
语音聊天 ->麦克风灵敏度为 ->65
```

8.2　引入外观模式

可以把 graphic、sound、chatvoice 这些具体的类称为业务类,把 main 主函数中调用这些业务类接口的代码称为客户端代码。上述代码比较简单,实际上业务类彼此之间还可能有相互调用关系(图8.1中右下位置虚线部分),而且客户端代码也不仅仅出现在 main 主函数中,可能还会出现在很多其他地方。总而言之,客户端代码与业务类直接交互,是比较烦琐和复杂的,如图8.1所示。

如果业务类代码是第三方机构或开发小组编写,则可以建议该第三方机构或开发小组设计一个新类(conffacade),隔在客户端代码和业务类之间,扮演中间层的角色,客户端代码不再需要直接与业务类打交道而改为与这个新类打交道。这个新类所扮演的就是外观模式

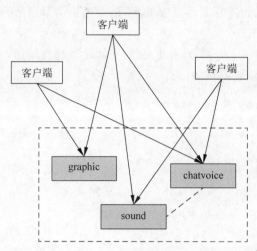

图 8.1　客户端代码直接调用业务类代码使代码编写的复杂度上升

的角色——对客户端提供一些简单的调用接口(这些接口往往可以实现一系列动作),通过接口与业务类打交道来大大简化客户端代码直接与业务类打交道时的复杂性,接口示意图如图 8.2 所示。

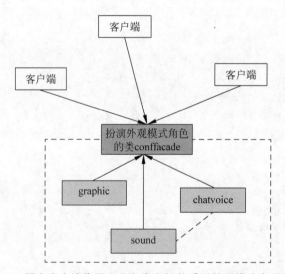

图 8.2　隔在客户端代码和业务类之间的采用外观模式实现的类

这里首先要意识到一点,外观模式强调的是一种**程序设计思想**,并不是一种特殊的编程手法。conffacade 类在这里采用单件类的模式来实现(不采用单件类当然也可以),在这个类中,提供两个供客户端调用的简单接口(成员函数):第一个接口适合于配置比较低的计算机客户端调用,第二个接口适合于配置比较高的计算机客户端调用,代码如下:

```
//扮演外观模式角色的类
class conffacade
{
    //--------------- 单件类实现相关 begin-----------------
private:
```

```
        conffacade() {};
        conffacade(const conffacade& tmpobj);
        conffacade& operator = (const conffacade& tmpobj);
        ~conffacade() {};
public:
    static conffacade& getInstance()
    {
        static conffacade instance;
        return instance;
    }
    //-------------- 单件类实现相关 end----------------
public:
    void LowConfComputer()                  //对于低配置计算机,只开启一些低配置选项
    {
        graphic& g_gp = graphic::getInstance();
        g_gp.display(true);                 //全屏耗费资源更低
        g_gp.effect(false);
        g_gp.resolution(2);
        g_gp.antialiasing(false);

        sound& g_snd = sound::getInstance();
        g_snd.bgsound(false);
        g_snd.envirsound(false);
        g_snd.expsound(false);
        g_snd.setvolume(15);

        chatvoice& g_cv = chatvoice::getInstance();
        g_cv.micvolume(20);
        g_cv.micsens(50);
        g_cv.chatvolume(60);
    }

    void HighConfComputer()                 //对于高配置计算机,能达到最好效果的项全部开启
    {
        graphic& g_gp = graphic::getInstance();
        g_gp.display(false);
        g_gp.effect(true);
        g_gp.resolution(0);
        g_gp.antialiasing(true);

        sound& g_snd = sound::getInstance();
        g_snd.bgsound(true);
        g_snd.envirsound(true);
        g_snd.expsound(true);
        g_snd.setvolume(50);

        chatvoice& g_cv = chatvoice::getInstance();
        g_cv.micvolume(100);
        g_cv.micsens(100);
        g_cv.chatvolume(100);
    }
};
```

在 main 主函数中,注释掉原有代码,增加如下代码:

```
conffacade& g_cffde = conffacade::getInstance();
cout << "低配置计算机,调用 LowConfComputer 接口" << endl;
g_cffde.LowConfComputer();
cout << " ------------------- " << endl;
cout << "高配置计算机,调用 HighConfComputer 接口" << endl;
g_cffde.HighConfComputer();
```

执行起来,看一看结果:

```
低配置计算机,调用 LowConfComputer 接口
图形 ->是否全屏显示 ->1
图形 ->是否开启特效 ->0
图形 ->分辨率设置选项 ->2
图形 ->是否开启抗锯齿 ->0
声音 ->是否开启背景声音 ->0
声音 ->是否开启环境音效 ->0
声音 ->是否开启表情声音 ->0
声音 ->音量大小为 ->15
语音聊天 ->麦克风音量大小为 ->20
语音聊天 ->麦克风灵敏度为 ->50
语音聊天 ->聊天音量为 ->60
-------------------
高配置计算机,调用 HighConfComputer 接口
图形 ->是否全屏显示 ->0
图形 ->是否开启特效 ->1
图形 ->分辨率设置选项 ->0
图形 ->是否开启抗锯齿 ->1
声音 ->是否开启背景声音 ->1
声音 ->是否开启环境音效 ->1
声音 ->是否开启表情声音 ->1
声音 ->音量大小为 ->50
语音聊天 ->麦克风音量大小为 ->100
语音聊天 ->麦克风灵敏度为 ->100
语音聊天 ->聊天音量为 ->100
```

外观模式体现了面向对象程序设计的一个原则——迪米特法则(Law of Demeter,LoD),有些资料也称之为得墨忒耳法则或最少知识原则(Least Knowledge Principle,LKP)。该原则是这样描述的:一个对象对其他对象的了解应尽可能少,从而降低各个对象之间的耦合,提高系统的可维护性。例如,在一个程序中,模块之间调用时通过提供一个统一的接口来实现,这样其他模块就不需要了解另外一个模块内部的实现细节,当一个模块内部的实现发生改变时,也不会影响到其他模块的使用。

在本范例中,如果客户端代码和业务类之间直接进行交互,那么两者的耦合度就会比较高,当对业务类代码进行修改时,可能也需要同时修改客户端的代码。通过引入扮演外观模式角色的类 conffacade,将客户端与具体的复杂业务类接口分隔开,客户端只需要与外观角色打交道,而不需要与业务类内部的很多接口打交道,这就降低了客户端和业务类之间的代码耦合度。

一般来讲,在外观模式中包含两种角色。

(1) Facade(外观角色):conffacade 类扮演着这个角色,客户端可以调用这个角色的方法(成员函数),该方法将客户端的请求传递到业务类中去处理。

(2) Subsystem(子系统角色):子系统就是前面提到的业务类(graphic、sound、chatvoice),项目中可以有多个子系统,每个子系统既可以是一个单独的类,也可以是彼此之间协作(具有耦合关系)的多个类。这些子系统可以被外观角色调用,当然也依旧可以被客户端直接调用。

引入**"外观"设计模式的定义**(实现意图):提供了一个统一的接口,用来访问子系统中的一群接口。外观定义了一个高层接口,让子系统更容易使用。

该模式没有一个具体的 UML 图,一般采用图 8.2 示意,有几点说明如下。

(1) 外观模式定义一组高层接口或者说提供子系统的一个到多个**简化**接口让子系统更容易使用以及让操作变得更直接,让客户端和子系统实现**解耦**。当子系统发生改变时,一般只需要修改外观类而基本不需要修改客户端代码(虽然这种修改有点违背开闭原则)。

(2) 外观模式提供的接口给客户端调用带来了很大的方便,使客户端无须关心子系统的工作细节,但这些接口也许缺乏灵活性,当然,如果客户端认为有必要对子系统进行最灵活的控制,那么依然可以绕过外观模式类而直接使用子系统。

(3) 一个项目中可以有多个外观类,每个外观类都负责与一些特定的子系统进行交互(当然,毫不相关的类也不应该归到同一个子系统中采用同一个外观类进行交互),即便是同一个子系统,也可以有多个外观类。外观模式为客户端和子系统之间提供了一种简化的交互渠道,但并**没有为子系统增加新的行为**,如果希望增加新的行为,则应该通过修改子系统角色来实现。

(4) 外观模式是一种使用频率比较高的设计模式,这里给出一些比较常见的扮演外观模式角色的例子:

① 自己泡茶与到茶馆去让茶馆服务员为自己泡茶比较而言,茶馆服务员就扮演着外观模式的角色,直接帮助消费者把泡好的茶呈上来。

② 购买股票与购买基金相比,基金公司就扮演着外观模式的角色,基金公司帮助投资者购买合适的理财产品,例如股票、期货、国债等以在更小的风险和更好的收益之间取得平衡。

③ 普通照相机与傻瓜照相机相比,傻瓜照相机就扮演着外观模式的角色,傻瓜照相机不需要拍照者调整光圈、焦距等,只需要直接按下快门即可拍照。

8.3　另一个外观模式的范例

在这个范例中实现一个家庭影院外观模式的类 HomeTheaterFacade,该类与许多电气设备相关联,包括屏幕(Screen)、灯光(Light)、音箱(Speaker)、DVD 播放器(DvdPlayer)和游戏机(PlayerStation)。该类提供两个接口:

(1) 看电影(WatchMovie)模式——屏幕打开,灯光熄灭,音箱打开,DVD 播放器打开,游戏机关闭。

(2) 玩游戏(PlayGame)模式——屏幕打开,灯光打开,音箱打开,DVD 播放器关闭,游戏机打开。

　　针对该家庭影院外观模式,相关结构图如图 8.3 所示。

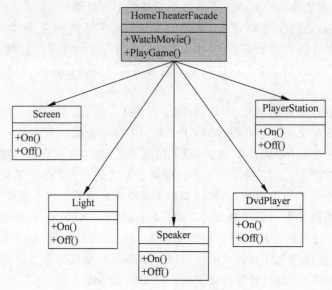

图 8.3　家庭影院外观模式结构图

根据图 8.3,家庭影院外观模式的实现代码如下:

```cpp
//屏幕
class Screen
{
public:
    void On()
    {
        cout << "屏幕打开了!" << endl;
    }
    void Off()
    {
        cout << "屏幕关闭了!" << endl;
    }
};

//灯光
class Light
{
public:
    void On()
    {
        cout << "灯光打开了!" << endl;
    }
    void Off()
    {
        cout << "灯光关闭了!" << endl;
    }
```

```cpp
};

//音箱
class Speaker
{
public:
    void On()
    {
        cout << "音箱打开了!" << endl;
    }
    void Off()
    {
        cout << "音箱关闭了!" << endl;
    }
};

//DVD 播放器
class DvdPlayer
{
public:
    void On()
    {
        cout << "DVD 播放器打开了!" << endl;
    }
    void Off()
    {
        cout << "DVD 播放器关闭了!" << endl;
    }
};

//游戏机
class PlayerStation
{
public:
    void On()
    {
        cout << "游戏机打开了!" << endl;
    }
    void Off()
    {
        cout << "游戏机关闭了!" << endl;
    }
};

//家庭影院外观模式类
class HomeTheaterFacade
{
public:
    void WatchMovie()                         //看电影
    {
        //屏幕打开,灯光熄灭,音箱打开,DVD 播放器打开,游戏机关闭
```

```
            scnobj.On();
            lgobj.Off();
            spkobj.On();
            dpobj.On();
            psobj.Off();
        }
        void PlayGame()                         //玩游戏
        {
            //屏幕打开,灯光打开,音箱打开,DVD 播放器关闭,游戏机打开
            scnobj.On();
            lgobj.On();
            spkobj.On();
            dpobj.Off();
            psobj.On();
        }
    private:
        Screen scnobj;
        Light lgobj;
        Speaker spkobj;
        DvdPlayer dpobj;
        PlayerStation psobj;
};
```

在 main 主函数中,注释掉原有代码,增加如下代码:

```
HomeTheaterFacade htfacobj;
cout << "开始看电影 ----------------- " << endl;
htfacobj.WatchMovie();
cout << "开始玩游戏 ----------------- " << endl;
htfacobj.PlayGame();
```

执行起来,看一看结果:

```
开始看电影 -----------------
屏幕打开了!
灯光关闭了!
音箱打开了!
DVD 播放器打开了!
游戏机关闭了!
开始玩游戏 -----------------
屏幕打开了!
灯光打开了!
音箱打开了!
DVD 播放器关闭了!
游戏机打开了!
```

在这个范例中,通过引入 HomeTheaterFacade 类扮演外观模式角色,成功达成了客户端与家庭影院中的各个子系统(Screen、Light、Speaker、DvdPlayer、PlayerStation)解耦的目的。

第 9 章

命 令 模 式

命令(Command)模式是一种行为型模式,其实现有些烦琐,适用于一些比较专用的场合。本章首先通过一个采用命令模式编写的范例引入命令模式的概念,然后具体阐述命令模式适用的场景,达到让读者对该模式活学活用的目的。在本章的最后,还将阐述命令模式的特点以及一些值得深入思考的话题。

9.1 通过一个范例引出命令模式代码编写方法

命令模式有什么用处,不是现在要解决的问题,眼下要解决的是命令模式代码如何编写的问题。

设想来到一家饭馆,点两个菜吃——红烧鱼和锅包肉,编写一下这个饭馆的相关代码,非常简单,如下:

```
//厨师类
class Cook
{
public:
    //做红烧鱼
    void cook_fish()
    {
        cout << "做一盘红烧鱼菜品" << endl;
    }

    //做锅包肉
    void cook_meat()
    {
        cout << "做一盘锅包肉菜品" << endl;
    }
    //做其他各种菜品…
};
```

这个饭馆没有服务员,只有一个厨师,所以顾客直接把菜品报给厨师,厨师直接开始做菜。在 main 主函数中,增加如下代码来让厨师做菜:

```
Cook *  pcook  =  new Cook();
pcook - > cook_fish();
pcook - > cook_meat();
```

```
//释放资源
delete pcook;
```

执行起来,看一看结果:

```
做一盘红烧鱼菜品
做一盘锅包肉菜品
```

试想一下,如果饭馆里来的顾客比较多,每位顾客都直接把菜品报给厨师,那么厨师就容易记错而产生混乱,所以需要引入一个服务员(一个新类),服务员给每位顾客一个便签,顾客把需要的菜品写在便签上,然后服务员把便签拿给厨师,厨师依据收到的便签顺序以及每个便签上标记的菜品依次做菜,这样,饭馆的点菜步骤就显得井然有序。相关的实现代码采取的就是命令模式。

首先,将厨师能做的每样菜(Cook 类中的每个成员函数)都看成一个命令(顾客所写的便签中的某个菜品),先创建命令对应的抽象父类 Command(抽象菜单),代码如下:

```
//厨师做的每样菜品对应的抽象类
class Command
{
public:
    Command(Cook * pcook)
    {
        m_pcook = pcook;
    }
    //作父类时析构函数应该为虚函数
    virtual ~Command(){}
    virtual void Execute() = 0;
protected:
    Cook * m_pcook;                        //子类需要访问
};
```

由上面的代码可以看到,因为 Command 类要作为父类,因此析构函数为虚函数。Execute 是一个纯虚函数,子类要在其中实现厨师制作某个菜品(执行某个命令)的代码,在命令模式中习惯这样命名,当然不叫 Execute 而叫其他名字也完全可以。

有了 Command 抽象类,就可以针对厨师能做的**每样**菜都实现一个具体的命令子类:

```
//做红烧鱼菜品命令(顾客下的红烧鱼菜品便签)
class CommandFish :public Command
{
public:
    CommandFish(Cook * pcook) :Command(pcook){}
    virtual void Execute()
    {
        m_pcook -> cook_fish();
    }
};
```

```
//做锅包肉菜品命令(顾客下的锅包肉菜品便签)
class CommandMeat :public Command
```

```
{
public:
    CommandMeat(Cook * pcook) :Command(pcook) {}
    virtual void Execute()
    {
        m_pcook -> cook_meat();
    }
};
```

以上实现了两个继承自 Command 的子类 CommandFish 和 CommandMeat，当然，厨师如果还做其他菜品，则应该继续创建其他 Command 子类。值得注意的是，每个子类的 Execute 调用的其实还是厨师类中对应的制作相关菜品的成员函数。这里有一个有意思的事，例如创建一个 CommandMeat 对象（命令对象），该对象意味着让厨师做一盘锅包肉菜品这样一个动作，显然是**将一个动作封装成了一个对象**，该对象可以通过诸如函数参数等方式进行传递，**将一个动作当作参数进行传递**。

既然上述 Command 及其子类相当于顾客要点的菜品的便签，那么此时如果直接用如下代码驱动厨师做菜也是可以的。在 main 主函数中，注释掉原有代码，增加如下代码：

```
Cook cook;
Command * pcmd1 = new CommandFish(&cook);
pcmd1 -> Execute();                        //做红烧鱼

Command * pcmd2 = new CommandMeat(&cook);
pcmd2 -> Execute();                        //做锅包肉

//释放资源
delete pcmd1;
delete pcmd2;
```

执行起来，看一看结果：

```
做一盘红烧鱼菜品
做一盘锅包肉菜品
```

上述代码相当于顾客在每个便签上点了一个菜品，然后将便签交到厨师手里让厨师开始做菜，这样做有个问题，如果要点 10 个不同的菜品，那就要 new 10 次 Command 子类对象，很不方便，也就是说，顾客点 10 个菜没必要写 10 张便签并逐一拿给厨师，只需要在一张便签上写下 10 个菜名即可，为了支持这种点菜的便利性，有必要引入一个可以与顾客直接接触的服务员类，顾客只需要在一张便签上写下 10 个菜品的名字，直接拿给服务员，服务员替顾客下单让厨师做菜。现在先来实现初步的服务员类：

```
//服务员类
class Waiter
{
public:
    void SetCommand(Command * pcommand)    //顾客将便签交给服务员
    {
        m_pcommand = pcommand;
```

```
        }
        void Notify()                              //服务员将便签交到厨师手里让厨师开始做菜
        {
            m_pcommand->Execute();
        }
private:
        Command * m_pcommand;                      //服务员手中握着顾客书写的菜品便签
};
```

现在，顾客只需要与服务员打交道，就可以最终实现点菜的目的。在 main 主函数中，
注释掉原有代码，增加如下代码：

```
Cook cook;
Waiter * pwaiter = new Waiter();

Command * pcmd1 = new CommandFish(&cook);
pwaiter->SetCommand(pcmd1);
pwaiter->Notify();                          //做红烧鱼

Command * pcmd2 = new CommandMeat(&cook);
pwaiter->SetCommand(pcmd2);
pwaiter->Notify();                          //做锅包肉

//释放资源
delete pcmd1;
delete pcmd2;
delete pwaiter;
```

执行起来，看一看结果：

做一盘红烧鱼菜品
做一盘锅包肉菜品

在这里看一看，main 中函数的调用关系大概如下：

```
(i) Cook cook;
(i) Waiter * pwaiter = new Waiter();
(i) Command * pcmd1 = new CommandFish(&cook);
(i) pwaiter->SetCommand(pcmd1);
(i)     m_pcommand = pcommand;
(i) pwaiter->Notify();                          //做红烧鱼
(i)     m_pcommand->Execute();
(i)         m_pcook->cook_fish();
(i)             cout << "做一盘红烧鱼菜品" << endl;
(i) Command * pcmd2 = new CommandMeat(&cook);
(i) pwaiter->SetCommand(pcmd2);
(i)     m_pcommand = pcommand;
(i) pwaiter->Notify();                          //做锅包肉
(i)     m_pcommand->Execute();
(i)         m_pcook->cook_meat();
(i)             cout << "做一盘锅包肉菜品" << endl;
```

```
(i) delete pcmd1;
(i) delete pcmd2;
(i) delete pwaiter;
```

根据代码,可以用文字描述一下顾客点菜的整个过程:

(1) 顾客将要点的菜品写在便签上,对应代码行"Command * pcmd1 = new CommandFish(&cook);"。

(2) 顾客将便签交给了服务员,对应代码行"pwaiter-> SetCommand(pcmd1);"。

(3) 服务员将便签交给厨师让厨师开始做菜,对应代码行"pwaiter-> Notify();"。

上述代码有一个问题尚未解决,顾客如果在一个便签上写下多道菜品的名字交给服务员或者服务员一次收集多位顾客的便签并需要一次性地通知厨师做多道菜,如何做到呢?这需要对现有的服务员类(Waiter)做相应的修改(创建一个新类也可以)。在 MyProject.cpp 的开头位置,首先使用 ♯include < list >代码行将 list 文件包含进来,然后修改 Waiter 类,修改后的代码如下:

```
class Waiter
{
public:
    //将顾客的便签增加到便签列表中,即便一个便签中包含多道菜品,这也相当于一道一道菜品
    //加入到列表中
    void AddCommand(Command * pcommand)
    {
        m_commlist.push_back(pcommand);
    }
    void DelCommand(Command * pcommand)        //如果顾客想撤单则将便签从列表中删除
    {
        m_commlist.remove(pcommand);
    }
    void Notify()                //服务员将所有便签一次性交到厨师手里让厨师开始按顺序做菜
    {
        //依次让厨师做每一道菜品
        for (auto iter = m_commlist.begin(); iter != m_commlist.end(); ++iter)
        {
            (*iter)->Execute();
        }
    }
private:
    //一个便签中可以包含多个菜品甚至可以一次收集多个顾客的便签,达到一次性通知厨师做多
    //道菜的效果
    std::list<Command *> m_commlist;        //菜品列表,每道菜品作为一项,如果一个便签中
                                            //有多个菜品,则这里将包含多项
};
```

在 main 主函数中,注释掉原有代码,增加如下代码:

```
Cook cook;
//一次性在便签上写下多道菜品
Command * pcmd1 = new CommandFish(&cook);
```

```
Command * pcmd2 = new CommandMeat(&cook);

Waiter * pwaiter = new Waiter();
//把多道菜品分别加入到菜品列表中
pwaiter -> AddCommand(pcmd1);
pwaiter -> AddCommand(pcmd2);

//服务员一次性通知厨师做多道菜
pwaiter -> Notify();

//释放资源
delete pcmd1;
delete pcmd2;
delete pwaiter;
```

执行起来,看一看结果:

```
做一盘红烧鱼菜品
做一盘锅包肉菜品
```

9.2   引入命令模式

前面范例所实现的代码采取的就是命令模式。针对前面的代码范例绘制一下命令模式的 UML 图,如图 9.1 所示。

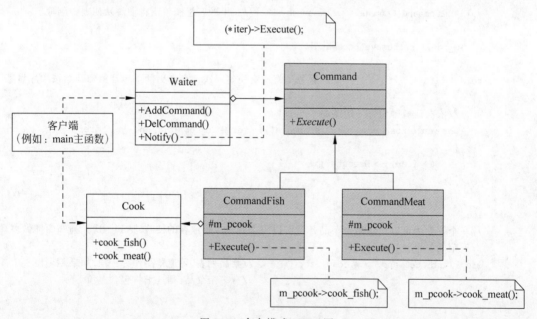

图 9.1   命令模式 UML 图

笔者参考了诸多命令模式 UML 图,画法大同小异,例如有的资料在客户端和 CommandFish、CommandMeat 之间也有一条带箭头的虚线,表示客户端代码中也涉及对

CommandFish、CommandMeat 等对象的创建工作。有的资料客户端与 Cook 之间的虚线箭头并不存在,表示顾客是通过服务员以便签的形式点菜而不需要与厨师打交道,从而实现了客户端与厨师的解耦,但实际上客户端代码行"Cook cook;"还是会涉及客户端与厨师打交道,只是两者的耦合度已经变得很低了(客户端不需要直接调用 Cook 类的成员函数,因此属于松耦合)。

命令模式的 UML 图中包含 5 种角色。

(1) Receiver(接收者类):知道如何实施与执行一个请求相关的操作。这里指 Cook 类。提供了对请求的业务进行处理的接口(cook_fish、cook_meat)。

(2) Invoker(调用者类):请求的发送者,通过命令对象来执行请求。这里指 Waiter 类。该类只与抽象命令类(Command)之间存在关联关系。

(3) Command(抽象命令类):声明执行操作的接口。这里指的正是 Command 类。在其中声明了用于执行请求的 Execute 方法(成员函数),用于调用接收者类中的相关操作。

(4) ConcreteCommand(具体命令类):抽象命令类的子类。这里指的是 CommandFish 类和 CommandMeat 类。类中实现了执行请求的 Execute 方法来调用接收者类 Cook 中的相关操作(cook_fish 和 cook_meat 方法)。

(5) Client(客户端):创建具体的命令类对象并设定它的接收者,这里指 main 主函数中的如下几行代码。

```
Cook cook;
Command * pcmd1 = new CommandFish(&cook);
Command * pcmd2 = new CommandMeat(&cook);
```

当然,客户端还创建了调用者类对象并驱动该对象去执行具体命令类对象所代表的动作,这里指 main 主函数中的如下几行代码。

```
Waiter * pwaiter = new Waiter();
pwaiter->AddCommand(pcmd1);
pwaiter->AddCommand(pcmd2);
pwaiter->Notify();
```

把前面范例中的代码脉络梳理一下:

(1) 调用者 Waiter 和接收者 Cook 是解耦的,也就是说,**发出请求的对象和接收请求的对象是解耦的**,服务员并不关心厨师怎样做菜,只是把顾客的便签交到厨师手中(调用 Notify 成员函数),和厨师沟通的实际是便签。

(2) 顾客的点菜便签就是命令对象,也就是 Command 类对象,用来请求厨师做菜,该对象可以被当作参数从顾客手中传递到服务员手中,再从服务员手中传递到厨师手中,Command 类只包含一个 Execute 接口(成员函数),该接口封装了做菜所需的动作。

(3) 服务员不关心便签中的内容,只需要接下顾客的便签,当便签累积到一定数量后,调用 Notify 成员函数将便签交到厨师手中即可。当然,服务员需要知道便签中有 Execute 方法(所有便签都支持该方法),因为在 Waiter 类的 Notify 中需要调用便签中的 Execute 方法。

(4) 客户端负责创建命令对象,并调用 Waiter 类的 AddCommand 方法将命令对象保存在 Waiter 对象(调用者)中。在命令对象中,**命令**(动作)以及 **Cook 对象**(接收者)被绑在了一起，命令对象中也包含了接收者应该做的动作（制作的相关菜品）。在未来的某个时间点（说明做菜的动作可以延迟执行），服务员通过调用 Notify 方法就可以达到调用命令对象 Execute 方法的目的，Execute 方法驱动厨师完成制作某个具体的菜品。

引入"**命令**"**设计模式的定义**（实现意图）：将一个请求或者命令（做红烧鱼或做锅包肉）封装为一个对象（CommandFish 类对象或 CommandMeat 类对象），以便这些请求可以以对象的方式通过参数进行传递（参数化：调用者不关心具体是什么命令对象，只把这些对象当作参数一样看待），对象化了的请求还可以排队执行或者根据需要将这些请求录入日志供查看和排错，以及支持请求执行后的可撤销操作。

上述命令模式的定义可能并不是特别好理解，9.3 节会进一步阐述该定义的含义。

落实到编码实现，命令模式最核心的实现手段，就是将对成员函数的调用封装成命令对象，也就是**对请求进行封装**，命令对象将**动作**和**接收者**包裹到了对象中并且只暴露出了一个 **Execute** 方法以让接收者执行动作。想一下 C 语言中支持的函数指针可以把函数当作变量传来传去。但是，在许多编程语言中，函数无法作为参数传递给其他函数，也无法赋值给其他变量。借助命令模式，可以将函数（Cook 类中的 cook_fish 和 cook_meat）封装成类（CommandFish 和 CommandMeat）对象，实现把函数像对象一样使用——对象使用起来非常灵活，例如通过函数参数来传递、存储、序列化等。

main 主函数如下代码行中的 pcmd1 和 pcmd2，就是典型的将命令对象通过函数参数传递的例子：

```
pwaiter->AddCommand(pcmd1);
pwaiter->AddCommand(pcmd2);
```

9.3 命令模式用途研究

命令模式可能让人产生的疑惑是认为该模式是过度设计，并没有实际的用途。所以，这里要重点讲解一下这个模式的设计意图，搞清楚到底什么情况下才真正需要使用该模式。

总的来说，当把函数调用封装成对象之后会更加便于存储和传播，也更加便于控制。所以，诸如异步执行、延迟执行、排队执行、撤销、执行过程中增加日志记录等，都是命令模式能发挥独特作用的地方，是命令模式的主要应用场景。

9.3.1 改造范例增加对象使用时的独立性

在前面的范例中，当构造 Command 对象时，往往需要通过参数传递一个事先构造好的 Cook 对象，考虑到 Command 对象独立使用时的方便性，也调整一下 Command 的代码，在 Command 类的析构函数中释放 m_pcook 所指向的内存，调整后的 Command 类析构函数代码如下（读者可以根据实际用途和需要来决定是否这样调整）：

```
//作父类时析构函数应该为虚函数
virtual ~Command()
{
    if (m_pcook != nullptr)
    {
```

```
        delete m_pcook;
        m_pcook = nullptr;
    }
}
```

经过上面的改造后,在 main 主函数中构造 Command 对象时给构造函数传递的参数考虑直接用 new 来构造了。

另外,前面的范例中在 Waiter 类开始时作为调用者,无法一次向厨师提交多道菜品的便签,经过给 Waiter 类增加 AddCommand 和 DelCommand 成员函数,达到了一次能够向厨师提交多道菜品的效果。在实际的应用中,有时服务员需要一次只提交写有一道菜品的便签给厨师,因为这样方便逐一对命令对象进行处理,所以,在这里重新引入一个实习服务员类 Traineewaiter,该类实现**初始**的 Waiter 类版本所实现的功能——一次只提交写有一道菜品的便签给厨师,方便针对单个命令对象的处理。同样,使用 Traineewaiter 对象时往往需要一个 Command 对象,考虑到 Traineewaiter 对象独立使用时的方便性,取消 SetCommand 成员函数并增加构造和析构函数,在构造函数中直接实现"顾客将便签交给实习服务员"功能,在析构函数中释放 m_pcommand 所指向的内存,完整的 Traineewaiter 类代码如下:

```
//实习服务员类
class Traineewaiter
{
public:
    Traineewaiter(Command * pcommand) :m_pcommand(pcommand) {}          //构造函数
    void Notify()                        //实习服务员将便签交到厨师手里让厨师开始做菜
    {
        m_pcommand->Execute();
    }
    ~Traineewaiter()                     //析构函数
    {
        if(m_pcommand != nullptr)
        {
            delete m_pcommand;
            m_pcommand = nullptr;
        }
    }
private:
    Command * m_pcommand;                //实习服务员手中握着顾客书写的菜品便签
};
```

在 main 主函数中,注释掉原有代码,增加如下代码来使用 Traineewaiter:

```
Traineewaiter * pwaitersx1 = new Traineewaiter(new CommandFish(new Cook()));
pwaitersx1->Notify();                //做红烧鱼
Traineewaiter * pwaitersx2 = new Traineewaiter(new CommandMeat(new Cook()));
pwaitersx2->Notify();                //做锅包肉

//释放资源
delete pwaitersx1;
```

```
delete pwaitersx2;
```

执行起来,看一看结果:

> 做一盘红烧鱼菜品
> 做一盘锅包肉菜品

当然,上述结果相当于两个不同的实习服务员通知厨师分别做一道不同的菜品。如果需要实现**同一个**实习服务员通知厨师做两道不同的菜品,则需要参考第一个版本的 Waiter 类并为 Traineewaiter 类增加 SetCommand 成员函数。

另外,一次收集多位顾客的便签并需要一次性通知厨师做多道菜的功能目前是放在 Waiter 类中实现的,也可以创建一个继承自 Command 的子类来实现,如下代码供参考:

```cpp
//宏命令: 把多个命令组合
class CommandMacro :public Command
{
public:
    void AddCommand(Command * pcommand)
    {
        m_commlist.push_back(pcommand);
    }
    virtual void Execute()
    {
        for(auto iter = m_commlist.begin(); iter != m_commlist.end(); ++iter)
        {
            ( * iter) -> Execute();
        }
    }
private:
    std::list < Command * > m_commlist;
};
```

总之,只要弄清楚命令模式的工作流程及各个角色的任务,就可以根据业务的需要自由调整代码。

9.3.2　命令模式使用场景与特点总结

命令模式适合于一些比较特定的场景中。

1. 在一些绘图软件中

比较复杂的绘图软件,例如 Photoshop,相对比较简单的 Windows 自带的画图软件,例如 mspaint 等,在使用中经常要在一块画布(一个窗口)上进行各种绘制工作,例如,绘制一个形状、用吸管吸取颜色、选择一块区域、用橡皮擦除一块区域等。

这些绘制工作,一般都可以通过多次按下 Ctrl+Z 快捷键来撤销,这种**撤销**工作是如何实现的呢? 只要将这些绘制工作的每一个都作为一个命令对象保存下来,例如保存到一个 list 容器(**命令队列**),那么对于这些命令对象的撤销工作就不难实现,可以考虑给 Command 类增加一个 Undo 接口,形如"virtual void Undo() = 0;",然后在每个 Command 子类中实现 Undo 的代码。当然,对调用者类(例如 Waiter 类)也要做相应的修改,一个

Notify 接口显得不太够用,可以增加一个新的接口来实现撤销动作。当然,绘制动作可能还需要很多额外的参数,例如执行保存**绘制形状**命令时还需要额外保存绘制的位置信息(此时可能需要在创建 Command 子类对象时把位置信息传递进去)等,这些细节需要由程序员自行考虑设计和实现。

此外,将这些绘制工作的每一个都作为一个命令对象保存到容器中的另一个好处是将来能够重新绘制,例如,**重复某一个绘制动作**或者在一些需要演示的场合进行自动绘制演示。另外,如果需要对大批(数百上千个)文件执行一系列相同的动作(这点不限于绘图软件),显然通过命令模式实现起来是比较合适的。

当然,如果将这些绘制命令保存成历史记录供查看或保存成日志文件供留存,也是非常简单的事情,只需要在 Command 子类的 Execute 或者 Undo 实现代码中,加入日志输出或者日志写文件相关的代码即可。

2. 遥控器实现对控制设备的解耦

很多资料在讲解命令模式时经常会举一个通过遥控器实现对各种家用电器进行控制的例子。例如遥控器上有 5 个按钮,有 5 个家用电器分别是电扇、电灯、电视、音箱、洗衣机。如果按常规的设计方法,每个遥控器按钮如果固定对应控制一个家用电器,例如按钮 1 控制电扇,按钮 2 控制电灯,诸如此类,那么遥控器和家用电器之间就属于**紧耦合**,非常缺乏灵活性,如果将来增加新的家用电器,则可能意味着必须更换新的遥控器来支持新的家用电器,或者如果将来按钮 1 需要控制电视而不再是电扇时也必须修改按钮 1 的控制代码(修改源码)。

这个应用案例的解决方案是采用命令模式来设计,命令模式的关键点在于该模式中调用者/发送者(遥控器)和接收者(各种家用电器)之间是**解耦**的,例如,通过使用命令模式进行设计,遥控器按钮 1(其他遥控器按钮同理)可以通过编程来控制任意家用电器而不再是把遥控器按钮 1 仅仅绑定在电扇上。

请读者对使用命令模式来设计遥控器按钮的方式加强理解,从而对命令模式有更深入的认识。

3. 任务的定期调度执行

如果把命令对象保存到容器中构成一个命令队列,那么即便这个命令队列被创建了很长时间之后也依然可以随时被使用,命令对象中包含的各种动作依旧可以被执行(一个 Command 对象可以有一个与初始请求无关的生存周期),那么用命令模式来实现类似 Windows 中的任务调度程序(Task Scheduler)就非常合适,Windows 中的任务调度程序是一个定时运行的程序,换句话说,当某个时间达到的时候,该程序可以执行一系列的动作,甚至可以把命令队列中的每条命令放到线程池中去逐个执行,因为调用者和接收者之间是解耦的,所以每个线程所执行的命令完全不同,例如线程 1 执行图形绘制工作,线程 2 执行打印工作,但每个线程的执行代码都相同(从命令队列中取得一个命令,调用该命令的 Execute 成员函数)。

4. 游戏中时光倒流系统和回放系统的实现

有些游戏中有时光倒流系统,就是将游戏的剧情恢复到某个之前的节点。例如,人物从墙上掉下来摔死了,有了时光倒流系统,就可以把玩家状态恢复到在墙上的那个时刻,这种功能的实现,其实与前面在绘图软件中谈到的 Undo 功能是很类似的,用命令模式可以比较好地应对。

另外,很多的游戏(例如《守望先锋》《刀塔 2》)中都有一些录像系统,支持玩家在死之前的一些情景回放(让玩家更清楚死亡原因),这种情景回放功能,就可以借助命令模式来实现,只需要将玩家的一系列动作以命令对象的方式记录到一个命令集合中构成命令流,甚至可以将这些命令集合保存到文件中,就可以在游戏中进行解析和回放了。

命令模式是一个比较有趣的模式,应充分发挥想象力,尝试寻找适合该模式应用的场景。命令模式具有如下特点:

- 命令模式由于请求的发送者和接收者之间的完全解耦,达到相同的请求者可以对应不同的接收者的效果(设想同一个遥控器按钮可以遥控电扇,也可以遥控电灯)。当然,不同的请求者也可以对应同一个接收者。
- 扩充系统功能时,对接收者类进行修改和功能扩充是不可避免的,但可以通过增加新的 Command 子类支持对接收者类的修改和功能扩充,从这点来讲,是满足开闭原则的。
- 命令模式的实现不可避免地引入了 Command 子类,从而造成 Command 子类过多。

命令模式早期的提出和实现是致力于解决编辑器中编辑动作的 Undo(撤销)和 Redo(重做)工作。例如在《设计模式——可复用面向对象软件的基础》一书中,设计者将应用程序中一个菜单(Menu)中的每个子菜单项(MenuItem)都实现为一个请求的发送者,通过调用对应的 Command 子类对象的 Execute 成员函数实现具体的菜单功能,MenuItem 不知道使用的是 Command 的哪个子类,Command 子类中保存着请求的接收者,Execute 操作调用接收者的一个或者多个操作(参考 CommandFish、CommandMacro 等类的 Execute 成员函数),如果想实现一个按钮与该菜单具有同样的功能,只需要让该按钮和该菜单共享同一个Command 子类对象。

总之,在使用命令模式前,请首先进行充分的思考和评估,再决定是否采用。

建议考虑如下几个问题:

(1) 命令对象作为回调函数的替代。

回调函数一般是指先在某个地方注册(通过参数传递的方式),稍后在某条件成立时再被调用的一类函数。命令模式中的命令对象也同样可以通过参数进行传递,所以,有一种说法叫作 Command 模式是回调机制的一个面向对象的替代品。

(2) 极端情形。

一种比较极端的应用情形是命令模式不引入调用者类,另一种比较极端的应用情形是Command 子类自己实现相关功能,无须引入接收者类。其实,只要能够确保命令对象能够找到最终的命令接收者,这些极端的情况就是被允许的。

(3) 命令模式中命令对象与现代 C++ 中可调用对象的比较。

C++中有可调用对象的概念,可调用对象有很多种,其中有一种可调用对象是重载了()运算符的类对象,请看如下代码:

```
class TC
{
public:
    void operator()(int tv)
```

```
    {
        cout << "TC::operator(int tv)执行了,tv = " << tv << endl;
    }
};
```

可以利用如下代码来演示该可调用对象是如何使用的:

```
TC tc;
tc(20);                        //调用的是()操作符,这就是个可调用对象.等价于 tc.operator()(20);
```

命令模式中的命令对象是对象,可调用对象中的对象也是对象,所以两者比较类似。但在命令模式中,所有 Command 子类都必须遵循 Command 类中定义的 Execute 接口规范,这里的规范是指 Execute 中定义的参数类型以及返回值类型。另外 Execute 是虚函数,命令模式正是使用该虚函数在运行时动态决定对哪个接收者成员函数进行调用。当然,虚函数的执行效率相对差一些。而可调用对象可以随时向所属类中增加不同参数和不同返回值类型的重载()运算符。例如,向 TC 类中增加如下成员函数:

```
public:
    int operator()(int tv1,int tv2)
    {
        cout << "TC::operator(int tv1,int tv2)执行了,tv1 = " << tv1 << ",tv2 = " << tv2 << endl;
        return 1;
    }
```

然后可以继续利用如下代码使用该可调用对象:

```
cout << tc(30, 50) << endl;
```

显然,可调用对象因为不涉及虚函数的调用,所以性能或者说执行效率更高。另外,可调用对象与模板编程结合使用能够体现可调用对象更高的灵活性。参考如下代码行,将可调用对象当作参数进行传递:

```
template < class T >              //T 代表可调用对象的类型
void functmptest(T callobj)       //callobj 是个可调用对象
{
    callobj(100);
    return;
}
```

可以继续利用如下代码使用该可调用对象:

```
functmptest(tc);
```

所以,在使用命令模式和使用可调用对象都合适的场合中,应优先考虑使用可调用对象。命令模式在许多编程语言中都有应用,其实现思想深具学习和实用价值。

第 10 章

迭代器模式

迭代器(Iterator)模式是一种行为型模式,用来遍历集合(容器)中的元素。C++标准库中内置了很多容器并提供适合这些容器的迭代器,在这种情形下,自己去实现迭代器的机会并不太多,所以该模式较少在实际的项目中使用,但其设计初衷和设计思想仍具备很多值得学习和借鉴的地方。

10.1　容器和迭代器的简单范例

读者对 C++标准库中的容器,例如 vector、list 等都非常熟悉。首先举个例子分别演示一下 vector 和 list 容器以及相关迭代器的使用。为演示方便,首先在 MyProject.cpp 的最上面,包含两个必需的 C++标准库提供的头文件:

```
# include < vector >
# include < list >
```

在 main 主函数中,加入如下代码:

```
std::vector < int > msgVector;
msgVector.push_back(1);                    //末尾插入 1,vector 中内容: 1
msgVector.push_back(2);                    //末尾插入 2,vector 中内容: 1,2
msgVector.push_back(3);                    //末尾插入 3,vector 中内容: 1,2,3
for (std::vector < int >::iterator pos = msgVector.begin(); pos != msgVector.end(); ++pos)
{
    cout << * pos << endl;
}
cout << " -------------------- " << endl;
std::list < int >  msgList;
msgList.push_back(1);                      //末尾插入 1,list 中内容: 1
msgList.push_front(2);                     //开头插入 2,list 中内容: 2,1
msgList.push_back(3);                      //末尾插入 3,list 中内容: 2,1,3
for (std::list < int >::iterator pos = msgList.begin(); pos != msgList.end(); ++pos)
{
    cout << * pos << endl;
}
```

执行起来,看一看结果:

```
1
2
3
--------------------
2
1
3
```

上面范例演示了 vector、list 容器及其相关迭代器的使用。迭代器是用来遍历容器中的元素的,迭代器模式也正是用来**设计和书写迭代器的**。

迭代器的设计方式有很多种,也经过了多年的演化,而且不同的容器对应的迭代器实现也会非常不同。

在早期,人们在设计容器(通常用类模板来实现容器)的时候,会把迭代器的功能代码放到容器中一并实现(在容器内部实现迭代器功能)。例如要实现一个名为 myVector 的容器,代码可能会像下面的样子:

```
template < typename T >
class myVector
{
    //容器功能,例如插入数据等
    //迭代器功能,例如遍历数据等
    //… 其他各种功能
};
```

后来发现上述代码的实现方式缺乏灵活性,影响了容器的可扩展性和可维护性。如果将迭代器单独实现为一个类模板,与具体的容器解耦,那么将来如果迭代器的代码发生改变,容器的代码就不必跟着一起改变;反之亦然。这种将迭代器单独实现为一个类模板的方式得到了广泛支持并沿用至今,迭代器模式正是使用这种方式设计和开发迭代器的。

10.2 单一职责原则

10.2.1 单一职责原则的定义

引入面向对象程序设计的一个原则——单一职责原则(Single Responsibility Principle,SRP),它是这样解释的:**一个类应该只有一个引起变化的原因**,通俗地说,就是一个类的职责应该单一,应该只做一类事情或者对外只提供一种功能。

单一职责原则告诉程序员,在设计类时,要尽量少地指定类中的方法,让类的职责尽量单一。例如,上面如果将容器和迭代器的实现放到一个类中,那么在其中实现从头到尾遍历元素的基础之上,希望增加从尾到头的元素遍历或者跳过几个元素的遍历,可能就会非常不便;如果将迭代器的实现从容器中分离出来,那么修改迭代器或者增加新的迭代器时就不会影响到容器,从而提高了程序的可维护性。

10.2.2 内聚与耦合

内聚性用于衡量一个模块(或类)内部各组成部分之间彼此结合紧密程度,是指从功能角度来度量模块内的联系。当一个模块被设计成只支持一组相关功能时,就称它具有高内聚;反之,如果设计成支持一组不相关功能时,称之为具有低内聚。

耦合性是指模块间相互关联的程度,取决于两者间的接口的复杂程度、相互间的调用方式以及调用时哪些信息需要交互。模块间的耦合性可以分为以下几种类型,它们之间的耦合度由高到低排列如下(内容偏理论,简单理解即可):

(1) 内容耦合——当一个模块直接修改或操作另一个模块的数据或一个模块不通过正常入口而转入另一个模块时,称为内容耦合。内容耦合的耦合程度最高,应避免使用。

(2) 公共耦合——两个或两个以上的模块共同引用一个全局数据项(全局数据结构、共享的通信区、内存的公共覆盖区等),称为公共耦合。在具有大量公共耦合的结构中,确定哪个模块对全局数据项进行了操作十分困难。

(3) 外部耦合——一组模块都访问同一全局简单变量而不是同一全局数据结构,而且不是通过参数表传递该全局变量的信息,称为外部耦合。

(4) 控制耦合——一个模块通过传送开关、标志、名字等控制信息(统称控制信号),明显地控制选择另一模块的功能,称为控制耦合。

(5) 标记耦合——指两个模块间传递的是数据结构,例如,高级语言中的数组名、记录名、文件名等,其实传递的是该数据结构的地址。

(6) 数据耦合——模块之间通过参数传递数据,称为数据耦合。数据耦合的耦合程度最低,这种耦合方式大量存在于程序代码中,例如,程序中往往需要将某些模块的输出数据(返回结果)作为另一些模块的输入数据(通过参数传递)。

耦合性影响软件的复杂程度和设计质量,如果模块间必须存在耦合,那么尽量使用数据耦合,少用控制耦合,限制公共耦合的范围,尽量避免使用内容耦合。

从整体而言,程序设计讲究的**高内聚**、**低耦合**,如图 10.1 所示。一个类职责越单一,内聚度就越高,而要达到低耦合的目的,也要尽量遵循依赖倒置原则——高层组件和低层组件都依赖于抽象层或者说尽量使用抽象耦合来代替具体耦合。

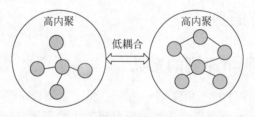

图 10.1　高内聚、低耦合表现形式图

在单一职责原则指导下的类开发,可以有效降低类的复杂度,一个类只负责一个职责,其实现逻辑会比负责多个职责简单得多,不但提高了类设计代码的可读性与可维护性,也极大地降低了代码变更时引起的风险。考虑到软件设计中需求变更的频繁性,单一职责原则可以在修改一个功能时显著降低对其他功能的影响。

单一职责原则说起来简单,但真正落实并不容易,在设计中区分哪些是类应该做的事情(类的责任)很困难,必须不断地努力去思考和改进。特别值得一提的是,单一职责原则不是面向对象程序设计所独有的,而是普遍适用于模块化的程序设计中。

10.3　迭代器模式的范例及现代 C++中的迭代器

10.3.1　迭代器模式范例

迭代器模式虽然是用来设计和书写迭代器的,但一个完整的迭代器模式一般会涉及容器和迭代器两部分内容。为了遵循依赖倒置原则,对容器类(类模板)和迭代器类的实现又分别运用了抽象。

现在,采用迭代器模式来实现一个范例,范例中包含抽象和具体的容器以及迭代器的实现代码,代码做了很多简化,只采用了一个固定大小的数组作为容器,一并实现该容器相关的迭代器。首先创建一个抽象迭代器(请特别留意代码中的注释):

```cpp
//抽象迭代器类模板
template < typename T >
class myIter
{
public:
    virtual void First() = 0;              //指向容器中第一个元素
    virtual void Next() = 0;               //指向下一个元素
    virtual bool IsDone() = 0;             //是否遍历完
    virtual T& CurrentItem() = 0;          //获取当前的元素
    virtual ～ myIter (){}                  //作父类时析构函数应该为虚函数
};
```

上述抽象迭代器只实现了 4 个接口,这 4 个接口一般被认为是迭代器应该实现的最小接口。当然,也可以根据实际需要,增加更多的接口。接着,创建一个抽象容器:

```cpp
//抽象容器类模板
template < typename T >
class myCotainer
{
public:
    virtual myIter < T > * CreateIterator() = 0;    //创建迭代器
    virtual T& getItem(int index) = 0;              //获取当前元素
    virtual int getSize() = 0;                      //容器中元素数量
    virtual ～myCotainer() {}                        //作父类时析构函数应该为虚函数
};
```

从上面的代码中可以看到,为了支持所谓的**多态迭代**,在抽象容器类模板中定义了一个 CreateIterator 接口(成员函数),后续在具体的容器子类模板中,会在该接口中运用工厂模式创建相应的迭代器。

再创建一个具体的迭代器:

```cpp
//具体迭代器类模板,为简单起见,本迭代器针对的是大小为 10 个元素的数组
template < typename T >
class myVectorIter :public myIter < T >
{
public:
```

```cpp
        myVectorIter(myCotainer < T > *  tmpc) :myvector(tmpc)
        {
            m_current = 0;
        }
        virtual void First()
        {
            m_current  =  0;                              //容器(数组)中的第一个元素下标为 0
        }
        virtual void Next()
        {
            m_current++;                                 //下标 + 1,意味着数组中的下一个元素
        }
        virtual bool IsDone()
        {
            if (m_current > =  myvector - > getSize())
            {
                return true;
            }
            return false;
        }
        virtual T& CurrentItem()
        {
            return myvector - > getItem(m_current);
        }
private:
    myCotainer < T >  * myvector;
    int m_current;                          //记录数组的当前下标(迭代器在当前容器中的位置)
};
```

最后创建一个具体的容器:

```cpp
//具体容器类模板
template < typename T >
class myVector :public myCotainer < T >
{
public:
    myVector()
    {
        //将数组中元素进行初始化
        for (int i = 0; i < 10; ++i)
        {
            m_elem[i] = i;
        }
    }
    virtual myIter < T > * CreateIterator()
    {
        //工厂模式,注意实参传递进去的是该容器的指针 this
        return new myVectorIter < T >(this);          //要考虑在哪里释放的问题
    }

    virtual T& getItem(int index)
```

```
    {
        return m_elem[index];
    }

    virtual int getSize()
    {
        return 10;                              //为简化代码,返回固定数字
    }
private:
    //为了简化代码,将容器实现为固定装入 10 个元素的数组
    T m_elem[10];
};
```

在上述代码中,CreateIterator 接口使用了工厂模式来创建一个具体的迭代器,从而实现了多态迭代(这意味着可以增加创建其他迭代器的接口来支持不同的迭代器,例如,再支持一个反向迭代器来从最后一个元素向前遍历等)。

本范例中迭代器所实现的功能有限,读者可以通过增加新的接口来扩展迭代器的功能,例如增加插入数据的接口等。另外,C++ 标准库中的容器和迭代器实现代码非常复杂,尤其是容器中涉及各种不同的数据结构和算法等。

在 main 主函数中,增加如下代码:

```
myCotainer < int > * pcontainer = new myVector < int >();
myIter < int > * iter = pcontainer - > CreateIterator();
//遍历容器中的元素
for(iter - > First();!iter - > IsDone();iter - > Next())   //多态机制的遍历,效率不高,尽量考
                                                          //虑栈机制
{
    cout << iter - > CurrentItem() << endl;
}
//释放资源
delete iter;
delete pcontainer;
```

执行起来,看一看结果:

```
0
1
2
3
4
5
6
7
8
9
```

从结果中可以看到,通过迭代器,顺利遍历得到了容器中的元素。从整个程序代码可以看到,迭代器接口实际上还是通过调用容器中提供的各种接口来完成对元素的遍历的。

此外,上述代码中的 for 循环,所调用的迭代器接口 First、IsDone、Next、CurrentItem

都是多态机制，显然，如果容器中的元素数量非常庞大，则会非常影响程序的运行效率，所以，如果不是必须使用**迭代器**的多态机制，则可以将迭代器的内存在栈中分配，这对改善程序运行性能将起到很好的作用。修改 main 主函数中的代码，具体如下：

```
myCotainer < int > * pcontainer = new myVector < int >();
myVectorIter < int > iter(pcontainer);
//遍历容器中的元素
for(iter.First();!iter.IsDone();iter.Next())          //非多态机制，可以明显改善程序性能
{
    cout << iter.CurrentItem() << endl;
}
//释放资源
delete pcontainer;
```

结合上面的代码，再联想到 C++ 标准库。C++ 标准库中的容器（集合）内部数据结构各不相同（例如，vector 容器内部实现方式是一个内存连续的动态数组，而 list 容器内部实现方式是一个双向链表，map 容器内部实现方式是一个树结构等）。对于这些容器，迭代器模式做到了在**不暴露容器内部结构**的情况下，让外部代码（迭代器）透明地遍历（访问）其包含元素的效果。另外值得一提的是，虽然不同的容器内部实现方式不同，但是通过迭代器来访问它们的方式却相同。

引入"**迭代器**"设计模式的定义：提供一种方法顺序访问一个聚合对象（容器）中各个元素，而又不暴露该对象的内部表示（实现代码）。

迭代器模式的核心思想就是把容器中对元素访问的代码放入迭代器中实现，与容器本身的功能代码相分离（容器是一个对象，迭代器是另一个对象），从而简化容器的设计。容器和迭代器之间彼此独立，从而使整个系统的设计更加灵活，可以定义不同的迭代器实现不同的遍历策略，例如常规迭代器、反向迭代器、const 迭代器等都可以分别实现（读者应该不希望容器的接口中充斥着各种不同的遍历操作）。

针对前面的代码范例绘制迭代器模式的 UML 图，如图 10.2 所示。

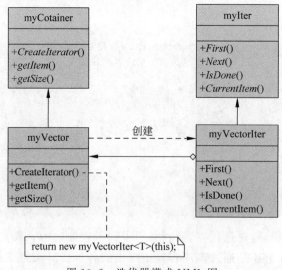

图 10.2　迭代器模式 UML 图

迭代器模式的 UML 图包含 4 种角色。

(1) Iterator(抽象迭代器)：用于定义访问和遍历容器中元素的接口。这里指 myIter 类模板。

(2) ConcreteIterator(具体迭代器)：实现了抽象迭代器的接口，完成对聚合对象(容器)中元素的遍历，记录当前元素的位置。这里指 MyVectorIter 类模板。

(3) Aggregate(抽象聚合)：将聚合理解成容器。用于存储和管理元素对象，声明一个 CreateIterator 方法用于创建一个迭代器对象，充当创建迭代器的工厂角色。这里指 MyContainer 类模板。

(4) ConcreteAggregate(具体聚合)：实现了抽象聚合的 CreateIterator 方法以创建相应的迭代器，该方法返回 ConcreteIterator 的一个适当的实例。这里指 MyVector 类模板。

10.3.2　现代 C++中的迭代器

在 C++标准库中，针对各种容器都提供了相应的迭代器，而且迭代器的功能十分强大，所以已经很少需要进行迭代器的编写工作了，尤其是本章介绍的迭代器模式使用的是面向对象程序设计的方法进行编程(面向对象编程)，大量用到了虚函数这种多态技术，这种多态也叫作传统多态或者动态多态，是一种运行时的多态技术，因为要访问虚函数表指针，所以如果容器中有数量庞大的元素(例如数十万个)，那么遍历效率会非常低。C++标准库中迭代器的实现在采用模板编程的同时，不会引入动态多态技术。

迭代器设计模式中将容器与迭代器分开设计和实现的思想，在 C++标准库中仍旧一直被遵循。当然，C++标准库中对迭代器的设计和实现还有着更严格的规范，同时，C++标准库中也对迭代器进行了详细的分类，不同种类的迭代器都支持一系列不同的操作，例如，双向迭代器支持前移和后退一个元素的操作，而随机访问迭代器除支持双向迭代器的全部功能外，还额外支持前进和后退 N 个元素的操作等。这些知识在笔者的《C++新经典》一书中进行过详细的阐述。此外，笔者的《C++新经典：模板与泛型编程》一书中，有一个针对 list 容器和其相关迭代器的源码实现，有兴趣的读者可以参考借鉴。

总之，本章的迭代器模式作为研究和学习有相应的价值和意义，在其他不支持泛型编程的程序设计语言中，该模式可能被广泛使用，但因多态导致的效率原因，不要用于 C++程序的实际开发中，因为这种设计模式在 C++中已过时。另外，即便是因为特殊需要而开发自己的迭代器功能，也应该多借鉴现代 C++标准库中迭代器的源代码，以拓展思路和视野，从而写出更优质、更通用和效率更高的迭代器实现代码。

第 11 章

组 合 模 式

组合(Composite)模式是一种结构型模式,理解上稍微有点难度,代码实现中涉及了递归调用。组合模式与传统上读者所知的"类与类之间的组合关系"没有关联,不要混为一谈。组合模式主要用来处理树形结构的数据,例如 Windows 或者类 UNIX 操作系统中文件的组织方式就是典型的树形结构。这里所指的数据就是这些文件或者文件夹,而处理树形结构数据是指例如可以对它们进行遍历以显示目录或文件名(查看目录文件结构)、进行某些动作(例如信息统计、文件杀毒)等操作。

当然,如果所要表达的数据并不是通过树形结构进行组织,那么不适合使用组合模式。

11.1 一个基本的目录内容遍历范例

组合模式主要是用来表达和处理树形结构数据的,作为树形结构的数据,显然要有一个树根,树根下面可以有**树枝和树叶**两种节点,而树枝下面又可能进一步生长出新的树枝和树叶(树叶属于末端节点,其上不会生长出任何其他内容),以此类推,如图 11.1 所示。

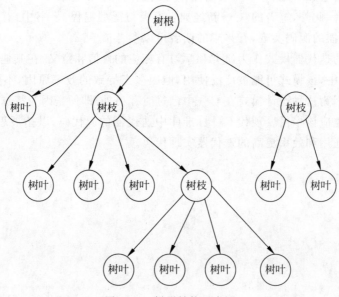

图 11.1 树形结构示意图

人们熟知的 Windows 操作系统和 Linux 操作系统的目录结构组织方式就是典型的树形结构,例如,在 Windows 操作系统的 C 盘下有一个 root 目录,该目录下有 common.mk、config.mk、makefile 3 个文件以及 app、signal、_include 3 个子目录(每个子目录中都有一些文件),当然这些子目录中还可以包含更深的子目录以及文件:

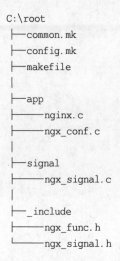

```
C:\root
├──common.mk
├──config.mk
├──makefile
│
├──app
├────nginx.c
├────ngx_conf.c
│
├──signal
├────ngx_signal.c
│
├──_include
├────ngx_func.h
└────ngx_signal.h
```

将上述这种目录结构组织方式绘制成树形结构,如图 11.2 所示。

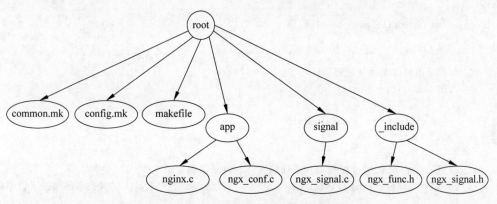

图 11.2 root 目录结构树形结构示意图

看一看如何用程序来把这个目录层次结构组织并输出(绘制出来),输出的结果类似于用 tree 命令显示 root 目录产生的结果(考虑到组合模式不太好理解,可以先抛开这个模式),这个范例的难点在于目录中还会包含更深层次的目录和文件,而这些目录和文件的名字都要求输出出来,所以实现思路应该涉及递归编程。首先创建一个用于表示文件的类 File,代码如下,注意代码中的注释:

```
//文件相关类
class File
{
public:
    //构造函数
    File(string name) :m_sname(name){}
```

```
    //显示文件名
    void ShowName(string lvlstr)                      //lvlstr:为了显示层次关系的缩进字符串内容
    {
        cout << lvlstr << " - " << m_sname << endl;   //显示" - "代表是一个文件,属末端节点
                                                      //(不会再有子节点)
    }
private:
    string m_sname;                                   //文件名
};
```

接着创建一个用于表示目录的类 Dir:

```
//目录相关类
class Dir
{
public:
    //构造函数
    Dir(string name) :m_sname(name) {}

public:
    //目录中可以增加其他文件
    void AddFile(File * pfile)
    {
        m_childFile.push_back(pfile);
    }

    //目录中可以增加其他目录
    void AddDir(Dir * pdir)
    {
        m_childDir.push_back(pdir);
    }

    //显示目录名,同时也要负责其下面的文件和目录名的显示工作
    void ShowName(string lvlstr)                      //lvlstr: 为了显示层次关系的缩进字符串内容
    {
        //(1)输出本目录名
        cout << lvlstr << " + " << m_sname << endl;   //显示" + "代表是一个目录,其中会包含其他内容
        //(2)输出所包含的文件名
        lvlstr += "    ";                             //本目录中的文件和目录的显示,要缩进一些来显示
        for (auto iter = m_childFile.begin(); iter != m_childFile.end(); ++iter)
        {
            ( * iter) -> ShowName(lvlstr);            //显示文件名
        }
        //(3)输出所包含的目录名
        for (auto iter = m_childDir.begin(); iter != m_childDir.end(); ++iter)
        {
            ( * iter) -> ShowName(lvlstr);            //显示目录名,这里涉及了递归调用
        }
    }
```

```
private:
    string        m_sname;                    //目录名
    list<File*>   m_childFile;                //目录中包含的文件列表,记得在源文件上
                                              //面增加代码

#include<list>
    list<Dir*>    m_childDir;                 //目录中包含的子目录列表
};
```

在main主函数中,首先构建(表达)出这些文件和目录相关的对象:

```
//(1)创建各种目录,文件对象
Dir* pdir1 = new Dir("root");
//--------
File* pfile1 = new File("common.mk");
File* pfile2 = new File("config.mk");
File* pfile3 = new File("makefile");
//--------
Dir* pdir2 = new Dir("app");
File* pfile4 = new File("nginx.c");
File* pfile5 = new File("ngx_conf.c");
//--------
Dir* pdir3 = new Dir("signal");
File* pfile6 = new File("ngx_signal.c");
//--------
Dir* pdir4 = new Dir("_include");
File* pfile7 = new File("ngx_func.h");
File* pfile8 = new File("ngx_signal.h");
```

```
//(2)构造树形目录结构
pdir1->AddFile(pfile1);
pdir1->AddFile(pfile2);
pdir1->AddFile(pfile3);
//--------
pdir1->AddDir(pdir2);
    pdir2->AddFile(pfile4);
    pdir2->AddFile(pfile5);
//--------
pdir1->AddDir(pdir3);
    pdir3->AddFile(pfile6);
//--------
pdir1->AddDir(pdir4);
    pdir4->AddFile(pfile7);
    pdir4->AddFile(pfile8);
```

接着,只需要用树根所代表的对象调用一下ShowName成员函数,即可把整个树的层次结构输出(显示)出来,继续在main中增加如下代码:

```
//(3)输出整个目录结构,只要调用根目录的ShowName方法即可,每个子目录都有自己的ShowName方
//法负责自己的文件和目录的显示
pdir1->ShowName("");                          //缩进字符刚开始可以为空
```

最后,不要忘记在main主函数中释放资源:

```
//(4)释放资源
delete pfile8;
delete pfile7;
delete pdir4;
//-------
delete pfile6;
delete pdir3;
//-------
delete pfile5;
delete pfile4;
delete pdir2;
//-------
delete pfile3;
delete pfile2;
delete pfile1;
delete pdir1;
```

执行起来,看一看结果:

```
+ root
    - common.mk
    - config.mk
    - makefile
    + app
        - nginx.c
        - ngx_conf.c
    + signal
        - ngx_signal.c
    + _include
        - ngx_func.h
        - ngx_signal.h
```

从结果中可以看到,只要执行代码行"pdir1-> ShowName("");",就会以 pdir1(root)所代表的树节点为根绘制出树的层次结构。同理,如果只想绘制出以 pdir2(app)所代表的树节点为根的树层次结构,只需要执行"pdir2-> ShowName("");"。

这个范例具有如下主要特点:

(1)将诸多对象以树形结构的形式来组织(目录和文件以树形结构来组织,合乎情理)。

(2)以一个树根为起点,可以**遍历**(访问)到所有该根下的树节点(既包含树枝,又包含树叶)。

(3)同时对这些树节点**调用一个被称为 ShowName 的成员函数**(名字当然可以任意)做了一些事情(这里是用于显示名字),当然,在本范例中,File 类和 Dir 类的 ShowName 函数虽然名字相同,但它们做的事情并不相同,因为 Dir 类的 ShowName 不但要显示自身的名字,还要显示其下的文件和目录名字,而其下目录名字的显示,使用的正是递归调用,当然这里所说的递归区别于传统意义上的递归(函数调用自身),而是一种针对对象本身的递归。

上面这个范例代码中存在的问题是:为了区分文件和目录,分别创建了 File 和 Dir 两个类,这种区分比较多余,为此,引入了组合模式,该模式专门针对以树形结构的形式组织对象时,不再将 File 和 Dir 类单独分开,而是引入一个新的抽象类(例如 FileSystem)并提供公共的接口(成员函数),而后让 File 和 Dir 类分别继承自 FileSystem 类。看一看如何采用组合模式改造上述范例代码。

11.2 使用组合模式改造目录内容遍历范例

首先注释掉原有代码,创建抽象父类 FileSystem,代码如下:

```cpp
//抽象父类 FileSystem(抽象接口)
class FileSystem
{
public:
    virtual void ShowName(int level) = 0;            //显示名字,参数 level 用于表示显示的层
                                                     //级,用于显示对齐
    virtual int Add(FileSystem * pfilesys) = 0;      //向当前目录中增加文件或子目录
    virtual int Remove(FileSystem * pfilesys) = 0;   //从当前目录中移除文件或子目录
    virtual ~FileSystem() {}                          //作父类时析构函数应该为虚函数
};
```

接着创建一个用于表示文件的类 File,继承自 FileSystem:

```cpp
//文件相关类
class File :public FileSystem
{
public:
    //构造函数
    File(string name) :m_sname(name) {}
    //显示名字
    virtual void ShowName(int level)
    {
        for (int i = 0; i < level; ++i) { cout << "    "; }          //显示若干空格用于对齐
        cout << " - " << m_sname << endl;
    }
    virtual int Add(FileSystem * pfilesys)
    {
        //文件中其实是不可以增加其他文件或者目录的,所以这里直接返回 -1,但父类中定义了
        //该接口,所以子类中也必须实现该接口
        return -1;
    }
    virtual int Remove(FileSystem * pfilesys)
    {
        //文件中不包含其他文件或者目录,所以这里直接返回 -1
        return -1;
    }
private:
    string m_sname;                              //文件名
};
```

接着创建一个用于表示目录的类 Dir(继承自 FileSystem):

```cpp
//目录相关类
class Dir :public FileSystem
{
public:
    //构造函数
    Dir(string name) :m_sname(name) {}
    //显示名字
    virtual void ShowName(int level)
    {
        //(1)显示若干空格用于对齐
        for (int i = 0; i < level; ++i) { cout << "    "; }
        //(2)输出本目录名
        cout << " + " << m_sname << endl;
        //(3)显示的层级向下走一级
        level++;
        //(4)输出所包含的子内容(可能是文件,也可能是子目录)
        //遍历目录中的文件和子目录
        for (auto iter = m_child.begin(); iter != m_child.end(); ++iter)
        {
            (*iter)->ShowName(level);
        }                                           //end for
    }
    virtual int Add(FileSystem* pfilesys)
    {
        m_child.push_back(pfilesys);
        return 0;
    }
    virtual int Remove(FileSystem* pfilesys)
    {
        m_child.remove(pfilesys);
        return 0;
    }
private:
    string m_sname;                         //文件名
    list<FileSystem*> m_child;              //目录中包含的文件或其他目录列表
};
```

在 main 主函数中,注释掉原有代码,增加如下代码:

```cpp
//(1)创建各种目录,文件对象
FileSystem* pdir1 = new Dir("root");
//-------
FileSystem* pfile1 = new File("common.mk");
FileSystem* pfile2 = new File("config.mk");
FileSystem* pfile3 = new File("makefile");
//-------
FileSystem* pdir2 = new Dir("app");
FileSystem* pfile4 = new File("nginx.c");
FileSystem* pfile5 = new File("ngx_conf.c");
//-------
FileSystem* pdir3 = new Dir("signal");
```

```
FileSystem * pfile6 = new File("ngx_signal.c");
//-------
FileSystem * pdir4 = new Dir("_include");
FileSystem * pfile7 = new File("ngx_func.h");
FileSystem * pfile8 = new File("ngx_signal.h");
```

```
//(2)构造树形目录结构
pdir1 -> Add(pfile1);
pdir1 -> Add(pfile2);
pdir1 -> Add(pfile3);
//-------
pdir1 -> Add(pdir2);
pdir2 -> Add(pfile4);
pdir2 -> Add(pfile5);
//-------
pdir1 -> Add(pdir3);
pdir3 -> Add(pfile6);
//-------
pdir1 -> Add(pdir4);
pdir4 -> Add(pfile7);
pdir4 -> Add(pfile8);
```

```
//(3)输出整个目录结构,只要调用根目录的 ShowName 方法即可,每个子目录都有自己的 ShowName 方
//法负责自己的文件和目录的显示
pdir1 -> ShowName(0);
```

```
//(4)释放资源
delete pfile8;
delete pfile7;
delete pdir4;
//-------
delete pfile6;
delete pdir3;
//-------
delete pfile5;
delete pfile4;
delete pdir2;
//-------
delete pfile3;
delete pfile2;
delete pfile1;
delete pdir1;
```

执行起来,看一看结果:

```
+ root
    - common.mk
    - config.mk
    - makefile
    + app
```

```
        - nginx.c
        - ngx_conf.c
    + signal
        - ngx_signal.c
    + _include
        - ngx_func.h
        - ngx_signal.h
```

上面使用组合模式对目录内容遍历的范例进行了改造。下面就用这个范例引入组合模式的基本概念。

11.3　引入组合模式

树形结构是一种常见的结构,例如:

(1) 操作系统中的目录结构;

(2) 各种软件工具中的菜单结构;

(3) 办公软件中的公司组织结构(公司中包含多个部门,公司下设分公司,分公司依旧包含各种部门);

(4) 窗口程序中包含若干子窗口以及各种组成窗口的其他控件;

(5) 编程时可能会用到的 TreeCtrl 和 TreeView UI 控件等。组合模式正适合处理这种树形结构,该模式只需要执行一行代码"pdir1-> ShowName(0);",就可以通过遍历树形结构(运用了递归调用)中的各个节点达到一致性地处理树形结构的目的(例如上述对所有节点,无论树枝还是树叶,都调用 ShowName 成员函数就是一致性处理的体现)。

引入"组合"设计模式的定义:将一组对象(文件和目录)组织成树形结构以表示"部分-整体"的层次结构(目录中包含文件和子目录)。使得用户对单个对象(文件)和组合对象(目录)的操作/使用/处理(递归遍历并执行 ShowName 逻辑等)具有一致性。

在上述定义中,用户是指 main 主函数中的调用代码,一致性指不用区分树叶还是树枝,两者都继承自 FileSystem,都具有相同的接口,可以做相同的调用。可以看到,组合模式的设计思路其实就是用树形结构来组织数据,然后通过在树中递归遍历各个节点并在每个节点上统一地调用某个接口(例如,都调用 ShowName 成员函数)或进行某些运算。

总之,组合模式之所以称为结构型模式,是因为该模式提供了一个结构,可以同时包容单个对象和组合对象。**组合模式发挥作用的前提是具体数据必须能以树形结构的方式表示,树中包含了单个对象和组合对象。该模式专注于树形结构中单个对象和组合对象的递归遍历(只有递归遍历才能体现出组合模式的价值),能把相同的操作(FileSystem 定义的接口)应用在单个以及组合对象上,并且可以忽略单个对象和组合对象之间的差别。**从模式命名上,笔者认为命名成组合模式其实并不太恰当,命名成树形模式似乎更好。

针对前面的代码范例绘制组合模式的 UML 图,如图 11.3 所示。

组合模式的 UML 图中包含 3 种角色。

(1) Component(抽象组件):为树枝和树叶定义接口(例如,增加、删除、获取子节点等),可以是抽象类,包含所有子类公共行为的声明或默认实现体。这里指 FileSystem 类。

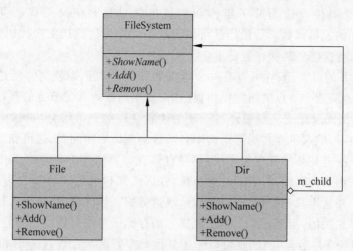

图 11.3 组合模式 UML 图

(2) Leaf(叶子组件)：用于表示树叶节点对象，这种对象没有子节点，因此抽象组件中定义的一些接口(例如 Add、Remove)实际在这里没有实现的意义。这里指 File 类。

这种叶子组件(类)对于组合模式可能不止一个，例如，若对某个目录进行杀毒，可以在抽象组件中提供 KillVirus 成员函数(与上述范例中的 ShowName 成员函数类似)，而后可以定义若干个不同的叶子类，例如定义 ExeFile 类并实现 KillVirus 专门灭杀可执行文件中的病毒，定义 ImgFile 类并实现 KillVirus 专门灭杀图像文件中的病毒等。

(3) Composite(树枝组件)：用于表示一个容器(树枝)节点对象，可以包含子节点，子节点可以是树叶，也可以是树枝，其中提供了一个集合用于存储子节点(以此形成一个树形结构，可以通过递归来访问所有节点)。实现了抽象组件中定义的接口。这里指 Dir 类。

Dir 类中提供的集合是一个用于存储子节点的 list 容器，当然用其他容器保存子节点也完全可以。

在《设计模式——可复用面向对象软件的基础》一书中提出这个设计模式时，主要解决的是所编写的绘图编辑器中的图形显示问题，例如，一个顶层的组件(Frame 或者 Panel等)，内部包含着各种其他组件，例如文本、线、矩形等基本图形元素以及按钮、菜单、滚动条等基本 UI 元素，每个元素都可以写成一个叶子组件，当要显示整个组件时，只需要调用顶层组件的某个方法，顶层组件就会负责显示所有其**内部的各种组件的显示工作**。

组合模式具有如下主要优点：

(1) 使客户端可以忽略单个对象与组合对象的层次差异，客户端可以一致地使用单个对象和组合对象(客户端不知道也不关心处理的是单个对象还是组合对象)，简化了代码的书写。

(2) 无论是增加新的叶子组件还是树枝组件，都很方便，只需要增加继承自抽象组件的新类即可，这也符合开闭原则。

(3) 组合模式为树形结构的面向对象实现方式提供了一种灵活的解决方案。通过对单个对象以及组合对象的递归遍历，可以处理复杂的树形结构。

当然，使用组合模式时也需要额外考虑一些问题：

(1) 组合模式的主要目的之一是使客户端不知道它们正在使用的是单个对象还是组合

对象，所以，抽象组件应该为叶子组件和树枝组件尽量多定义一些公共操作（类似于
ShowName 这样的成员函数），抽象组件可以为这些操作提供默认实现代码，而叶子组件和
树枝组件也可以对这些公共操作进行重定义。

（2）根据业务的需要，组件可以有一个指向父节点的指针，以便更方便地进行节点遍历
时，尤其是如果涉及某个节点的删除操作，往往需要用到指向其父节点的指针。

（3）学习过编译原理或从事编译器设计的读者会接触到语法分析树，语法分析树适合
用组合模式来表示，但这里存在树形结构中各节点的遍历顺序问题，这可能需要在增加和删
除子节点时做一些更复杂的管理工作（指的是也许有必要修改 Dir 类的 Add 和 Remove 代
码来做一些更精细的代码编写工作）。类似地，在以二叉树的形式计算表达式的值时，也同
样涉及该问题。在这里只是提出这些话题，从事这方面工作的读者，可以自行深入研究。

与遍历顺序相关的，当然还有上述已经提过的存储子节点时所使用的容器问题，范例中
使用的是 list 这种顺序容器，当然也可以采用其他顺序容器。此外，C++标准库中还提供关
联容器和无序容器，可以从使用便利性和访问效率这两个角度根据实际情况选用。

11.4　透明组合模式与安全组合模式

组合模式使项目的设计更具弹性，可以通过增加更多的叶子组件类来扩展出新的功能。
但是，在 FileSystem 类中，诸如 Add、Remove 这些用于管理和访问子节点的成员函数（接
口）只对树枝组件（Dir 类）才有意义，对叶子组件（File 类）毫无意义。

这种在抽象组件（FileSystem 类）中声明了所有用于管理和访问子节点的成员函数的
实现手段称为**透明组合模式**。上述范例采用的正是这种透明组合模式，这也是组合模式的
标准实现形式。采用透明组合模式的好处是确保所有的组件（File 类、Dir 类）都有相同的接
口，但也是有缺点的：

（1）必须在叶子组件中实现这些接口，哪怕在其中增加的代码毫无实际意义（除非在抽
象组件中提供了默认实现）。

（2）还有一个关键的问题是容易被误用，不够安全。叶子组件和树枝组件毕竟不同，叶
子组件不可以有子节点。当向一个叶子组件中加入子节点时，目前的范例程序中仅仅返回−1
（File 类中的 Add 成员函数），这也许没有办法让程序员立即知道这种行为是错误的，当然
可以考虑增加一些错误提示或者抛出异常来提醒程序员，但至少在程序编译阶段，向叶子组
件中增加子节点的错误是没有办法被发现的。

鉴于透明组合模式所产生的问题，又引入了安全组合模式。在安全组合模式中，抽象组
件中用于管理和访问子节点的成员函数（接口）被转移到了树枝组件中。安全组合模式的
UML 图，如图 11.4 所示。

安全组合模式不够透明，用于管理和访问子节点的成员函数（接口）并没有在抽象组件
中定义，所以客户端（例如 main 主函数）无法完全针对抽象进行编程，必须调整代码来区别
对待叶子组件和树枝组件（因为树枝和叶子具有不同的接口）。这里按照安全组合模式对前
述范例进行修改，修改后的代码如下：

```
//抽象父类 FileSystem(抽象接口)
class FileSystem
```

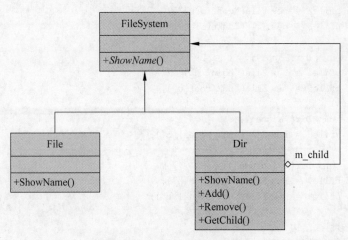

图 11.4　安全组合模式 UML 图

```
{
public:
    virtual void ShowName(int level) = 0;//显示名字,参数 level 用于表示显示的层级,用于显示对齐
    virtual ~FileSystem() {}                //作父类时析构函数应该为虚函数
};

//文件相关类
class File :public FileSystem
{
public:
    //构造函数
    File(string name) :m_sname(name) {}

    //显示名字
    void ShowName(int level)
    {
        for (int i = 0; i < level; ++i) { cout << "    "; }       //显示若干空格用于对齐
        cout << " - " << m_sname << endl;
    }
private:
    string m_sname;                         //文件名
};

class Dir :public FileSystem
{
    //该类内容基本没变,把 Add 和 Remove 成员函数前面的 virtual 修饰符去掉即可
    //…略
};
```

在 main 主函数中,注释掉原有代码,增加如下代码:

```
//(1)创建各种目录,文件对象
Dir * pdir1 = new Dir("root");
//--------
FileSystem * pfile1 = new File("common.mk");
```

```
FileSystem * pfile2 = new File("config.mk");
FileSystem * pfile3 = new File("makefile");
//--------
Dir * pdir2 = new Dir("app");
FileSystem * pfile4 = new File("nginx.c");
FileSystem * pfile5 = new File("ngx_conf.c");
//--------
Dir * pdir3 = new Dir("signal");
FileSystem * pfile6 = new File("ngx_signal.c");
//--------
Dir * pdir4 = new Dir("_include");
FileSystem * pfile7 = new File("ngx_func.h");
FileSystem * pfile8 = new File("ngx_signal.h");

//(2)构造树形目录结构
//这部分内容基本没变
//…略

//(3)输出整个目录结构,只要调用根目录的 ShowName 方法即可,每个子目录都有自己的 ShowName 方
//法负责自己旗下的文件和目录的显示
pdir1 -> ShowName(0);

//(4)释放资源
//这部分内容基本没变
//…略
```

这样修改代码后,如果再向单个对象中加入其他对象的代码,编译时就会报错。例如:

```
pfile1 -> Add(pfile2);                    //错误,不可以向单个对象中加入其他对象
```

当然,在安全组合模式实现中,也因为树枝和叶子具有不同的接口,所以编码中也可以判断某个节点是不是组合对象(树枝)。在 FileSystem 类定义之前增加对 Dir 类的前向声明,代码如下:

```
class Dir;
```

然后为 FileSystem 增加一个新的 public 修饰的虚函数:

```
public:
    virtual Dir * ifCompositeObj() { return nullptr; }
```

在 Dir 中重写该虚函数:

```
public:
    virtual Dir * ifCompositeObj() { return this; }
```

然后就可以用下面的语句判断对象是否是组合对象:

```
Dir * pdir2 = new Dir("app");
if (pdir2 -> ifCompositeObj() != nullptr)
{
    //是组合对象,可以向其中增加单个对象和其他组合对象
}
```

如果不增加 ifCompositeObj 成员函数,而使用 dynamic_cast 类型转换运算符,也能达到同样的效果:

```
if (dynamic_cast < Dir * >(pdir2) != nullptr)
{
    //是组合对象,可以向其中增加单个对象和其他组合对象
}
```

总之,组合模式的安全性和透明性两者不可兼得,在选择时必须做出权衡,笔者更倾向选择前者。

如果想扩展上述程序的功能——统计目录下所包含的文件个数,则可以在 FileSystem 类中增加新的调用接口(成员函数),其代码如下:

```
public:
    virtual int countNumOfFiles() = 0;      //统计目录下包含的文件个数
```

在 File 子类中,countNumOfFiles 接口实现代码如下:

```
public:
    virtual int countNumOfFiles()
    {
        return 1;                           //文件节点,做数量统计时按 1 计算
    }
```

在 Dir 子类中,countNumOfFiles 接口实现代码如下(这段代码值得仔细研究):

```
public:
    virtual int countNumOfFiles()
    {
        int iNumOfFiles = 0;
        for (auto iter = m_child.begin(); iter != m_child.end(); ++iter)
        {
            iNumOfFiles += ( * iter) -> countNumOfFiles();      //递归调用
        }
        return iNumOfFiles;
    }
```

之后在 main 主函数中,可以增加代码行,以统计某个目录下所包含的文件个数,例如统计 pdir1 所代表的 root 目录下包含的所有文件数量(包含子目录中的文件数量):

```
cout << "文件的数量为: " << pdir1 -> countNumOfFiles() << endl;
```

类似地,如果统计某个目录下所有文件的尺寸之和,实现代码也非常类似,请读者自己尝试实现。

11.5　其他使用组合模式的场景探讨

为了帮助读者进一步理解组合模式的具体运用,这里进一步举几个常用的采用了组合模式设计的范例。

（1）在公司组织结构中采用组合模式，公司组织架构如图 11.5 所示。

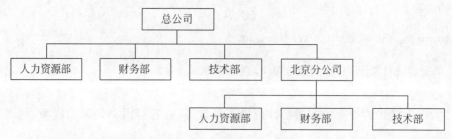

图 11.5　公司组织架构示意图

在公司组织架构中，人力资源部、财务部、技术部等可以作为叶子组件来分别创建继承自一个抽象类的单独的类，而北京分公司（以及其他各个分公司）可以作为树枝组件来创建一个类（继承自抽象类）。而后就可以利用组合模式这种"牵一发而动全身"的能力，完成诸如向所有部门发送通告、统计所有部门人数、计算整个公司薪资成本等工作，当然，统计人数以及计算薪资成本的代码编写方法可以参考前述 countNumOfFiles 成员函数的代码实现。

（2）对某个目录下的所有文件（包括子目录的文件）进行杀毒工作。

假设这是一款 Windows 操作系统平台下的杀毒软件，可以检查各种文件中是否带有病毒。因为可执行文件（扩展名为.exe 和.com 等的文件）是查杀病毒的重点，为此，可以将可执行文件与其他普通文件区别开来，专门为可执行文件创建单独的类。相关的 UML 图如图 11.6 所示。

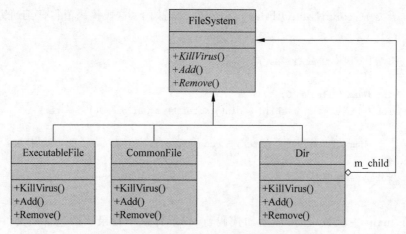

图 11.6　杀毒软件采用组合模式的 UML 图

在图 11.6 中，设计了 FileSystem 作为抽象组件，ExecutableFile 作为叶子组件，专门处理针对可执行文件的病毒查杀工作，而其他类型的文件可以用 CommonFile 叶子组件来处理。针对上述 UML 图，实现这些类非常简单，此处不一一实现了。唯一值得注意的是，遇到.exe、.com 等可执行文件时创建的是 ExecutableFile 类型的对象：

```
FileSystem * pdir = new Dir("root");
//…略
FileSystem * pfileexe = new ExecutableFile("run.exe");
pdir->Add(pfileexe);
```

当使用组合模式组织好整个目录结构后,只需要使用诸如下面的语句就可以对整个目录进行杀毒:

```
pdir->KillVirus();
```

KillVirus 成员函数中的代码是真正的杀毒相关代码,与本章讲解的组合模式无关,读者可以在测试中使用一条 cout 输出语句作为 KillVirus 的函数体来表示对文件进行了杀毒。最后,记得使用 delete 释放相关的资源。

另外,如果需要对某种特殊类型的文件,例如声音类、视频类文件等进行专门的处理,可以继续增加新的叶子组件类来实现,在组合模式中,并不限定叶子组件类的数量。

(3) 利用图元进行图形的绘制工作。

在一个用基本图元(线、矩形、圆形、文本)绘图的简单图形编辑器中,就可以把一个绘制好的图形以树形结构通过组合模式来表达。再回顾一下:因为组合模式使对单个对象和组合对象的操作具有一致性,这就意味着抽象组件类既可以代表一个图元,又可以代表容纳这些图元的容器(用图元绘制出的整个图形)。如图 11.7 所示的 UML 图描述了图元绘制需求。

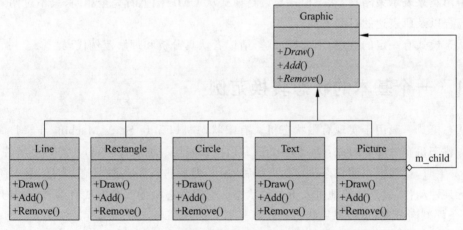

图 11.7 图形编辑器采用组合模式的 UML 图

在图 11.7 中,设计了 Graphic(图形)作为抽象组件,Line、Rectangle、Circle、Text 作为叶子组件分别表示线、矩形、圆形、文本等图元,Draw 方法代表对该图元的绘制动作,Picture(图片)作为树枝组件,其下又可以包含其他的各种叶子组件以及树枝组件。所以从整体来看,这构成了一个树形结构,适合用组合模式来表达这种树形结构并完成整个图形的绘制工作。一个典型的由递归组合而成的图形(Graphic)对象结构可能如图 11.8 所示。

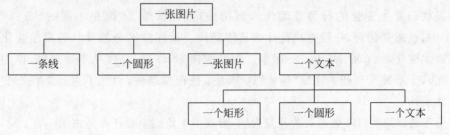

图 11.8 图形对象结构示意图

## 第 12 章

状 态 模 式

状态(State)模式是一种行为型模式,其实现可完成类似有限状态机的功能。换句话说,一个对象可以处于多种不同的状态(当然,同一时刻只能处于某一种状态),从而让对象产生不同的行为。通过状态模式可以表达出这些不同的状态并实现对象在这些状态之间的转换。状态模式最突出的特点是**用类来表示状态**,这一点与策略模式有异曲同工之妙(**策略模式中用类来表示策略**)。状态模式与策略模式从 UML 图上看完全相同,只不过两者所运用的场合以及所表达的目的不同。

状态模式有一定的难度,不太好理解,请读者认真分析和理解范例代码。

12.1　一个基本的状态转换范例

状态模式一般用于实现有限状态机。有限状态机(Finite State Machine,FSM)简称状态机。状态机有 3 部分组成:状态(State)、事件(Event)、动作(Action)。当某个事件(转移条件)发生时,会根据当前状态决定执行哪种动作,然后进入下一种状态,当然,有时不一定会执行某种动作,只是单纯地进入下一种状态。有限状态机的实现方式有多种,例如用 if…else…条件判断分支,也可以用状态模式等。

要理解状态转换,可以设想一下生活中的人类或者说某个人,开始工作时状态是精神饱满,随着时间的推移,逐渐从精神饱满变成饥饿状态,吃了饭之后,状态变为困倦,睡了一觉后又恢复到了精神饱满状态,于是又开始了工作。在这段描述中,可以将某个人看成系统中的某个对象,这个人存在多种状态,例如精神饱满、饥饿、困倦等。人可以在这些种状态之间转换,处于不同的状态下要做的事情不同,例如精神饱满时可以认真工作,饥饿和困倦时都无法正常工作等。状态转换图如图 12.1 所示。

在图 12.1 中,随时间推移、吃了顿饭、睡了一觉都属于发生的事件(转移条件,也可以看成是**触发状态发生变化的行为或动作**),而精神饱满、饥饿、困倦是不同的状态,当然,在图 12.1 中,状态变化后,并没有执行什么具体动作。请注意区分触发状态发生变化的动作与状态发生变化后的动作并不是一回事。例如我揍你,你感觉疼(从不疼到疼,你的状态发生了变化),于是擦了点药。这里"揍你"这个动作是转移条件,而擦了点药是状态变化后执行的具体动作。

这里还是以闯关打斗类游戏的开发为例,游戏中主角的主要任务是杀怪。为了简单起见,约定怪物的生命值是 500 点血。当主角对怪物进行攻击时,怪物会损失血量并有如下行为:

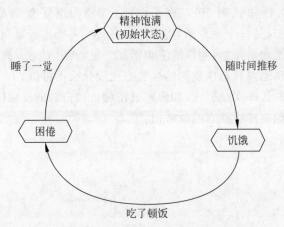

图 12.1 一个基本的状态转换图

（1）当怪物血量多于 400 点时，怪物处于**凶悍**状态，此时怪物会对主角进行反击。

（2）当怪物血量小于或等于 400 点但多于 100 点时，怪物处于**不安**状态，此时怪物会对主角进行反击并开始呼唤附近的其他怪物支援。

（3）当怪物血量小于或等于 100 点时，怪物处于**恐惧**状态，此时怪物开始逃命。

（4）当怪物血量小于或等于 0 点时，怪物处于**死亡**状态，此时怪物不能再被攻击。

这里怪物一共涉及了 4 种状态，分别是凶悍、不安、恐惧、死亡，而促使怪物状态发生变化的唯一事件是主角对怪物的攻击。当怪物处于各个状态时，也会做出不同的动作，例如，怪物处于凶悍状态时会对主角进行反击，而当怪物处于不安状态时不但会对主角进行反击还会求援，当怪物处于恐惧状态时会开始逃跑，当然怪物处于死亡状态时就不会做出什么动作了。状态转换图如图 12.2 所示。

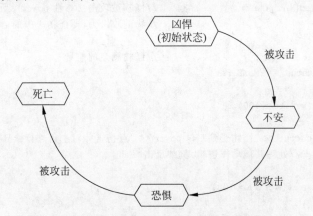

图 12.2 怪物被主角攻击后的状态转换图

从图 12.2 中可以看到，怪物的初始状态是凶悍，随着被不断攻击，最后会变成死亡状态，状态之间的转换不一定是一个闭合的环。怪物如果逃跑成功没有被攻击死，则可能就一直处于恐惧状态。当然如果游戏策划约定怪物一段时间不被攻击血量会慢慢恢复，那么只要怪物不死亡，其状态也会慢慢从其他状态恢复到凶悍状态。另外，怪物的状态转换也不一定是按照顺序进行，例如，刚开始怪物是凶悍状态，如果主角攻击力特别强，攻击一下就打掉了怪物 450 点血，那么怪物就剩 50 点血了，这时怪物一下子就变成恐惧状态了。所以图 12.2 的状态转换图只是一个示意图，实际的状态转换可能比较复杂。图中促使怪物状态发生变化的唯一事件是攻击怪物，如果给主角增加一种给怪物加血的能力（只要游戏策划允许这么干），那么怪物从恐惧状态恢复到凶悍状态也没什么不可以。

可以看看用传统的代码实现方式，如何实现怪物被攻击时的反应以及怪物状态的转换。首先简单的定义几个代表怪物状态的枚举值：

```cpp
//怪物状态枚举值
enum MonsterState
{
    MonS_Fer,                        //凶悍
    MonS_Worr,                       //不安
    MonS_Fear,                       //恐惧
    MonS_Dead                        //死亡
};
```

然后创建一个怪物类 Monster 并提供一个成员函数 Attacked 用于表示怪物被攻击时的表现。Monster 类的实现代码如下：

```cpp
//怪物类
class Monster
{
public:
    //构造函数,怪物的初始状态从"凶悍"开始
    Monster(int life) :m_life(life), m_status(MonS_Fer) {}

public:
    void Attacked(int power)          //怪物被攻击。参数 power 表示主角对怪
                                      //物的攻击力(即怪物丢失的血量)
    {
        m_life -= power;              //怪物剩余的血量
        if(m_status == MonS_Fer)
        {
            if(m_life > 400)
            {
                cout << "怪物受到" << power << "点伤害并对主角进行疯狂的反击!" << endl;
                //处理其他动作逻辑,例如反击
            }
            else if(m_life > 100)
            {
                cout << "怪物受到" << power << "点伤害并对主角进行反击,怪物变得焦躁不安并
开始呼唤支援!" << endl;
                m_status = MonS_Worr;
                //处理其他动作逻辑,例如反击和呼唤支援
            }
            else if (m_life > 0)
            {
                cout << "怪物受到" << power << "点伤害,怪物变得恐惧并开始逃跑!" << endl;
                m_status = MonS_Fear;
```

```
                //处理其他动作逻辑,例如逃跑
            else
            {
                cout << "怪物受到" << power << "点伤害,已经死亡!" << endl;
                m_status = MonS_Dead;
                //处理怪物死亡后事宜,例如怪物尸体定时消失等
            }
        }
        else if (m_status == MonS_Worr)    //目前怪物已经处于不安状态,这说明怪物
                                           //的血量 <= 400 并且 > 100
        {
            if (m_life > 100)
            {
                cout << "怪物受到" << power << "点伤害并对主角进行反击,并继续急促的呼唤支
援!" << endl;
                //处理其他动作逻辑,例如反击和呼唤支援
            }
            else if (m_life > 0)
            {
                cout << "怪物受到" << power << "点伤害,怪物变得恐惧并开始逃跑!" << endl;
                m_status = MonS_Fear;
                //处理其他动作逻辑,例如逃跑
            }
            else
            {
                cout << "怪物受到" << power << "点伤害,已经死亡!" << endl;
                m_status = MonS_Dead;
                //处理怪物死亡后事宜,例如怪物尸体定时消失等
            }
        }
        else if (m_status == MonS_Fear)
        {
            if (m_life > 0)
            {
                cout << "怪物受到" << power << "点伤害,怪物继续逃跑!" << endl;
                //处理其他动作逻辑,例如逃跑
            }
            else
            {
                cout << "怪物受到" << power << "点伤害,已经死亡!" << endl;
                m_status = MonS_Dead;
                //处理怪物死亡后事宜,例如怪物尸体定时消失等
            }
        }
        else                                //怪物已经处于死亡状态
        {
            cout << "怪物已死亡,不能再被攻击!" << endl;
        }
    }
private:
```

```
        int       m_life;              //血量(生命值)
        MonsterState  m_status;        //初始状态
};
```

在 main 主函数中,增加如下代码:

```
Monster monster(500);
cout << "怪物出生,当前处于凶悍状态,500 点血!" << endl;
monster.Attacked(20);
monster.Attacked(100);
monster.Attacked(200);
monster.Attacked(170);
monster.Attacked(100);
monster.Attacked(100);
```

执行起来,看一看结果:

```
怪物出生,当前处于凶悍状态,500 点血!
怪物受到 20 点伤害并对主角进行疯狂的反击!
怪物受到 100 点伤害并对主角进行反击,怪物变得焦躁不安并开始呼唤支援!
怪物受到 200 点伤害并对主角进行反击,并继续急促的呼唤支援!
怪物受到 170 点伤害,怪物变得恐惧并开始逃跑!
怪物受到 100 点伤害,已经死亡!
怪物已死亡,不能再被攻击!
```

从上述代码可以看到,Attacked 的实现逻辑比较复杂,主要问题有以下几点:

(1) 其中用到了诸多的 if…else…语句来进行各种条件判断。

(2) 诸如反击、呼唤支援、逃跑、死亡后续处理等事宜可能会涉及相当多的业务逻辑代码编写工作,这些业务逻辑代码如果一并放在 Attacked 成员函数中实现,可能会导致 Attacked 成员函数的实现代码达到数百甚至数千行,非常难以维护。

(3) 如果日后为怪物增加新的状态,那么又会导致增加 Attacked 中 if…else…语句的条件判断,进一步加剧了 Attacked 的维护难度。

通过状态模式,可以对上述的代码进行改造。在状态模式中,怪物的每个**状态都写成一个状态类**(类似的情形,例如在策略模式中是将每个策略写成一个策略类),当然,应该为这些状态类抽象出一个统一的父类以便实现多态,然后在每个状态类中实现相关的业务逻辑。例如,对于怪物的"不安"状态可以实现为一个名字叫作 Status_Worr 的类,在该类中实现相关的业务逻辑,例如怪物对主角的反击和呼唤支援。这样就相当于把上述 Monster 类的 Attacked 成员函数的业务逻辑代码拆分到各个状态类中去实现,不但大大简化了 Attacked 成员函数的实现代码,也实现了**委托**机制,即 Attacked 成员函数把本该自己实现的功能委托给了各个状态类(中的成员函数)去实现。当然,必须持有该类的一个指针,才能把功能委托给该类。

现在看一看状态类父类及各个子类如何书写。专门创建一个 MonsterStatus.h 文件,代码如下:

```
#ifndef __MONSTERSTATUS__
#define __MONSTERSTATUS__
```

```cpp
class Monster;                              //类前向声明
//怪物状态类的父类
class MonsterStatus
{
public:
    virtual void Attacked(int power, Monster * mainobj) = 0;
    virtual ~MonsterStatus() {}
};


//凶悍状态类
class MonsterStatus_Feroc:public MonsterStatus
{
public:
    //传递进来的参数是否有必要使用,开发者自行斟酌
    virtual void Attacked(int power, Monster * mainobj)
    {
        std::cout << "怪物处于凶悍状态中,对主角进行疯狂的反击!" << std::endl;
        //处理其他动作逻辑,例如反击
    }
};


//不安状态类
class MonsterStatus_Worr :public MonsterStatus
{
public:
    virtual void Attacked(int power, Monster * mainobj)
    {
        std::cout << "怪物处于不安状态中,对主角进行反击并呼唤支援!" << std::endl;
        //处理其他动作逻辑,例如反击和不停地呼唤支援
    }
};


//恐惧状态类
class MonsterStatus_Fear :public MonsterStatus
{
public:
    virtual void Attacked(int power, Monster * mainobj)
    {
        std::cout << "怪物处于恐惧状态中,处于逃跑之中!" << std::endl;
        //处理其他动作逻辑,例如逃跑
    }
};


//死亡状态类
class MonsterStatus_Dead :public MonsterStatus
{
public:
    virtual void Attacked(int power, Monster * mainobj)
    {
        std::cout << "怪物死亡!" << std::endl;
        //处理怪物死亡后事宜,例如怪物尸体定时消失等
```

```
    }
};
#endif
```

从上面的代码中可以看到,原本在 Monster 类 Attacked 成员函数中实现的业务逻辑全部挪到了各个状态子类中去实现,这就大大简化了 Attacked 成员函数中的业务逻辑代码,而且每个状态子类也只需要实现它自己的转移条件(动作)。

接着,需要重写原来的 Monster 类(可以将当前的 Monster 类实现代码注释掉)。为了看起来更接近一个真实项目,笔者把该类专门放入到新建立的 Monster.h 文件中,并在 MyProject.cpp 的开头位置使用"#include "Monster.h""代码行将该文件包含进来。 Monster.h 文件的代码如下:

```
#ifndef __MONSTER__
#define __MONSTER__
class MonsterStatus;                    //类前向声明
//怪物类
class Monster
{
public:
    Monster(int life);
    ~Monster();

public:
    void Attacked(int power);           //怪物被攻击

private:
    int            m_life;              //血量(生命值)
    MonsterStatus *  m_pState;          //持有状态对象
};
#endif
```

增加新文件 Monster.cpp,并将该文件增加到当前的项目中。Monster.cpp 的实现代码如下:

```
#include <iostream>
#include "Monster.h"
#include "MonsterStatus.h"

using namespace std;

//构造函数,怪物的初始状态从"凶悍"开始
Monster::Monster(int life):m_life(life), m_pState(nullptr)
{
    m_pState = new MonsterStatus_Feroc();
}

//析构函数
Monster::~Monster()
{
    delete m_pState;
```

```
}


//怪物被攻击
void Monster::Attacked(int power)
{
    int orglife = m_life;                    //暂存原来的怪物血量值用于后续比较
    m_life -= power;                         //怪物剩余的血量
    if (orglife > 400)                       //怪物原来处于凶悍状态
    {
        if (m_life > 400)                    //状态未变
        {
            //cout << "怪物受到" << power << "点伤害并对主角进行疯狂的反击!" << endl;
            m_pState->Attacked(power, this);//其他的逻辑代码被本 Monster 类委托给
                                            //了具体状态类来处理
        }
        else if (m_life > 100)              //状态从凶悍改变到不安
        {
            //cout << "怪物受到" << power << "点伤害并对主角进行反击,怪物变得焦躁不安并开
            //始呼唤支援!" << endl;
            delete m_pState;                //释放原有的状态对象
            m_pState = new MonsterStatus_Worr//怪物转到不安状态
            m_pState->Attacked(power, this);
        }
        else if (m_life > 0)                //状态从凶悍状态改变到恐惧状态,主角的
                                            //攻击太恐怖了
        {
            //cout << "怪物受到" << power << "点伤害,怪物变得恐惧并开始逃跑!" << endl;
            delete m_pState;                //释放原有的状态对象
            m_pState = new MonsterStatus_Fear//怪物转到恐惧状态
            m_pState->Attacked(power, this);
        }
        else                                //状态从凶悍改变到死亡
        {
            //cout << "怪物受到" << power << "点伤害,已经死亡!" << endl;
            delete m_pState;                //释放原有的状态对象
            m_pState = new MonsterStatus_Dea//怪物转到死亡状态
            m_pState->Attacked(power, this);
        }
    }
    else if (orglife > 100)                 //怪物原来处于不安状态
    {
        if (m_life > 100)                   //状态未变
        {
            //cout << "怪物受到" << power << "点伤害并对主角进行反击,并继续急促的呼唤支
            //援!" << endl;
            m_pState->Attacked(power, this);
        }
        else if (m_life > 0)                //状态从不安改变到恐惧
        {
            //cout << "怪物受到" << power << "点伤害,怪物变得恐惧并开始逃跑!" << endl;
            delete m_pState;                //释放原有的状态对象
```

```
                      m_pState = new MonsterStatus_Fear();   //怪物转到恐惧状态
                      m_pState -> Attacked(power, this);
                  }
                  else                              //状态从不安改变到死亡
                  {
                      //cout << "怪物受到" << power << "点伤害,已经死亡!" << endl;
                      delete m_pState;              //释放原有的状态对象
                      m_pState = new MonsterStatus_Dead();   //怪物转到死亡状态
                      m_pState -> Attacked(power, this);
                  }
              }
              else if (orglife > 0)              //怪物原来处于恐惧状态
              {
                  if (m_life > 0)                 //状态未变
                  {
                      //cout << "怪物受到" << power << "点伤害,怪物继续逃跑!" << endl;
                      m_pState -> Attacked(power, this);
                  }
                  else                            //状态从恐惧改变到死亡
                  {
                      //cout << "怪物受到" << power << "点伤害,已经死亡!" << endl;
                      delete m_pState;            //释放原有的状态对象
                      m_pState = new MonsterStatus_Dead();   //怪物转到死亡状态
                      m_pState -> Attacked(power, this);
                  }
              }
              else                              //怪物已经死亡
              {
                  //已经死亡的怪物,状态不会继续发生改变
                  //cout << "怪物已死亡,不能再被攻击!" << endl;
                  m_pState -> Attacked(power, this);
              }
          }
```

main 主函数中的代码不变,执行起来,看一看结果:

```
怪物出生,当前处于凶悍状态,500 点血!
怪物处于凶悍状态中,对主角进行疯狂的反击!
怪物处于不安状态中,对主角进行反击并呼唤支援!
怪物处于不安状态中,对主角进行反击并呼唤支援!
怪物处于恐惧状态中,处于逃跑之中!
怪物死亡!
怪物死亡!
```

从结果可以看到,通过将业务逻辑代码委托给状态类,可以有效减少 Monster 类 Attacked 成员函数中的代码量。这就是状态类存在的价值——使业务逻辑代码更加清晰和易于维护。

思考一下,上述的实现代码是否可以进一步改进呢? 代码改进这件事见仁见智,每位程序员都可以有自己的想法。这里有几个值得思考的问题:

（1）Monster 类的 Attacked 成员函数中仍旧有诸多的 if…else…语句来进行各种条件判断，看起来比较繁杂。

（2）如果引入一个怪物的新状态例如"自爆"状态——怪物的血量如果小于 10 但大于 0 时会进入该状态。在该状态下怪物若再被攻击致死，则如果主角离怪物距离过近，可能会因为怪物自爆而受到反向伤害。此时不但要引入新的状态类，还要修改 Monster 类的 Attacked 成员函数，增加新的 if…else…判断分支，使程序代码变得更加繁杂。

（3）此时的怪物状态转换代码全部集中在 Monster 类的 Attacked 成员函数中。

考虑到每次攻击怪物的血量都会减少（怪物应该会逐步经历凶悍、不安、恐惧、死亡中的某一个），所以能否基于本范例对代码进行改进，简化 Monster 类的 Attacked 成员函数的 if…else…判断分支，把怪物状态转换代码放到各个具体的状态子类中去实现呢？请注意，怪物的**状态转换代码是放在 Monster 类中**（Monster 类此时扮演状态管理器角色），还是放在具体的状态类，例如 MonsterStatus_Feroc、MonsterStatus_Worr、MonsterStatus_Fear、MonsterStatus_Dead 中去实现，没有固定的套路，完全可以由程序开发人员根据业务需要自由决定。这里笔者尝试对代码进行改进，**将怪物的状态转换放到具体状态类中**（具体状态类此时扮演状态管理器的角色），当然这种实现方法也有其缺点——状态类之间不可避免地会出现依赖关系。

首先在 Monster.h 中，为 Monster 类新增 4 个成员函数（接口）。

```
public:
    int GetLife()                    //获取怪物血量
    {
        return m_life;
    }
    void SetLife(int life)           //设置怪物血量
    {
        m_life = life;
    }
    MonsterStatus * getCurrentState()  //获取怪物当前状态
    {
        return m_pState;
    }
    void setCurrentState(MonsterStatus * pstate)  //设置怪物当前状态
    {
        m_pState = pstate;
    }
```

接着，为了方便，需要将 MonsterStatus.h 中的一些实现代码放入一个新的 .cpp 源文件中，增加新文件 MonsterStatus.cpp，并将该文件增加到当前的项目中。MonsterStatus.cpp 的实现代码如下：

```
#include <iostream>
#include "Monster.h"
#include "MonsterStatus.h"
using namespace std;
//各个状态子类的 Attacked 成员函数实现代码
void MonsterStatus_Feroc::Attacked(int power, Monster * mainobj)
```

```
{
    int orglife = mainobj->GetLife();      //暂存原来的怪物血量值用于后续比较
    if ((orglife - power) > 400)                //怪物原来处于凶悍状态,现在依旧处于凶悍状态
    {
        //状态未变
        mainobj->SetLife(orglife - power);//怪物剩余的血量
        cout << "怪物处于凶悍状态中,对主角进行疯狂的反击!" << std::endl;
        //处理其他动作逻辑,例如反击
    }
    else
    {
        //不管下一个状态是什么,总之不会是凶悍状态,只可能是不安、恐惧、死亡状态之一,先无
        //条件转到不安状态去(在不安状态中会进行再次判断)
        delete mainobj->getCurrentState();
        mainobj->setCurrentState(new MonsterStatus_Worr);
        mainobj->getCurrentState()->Attacked(power,mainobj);
    }
}

void MonsterStatus_Worr::Attacked(int power, Monster * mainobj)
{
    int orglife = mainobj->GetLife();
    if ((orglife - power) > 100)                //怪物原来处于不安状态,现在依旧处于不安状态
    {
        //状态未变
        mainobj->SetLife(orglife - power);//怪物剩余的血量
        cout << "怪物处于不安状态中,对主角进行反击并呼唤支援!" << std::endl;
        //处理其他动作逻辑,例如反击和不停地呼唤支援
    }
    else
    {
        //不管下一个状态是什么,总之不会是凶悍和不安状态,只可能是恐惧、死亡状态之一,先无
        //条件转到恐惧状态去
        delete mainobj->getCurrentState();
        mainobj->setCurrentState(new MonsterStatus_Fear);
        mainobj->getCurrentState()->Attacked(power, mainobj);
    }
}

void MonsterStatus_Fear::Attacked(int power, Monster * mainobj)
{
    int orglife = mainobj->GetLife();
    if ((orglife - power) > 0)                //怪物原来处于恐惧状态,现在依旧处于恐惧状态
    {
        //状态未变
        mainobj->SetLife(orglife - power);//怪物剩余的血量
        cout << "怪物处于恐惧状态中,处于逃跑之中!" << std::endl;
        //处理其他动作逻辑,例如逃跑
    }
    else
    {
```

```
        //不管下一个状态是什么,总之不会是凶悍、不安和恐惧状态,只可能是死亡状态
        delete mainobj->getCurrentState();
        mainobj->setCurrentState(new MonsterStatus_Dead);
        mainobj->getCurrentState()->Attacked(power, mainobj);
    }
}


void MonsterStatus_Dead::Attacked(int power, Monster * mainobj)
{
    int orglife = mainobj->GetLife();
    if(orglife > 0)
    {
        //还要把怪物生命值减掉
        mainobj->SetLife(orglife - power);//怪物剩余的血量
        //处理怪物死亡后事宜,例如怪物尸体定时消失等
    }
    cout << "怪物死亡!" << std::endl;
}
```

MonsterStatus. h 文件的内容也需要作出改变,全新的 MonsterStatus. h 文件内容
如下:

```
#ifndef __MONSTERSTATUS__
#define __MONSTERSTATUS__
class Monster;                              //类前向声明
//怪物状态类的父类
class MonsterStatus
{
public:
    virtual void Attacked(int power, Monster * mainobj) = 0;
    virtual ~MonsterStatus() {}
};
//凶悍状态类
class MonsterStatus_Feroc :public MonsterStatus
{
public:
    virtual void Attacked(int power, Monster * mainobj);
};

//不安状态类
class MonsterStatus_Worr :public MonsterStatus
{
public:
    virtual void Attacked(int power, Monster * mainobj);
};

//恐惧状态类
class MonsterStatus_Fear :public MonsterStatus
{
public:
    virtual void Attacked(int power, Monster * mainobj);
```

```
};

//死亡状态类
class MonsterStatus_Dead :public MonsterStatus
{
public:
    virtual void Attacked(int power, Monster * mainobj);
};
#endif
```

接着,修改 monster.cpp 文件中 Monster 类的 Attacked 成员函数,修改后的该成员函数代码已经大量减少,再也看不到以往各种 if…else…判断分支,代码如下:

```
//怪物被攻击
void Monster::Attacked(int power)
{
    m_pState->Attacked(power, this);
}
```

main 主函数中的代码不变,执行起来,结果不变:

```
怪物出生,当前处于凶悍状态,500 点血!
怪物处于凶悍状态中,对主角进行疯狂的反击!
怪物处于不安状态中,对主角进行反击并呼唤支援!
怪物处于不安状态中,对主角进行反击并呼唤支援!
怪物处于恐惧状态中,处于逃跑之中!
怪物死亡!
怪物死亡!
```

上面举的这个怪物的状态转换范例,状态相对比较简单,通过改善代码将 Monster 类的 Attacked 成员函数中的 if…else…判断分支进行了大量的消除,但这种消除工作不是绝对的,即使运用了状态模式,有些必需的 if…else…判断分支也是无法消除掉的,尤其是在某些实际项目中,涉及对象(例如这里的怪物)状态比较繁多,而引发状态变化的事件也比较多(本范例事件比较单一,只有主角攻击怪物这一个事件)的时候,事件不同,可能会导致状态产生不同的变化,此时,也许必须用到 if…else…判断分支来判断即将进入的下一个状态是哪一个。

12.2 引入状态模式

从上面的代码中可以看到,通过引入状态模式,将怪物的反击、呼唤支援、逃跑、怪物死亡后尸体定时消失等业务逻辑独立到 MonsterStatus 的各个子类中,而不在 Monster 类中实现。

当为怪物增加新的状态时,需要增加一个新的状态子类。如果状态转换代码是放在 Monster 类中,那么当然增加新状态要修改 Monster 类中的代码,这种情况下增加新状态对已有的状态类没什么影响,如果状态转换代码放在具体的状态类中,那么增加新状态可能要修改某些具体的状态类中代码(不算完全符合开闭原则,只能算基本符合)。

在必要的情况下,Monster 类可以将自身传递给 MonsterStatus,以便 MonsterStatus 子类能够对 Monster 类对象做必要的修改,例如,设置怪物剩余血量等。

引入"**状态**"设计模式的定义:允许一个对象(怪物)在其内部状态改变(例如,从凶悍状态改变为不安状态)时改变它的行为(例如,从疯狂反击变成反击并呼唤支援),**对象看起来似乎修改了它的类**。上述定义的前半句不难理解,因为状态模式将各种状态封装为了独立的类,并将对主体的动作(这里指对怪物的攻击)委托给当前状态对象来做(调用每个状态子类的 Attacked 成员函数)。这个定义的后半句是什么意思呢?怪物对象因为状态的变化其行为也发生了变化(例如,从反击变为逃跑),从表面看起来就好像是这个怪物对象已经不属于当前这个类而是属于一个新类了(因为类对象行为都发生了变化),而实际上怪物对象只是通过引用不同的状态对象造成看起来像是怪物对象所属类发生改变的假象。

状态模式允许一个对象基于各种内部状态来拥有不同的行为,它将一个对象的状态从对象中分离出来,封装到一系列状态类中,达到状态的使用以及扩充都很灵活的效果。客户端(指 main 主函数中的调用代码)不用关心当前对象处于何种状态以及状态如何转换。对象在同一时刻只能处于某一种状态下。

针对前面的代码范例绘制状态模式的 UML 图,如图 12.3 所示。

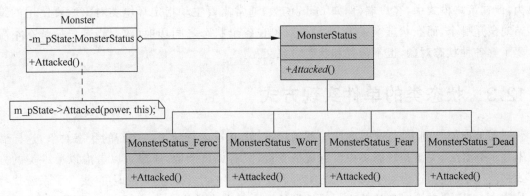

图 12.3　状态模式 UML 图

状态模式的 UML 图中包含 3 种角色。

(1) Context(环境类):也叫上下文类,该类的对象拥有多种状态以便对这些状态进行维护。这里指 Monster 类。

(2) State(抽象状态类):定义接口以封装与环境类的一个特性状态相关的行为,在该类中声明各种不同状态对应的方法,在子类中实现这些方法,当然,如果相同或者默认的实现方法,也可以实现在抽象状态类中。这里指 MonsterStatus 子类。

(3) ConcreteState(具体状态类):抽象状态类的子类,用以实现与环境类该状态相关的行为(环境类将行为委托给状态类实现),每个子类实现一个行为。这里指 MonsterStatus_Feroc、MonsterStatus_Worr、MonsterStatus_Fear、MonsterStatus_Dead 类。当然,一般来说,每个具体状态类所实现的行为应该是不同的。

这里再次提醒,一个状态类中可能会包含多种业务逻辑接口,而上述范例中只演示了一种业务逻辑接口(即每个状态子类的用来攻击怪物的 Attacked 成员函数)。即便是把状态转换代码放到具体的状态类中,当状态比较复杂时,仍不可避免地要在状态类中使用条件判断(if⋯else⋯)确定下一个要转换到的状态(参考每个状态子类的 Attacked 成员函数)。

在如下两种情况下，可以考虑使用状态模式：

(1) 对象的行为取决于其状态，该对象需要根据其状态来改变行为。

(2) 一个操作中含有庞大的条件分支语句，而这些分支语句的执行依赖于对象的当前状态。

状态模式虽然将对象在某种状态下的行为放到了状态类中实现，避免了产生巨大的条件判断语句块(因为在各种条件下要执行的逻辑非常多)，在某种程度上大量减少了条件分支语句，但是增加了多个状态类来表示对象的多种状态，对于系统的开发、维护以及执行效率还是会产生一定的影响。另外，状态模式的实现代码有一定的复杂度，如果编写不当容易产生错误，所以当条件判断不多，条件成立时要执行的业务逻辑也不太复杂时，不需要用状态模式来实现。如果一个项目中某对象的状态特别复杂，则可以考虑一种叫作**查表法**的方式进行对象状态的转换(对这方面内容有兴趣的读者可以通过搜索引擎深入研究)，这也是为了避免引入过多状态类而造成代码难以维护。

下面讨论状态模式与策略模式的区别。状态模式的 UML 图与策略模式是相同的，但这两种模式的运用场合以及所表达的含义并不相同。虽然两者都可以改变环境类对象的行为，但在策略模式中，客户端(例如 main 函数)通常需要主动指定环境类对象所要使用的**策略对象**是哪个，而在状态模式中，环境类对象在各个状态之间切换(改变)，客户端基本不需要了解各种**状态对象**，也不需要和状态对象交互。

12.3　状态类的单件实现方式

在上面的范例中，每迁移到一个新的状态，就用 new 创建了一个新的状态对象，这样做不是十分必要，关键是状态类中没有成员变量，只有成员函数，所以可以考虑以单件类的方式来使用状态类，这样对于每个状态类只需要创建出一个状态类对象即可，提升了系统执行效率，实现了**状态类对象的共享**。单件类具体实现方式及注意事项(例如多线程安全问题)请参见前面章节的介绍，这里简单实现一下代码。

在 MonsterStatus.h 文件的 MonsterStatus_Feroc 类定义中，加入 public 修饰的 getInstance 成员函数：

```
public:
    static MonsterStatus_Feroc * getInstance()
    {
        static MonsterStatus_Feroc instance;
        return &instance;
    }
```

在 MonsterStatus_Worr 类的定义中也这样做：

```
public:
    static MonsterStatus_Worr * getInstance()
    {
        static MonsterStatus_Worr instance;
        return &instance;
```

```
    }
```

在 MonsterStatus_Fear 类的定义中：

```
public:
    static MonsterStatus_Fear * getInstance()
    {
        static MonsterStatus_Fear instance;
        return &instance;
    }
```

在 MonsterStatus_Dead 类的定义中：

```
public:
    static MonsterStatus_Dead * getInstance()
    {
        static MonsterStatus_Dead instance;
        return &instance;
    }
```

这样修改后，在 monsterStatus.cpp 中的 MonsterStatus_Feroc、MonsterStatus_Worr、MonsterStatus_Fear、MonsterStatus_Dead 类的 Attacked 成员函数中，就需要对以往用 new 来创建各个状态子类对象的代码做出修改，例如，将 MonsterStatus_Feroc 类成员函数 Attacked 中的如下两行代码：

```
delete mainobj->getCurrentState();
mainobj->setCurrentState(new MonsterStatus_Worr);
```

修改为一行代码：

```
mainobj->setCurrentState(MonsterStatus_Worr::getInstance());
```

其他几处修改请读者自行完成。

当然，不要忘记将 Monster.cpp 中 Monster 类构造函数中的如下代码行：

```
m_pState = new MonsterStatus_Feroc();
```

修改为：

```
m_pState = MonsterStatus_Feroc::getInstance();
```

而将 Monster 类析构函数中的如下代码行注释掉：

```
delete m_pState;
```

main 主函数中的代码不变，执行起来，结果不变。

第 13 章

享元模式

享元(Flyweight)模式也称蝇量模式,是一种结构型模式,解决的是面向对象程序设计的性能问题。所谓享元——被共享的单元或被共享的对象,其英文名 Flyweight 是"轻量级"的意思,指拳击比赛中选手体重比较轻。所以,该模式的作用是为了让对象变"轻"(占用的内存更少),其设计思想是:当需要某个对象时,尽量共用已经创建出的同类对象,从而避免频繁使用 new 创建同类或者相似的对象;在同类对象数量非常多的情况下,可以达到节省内存占用以及提升程序运行效率的目的。蝇量这个词也同样表示通过减少不必要的对象创建以减小系统运行时的负荷。

13.1 从一个典型的范例开始

学习享元模式,从一个典型的范例也就是围棋范例开始特别合适。围棋是一种策略类型的双人棋类游戏,流行于多个国家。围棋的棋盘如图 13.1 所示。

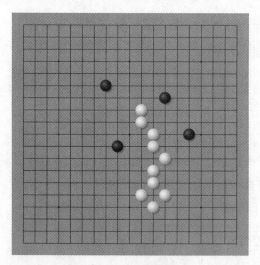

图 13.1 围棋游戏

围棋游戏有白黑两种颜色的棋子,整个围棋棋盘是 19×19(横 19 条线,竖 19 条线)大小,一共 361 个交叉点,意味着如果整个棋盘摆满了棋子,需要 361 颗棋子。如果想实现一个围棋游戏,代码并不复杂,这里为了简化范例,突出要讲的内容,就不绘制棋盘了,只绘制

棋子,现在来编写一下围棋游戏这个范例,因为棋子有两种颜色,所以可以定义一个枚举类型,代码如下:

```cpp
enum EnumColor                          //棋子颜色
{
    Black,                              //黑
    White                              //白
};
```

接着,为了表达每次落子时棋子的位置,可以定义一个结构:

```cpp
struct Position                                //棋子位置
{
    int m_x;
    int m_y;
    Position(int tmpx, int tmpy) :m_x(tmpx), m_y(tmpy) {}  //构造函数
};
```

其实,一个 unsigned short(数值范围为 0～65535)就足以表达位置信息,不是非要定义 position 结构,但为了演示更清晰,还是进行这样的结构定义。

接着,定义一个类来表示棋子:

```cpp
class Piece                              //棋子
{
public:
    Piece(EnumColor tmpcolor, Position tmppos) :m_color(tmpcolor), m_pos(tmppos) {}
                                        //构造函数

    void draw()                          //棋子的绘制
    {
        if(m_color == Black)
        {
            cout << "在位置: (" << m_pos.m_x << "," << m_pos.m_y << ")处绘制了一个黑色棋子!"
<< endl;
            //这里可以是一系列用于具体绘制的代码…
        }
        else
        {
            cout << "在位置: (" << m_pos.m_x << "," << m_pos.m_y << ")处绘制了一个白色棋子!"
<< endl;
            //这里可以是一系列用于具体绘制的代码…
        }
    }
private:
    EnumColor m_color;                      //棋子颜色
    Position m_pos;                        //棋子位置
};
```

如果愿意,这里也可以让 Piece 作父类,然后分别创建诸如 BlackPiece 和 WhitePiece 子类来代表黑色棋子和白色棋子,但这里就不创建子类了(后面演示享元模式时会创建子类)。

在 main 主函数中,增加如下代码:

```
Piece * p_piece1 = new Piece(Black, Position(3, 3YY黑子落子到3,3位置
p_piece1 -> draw();

Piece * p_piece2 = new Piece(White, Position(5, 5YY白子落子到5,5位置
p_piece2 -> draw();

Piece * p_piece3 = new Piece(Black, Position(4, 6YY黑子落子到4,6位置
p_piece3 -> draw();

Piece * p_piece4 = new Piece(White, Position(5, 7YY白子落子到5,7位置
p_piece4 -> draw();
//…

//释放资源
delete p_piece1;
delete p_piece2;
delete p_piece3;
delete p_piece4;
```

执行起来,看一看结果:

```
在位置: (3,3)处绘制了一个黑色棋子!
在位置: (5,5)处绘制了一个白色棋子!
在位置: (4,6)处绘制了一个黑色棋子!
在位置: (5,7)处绘制了一个白色棋子!
```

当然,为了悔棋或者将来复盘棋局方便,可以用一个 list 容器把下棋的步骤信息保存起来,参考如下代码行:

```
std::list < Piece * > piecelist;              //在文件头增加 # include < list >
piecelist.push_back(p_piece1);
piecelist.push_back(p_piece2);
piecelist.push_back(p_piece3);
piecelist.push_back(p_piece4);
```

随着棋局的不断进行,不难想象,每落下一颗棋子,就要创建一个 Piece 对象,程序中将会创建越来越多的 Piece 对象,而这些 Piece 对象之间,除了颜色和显示位置不同之外,其他**并没有什么不同**。这样看起来就没有必要创建这么多的 Piece 对象,如果只创建一个代表黑色棋子的 Piece 对象和一个代表白色棋子的 Piece 对象,那么在绘制棋子的时候,只需要借用(被共享)这两个对象并向其中传递代表棋子的位置信息,这样就可以只用创建两个对象的成本来取代创建越来越多的 Piece 对象,这就是享元模式的设计思想,代表黑色棋子的 Piece 对象和代表白色棋子的 Piece 对象被称为享元对象(被共享的对象)。

通过享元模式,可以对上述代码进行改造。在享元模式中,首先创建一个代表棋子的新抽象类 Piece(对刚刚的 Piece 类改造,去掉其中的位置信息,因为位置信息是可变的,不适合放在被共享的对象中),代码如下:

```
class Piece                                   //棋子抽象类
{
```

```
public:
    virtual ～Piece() {}                        //作父类时析构函数应该为虚函数

public:
    virtual void draw(Position tmppos) = 0;
};
```

接着,分别定义继承自 Piece 类的 BlackPiece 和 WhitePiece 类来代表黑色棋子和白色棋子,代码如下:

```
class BlackPiece : public Piece              //黑色棋子
{
public:
    virtual void draw(Position tmppos)
    {
        cout << "在位置: (" << tmppos.m_x << "," << tmppos.m_y << ")处绘制了一个黑色棋子!"
<< endl;
    }
};
class WhitePiece : public Piece              //白色棋子
{
public:
    virtual void draw(Position tmppos)
    {
        cout << "在位置: (" << tmppos.m_x << "," << tmppos.m_y << ")处绘制了一个白色棋子!"
<< endl;
    }
};
```

然后,引入一个工厂类(简单工厂),该工厂类负责创建并返回黑色和白色棋子对象:

```
class pieceFactory                            //创建棋子的工厂
{
public:
    ～pieceFactory()                           //析构函数
    {
        //释放内存
        for (auto iter = m_FlyWeightMap.begin(); iter != m_FlyWeightMap.end(); ++iter)
        {
            Piece * tmpfw = iter->second;
            delete tmpfw;
        }
        m_FlyWeightMap.clear();               //这句其实可有可无
    }
public:
    Piece * getFlyWeight(EnumColor tmpcolor)  //获取享元对象,也就是获取被共享
                                              //的棋子对象
    {
        auto iter = m_FlyWeightMap.find(tmpcolor);
        if (iter == m_FlyWeightMap.end())
        {
```

```
                    //没有该享元对象,那么就创建出来
                    Piece * tmpfw = nullptr;
                    if (tmpcolor == Black)              //黑子
                    {
                        tmpfw = new BlackPiece();
                    }
                    else                                //白子
                    {
                        tmpfw = new WhitePiece();
                    }
                    m_FlyWeightMap.insert(make_pair(tmpcolor, tmpfw));//以棋子颜色枚举值为 key,
                                                        //增加条目到 map 中
                    return tmpfw;
                }
                else
                {
                    return iter -> second;
                }
            }
        private:
            //在文件头增加 #include < map >
            std::map < EnumColor, Piece * > m_FlyWeightMap;  //用 map 容器来保存所有的享元对象,一共
                                                //就两个享元对象(黑色棋子一个,白色棋子一个)
        };
```

在 main 主函数中,注释掉原有代码,增加如下代码:

```
pieceFactory * pfactory = new pieceFactory();

Piece * p_piece1 = pfactory -> getFlyWeight(Black);
p_piece1 -> draw(Position(3, 3));              //黑子落子到 3,3 位置

Piece * p_piece2 = pfactory -> getFlyWeight(White);
p_piece2 -> draw(Position(5, 5));              //白子落子到 5,5 位置

Piece * p_piece3 = pfactory -> getFlyWeight(Black);
p_piece3 -> draw(Position(4, 6));              //黑子落子到 4,6 位置

Piece * p_piece4 = pfactory -> getFlyWeight(White);
p_piece4 -> draw(Position(5, 7));              //白子落子到 5,7 位置

//释放资源
delete pfactory;
```

执行起来,看一看结果:

```
在位置:(3,3)处绘制了一个黑色棋子!
在位置:(5,5)处绘制了一个白色棋子!
在位置:(4,6)处绘制了一个黑色棋子!
在位置:(5,7)处绘制了一个白色棋子!
```

上述改造后的围棋范例的写法就是享元模式的一个典型范例,其中核心的代码是 pieceFactory 类中的 getFlyWeight 成员函数代码。当在 main 主函数中第一次调用该成员函数时,该成员函数会根据传递进来的棋子枚举值参数来创建相应的棋子对象(黑色棋子对象或白色棋子对象),并将棋子对象(享元对象)保存到 map 容器 m_FlyWeightMap 中,后续当 getFlyWeight 成员函数再被调用时,直接从 map 容器中以棋子颜色枚举值作为 key 直接取得棋子对象并利用该对象完成棋子的绘制工作。所以,在 main 主函数中,p_piece1 和 p_piece3 所指向的对象完全相同(代表黑棋对象),p_piece2 和 p_piece4 所指向的对象完全相同(代表白棋对象)。可以看到,在一盘棋局中,只创建了两个棋子对象并将这两个棋子对象作为共享对象,通过给它们传递不同的位置信息以便在不同的位置绘制棋子。相比于第一种写法(每落一个棋子都要创建一个棋子对象),可以节省大量因创建多个类似(仅仅是位置或颜色不同)的棋子对象导致的对内存的不必要的消耗,这就是利用享元模式的好处。

13.2　引入享元模式

当一个程序运行时产生的对象数目过多时,将导致内存消耗过大和程序运行性能的下降(而且使用诸如 new 等创建对象也会占用程序运行时间),享元模式的出现避免了程序中出现大量相同或相似的对象,该模式通过共享对象的方式实现相似对象的重用。

引入"**享元**"设计模式的定义:运用共享技术有效地支持大量细粒度的对象(的复用)。这意味着只使用少量的对象并复用它们就能够达到使用大量相似对象同样的效果。享元模式中一般包含了对简单工厂模式的使用,该工厂(pieceFactory 类)一般用于创建享元对象并把这些享元对象保存在一个容器(本范例是 map 容器 m_FlyWeightMap)中,这个容器也称为享元池(专门保存一个或多个享元对象),其中保存了一个白棋对象和一个黑棋对象。

针对前面的代码范例绘制享元模式的 UML 图,如图 13.2 所示。

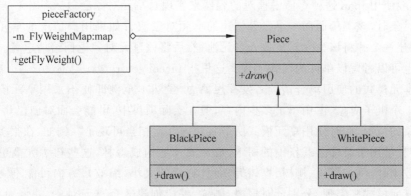

图 13.2　享元模式 UML 图

享元对象最重要的就是对"内部状态"和"外部状态"做出了明确的区分,这是享元对象能够被共享的关键所在。

(1)内部状态。存储在享元对象内部的,一直不会发生改变的状态,这种状态可以被共享。例如,对于 BlackPiece 类对象,它的内部状态就是黑棋子,它一直代表黑棋子,不会发生改变。而对于 WhitePiece 类对象,它的内部状态就是白棋子,它一直代表白棋子,不会发生改变。内部状态一般可以作为享元类的成员变量(本范例中并没有体现)而存在。

(2) 外部状态。随着外部环境和各种动作因素的改变而发生改变的状态，这种状态不可以被共享。例如，黑棋子或者白棋子的**位置**信息就属于外部状态。当一个享元对象被创建之后，这种外部状态可以在需要的时候传到享元对象内部，例如，在需要绘制棋子的时候，通过调用 BlackPiece 或 WhitePiece 类的 draw 成员函数并向该成员函数传递位置信息作为参数以达到在不同位置绘制棋子的目的。

这样一来，将内部状态相同的对象保存在享元池中以备随时取出以共享(复用)。当将共享的对象取出后，为其传递不同的外部状态，从而达到生成多个相似对象的效果，而实际上这些相似的对象在内存中只保存一份。在确定享元类的内部状态时，要**仔细思考**，只将真正需要在多个地方共享的成员变量作为享元对象的内部状态。回想前面的范例，如果把棋子的颜色也作为外部状态来传递，那么 BlackPiece 和 WhitePiece 类可以合二为一，用一个类来表示。如果读者有兴趣，可以自行改造范例代码来实现这种想法。

总之，设计享元模式时，要重点考虑哪些是对象的内部状态，哪些是对象的外部状态，内部状态固定不变，外部状态可变，通过共享不变的部分达到享元模式的目的——减少对象数量、节省内存、提高程序运行效率。

享元模式的 UML 图中包含 3 种角色。

(1) Flyweight(抽象享元类)。通常是一个接口或者抽象类。在该类中声明各种享元类的方法，在子类中实现这些方法，外部状态可以作为参数传递到这些方法中来。这里的抽象享元类指 Piece 类，而方法是指 draw 方法，外部状态(棋子的位置信息)通过 draw 方法的 tmppos 形参即可传递进来。

(2) ConcreteFlyweight(具体享元类)。抽象享元类的子类，用这些类创建的对象就是享元对象，有时候也可以考虑以单件类实现享元对象。这里指 BlackPiece 和 WhitePiece 类。

(3) FlyWeightFactory(享元工厂类)。用于创建并管理享元对象，在该类中存在一个享元池(一般使用 map 这种存储键值对的容器来实现)，享元对象会放入其中。当用户请求一个享元对象时，该工厂返回一个已经创建的享元对象或者如果用户请求的享元对象不存在，则新创建一个并将该享元对象放入享元池，然后将该享元对象返回给请求者。其实享元工厂对象也可以考虑以单件的形式实现。这里指 pieceFactory 类。

关于享元模式的使用场合请读者发挥想象力，虽然本范例即便不采用享元模式最多也就创建 361 个棋子对象，占用不了多少内存，但在实际项目中，可能会面对创建几万、几十万个相似对象的情形，此时使用享元模式所节省的内存就相当可观了。例如，在很多的游戏场景中，会有大量用于装饰游戏氛围的树木，成片成片地构成森林，这些树木大概也就是有限的数种到数十种，例如枫树、柳树、桦树等，而且它们的大小(缩放)、方向可能不同，此时，就可以利用享元模式来实现，分别针对枫树、柳树、桦树创建 3 个享元对象，并将大小、方向等参数作为外部状态传递，这样就可以实现用少量的树木对象来表达大片森林的目的，当然，实际游戏中对树林的渲染(显示)涉及图形学的问题，而且针对提高渲染性能这件事可能享元模式并不能起到帮助作用(因为虽然可以用少量对象表达森林，但要渲染到屏幕的树木内容并没有减少)，这一点请读者不要误解。

享元模式虽然有诸多优点，但也使系统的实现变得更为复杂，只有经过验证使用享元模式能有效减少内存和提升程序运行效率时才加以采用。在如下情形时可考虑使用享元模式：

（1）程序中有大量相同或者相似的对象造成内存的大量消耗。

（2）对象的大部分状态都是或者都可以转变成外部状态，通过参数传入到对象中。

（3）享元池的引入增加了程序实现的复杂性，当然也有一定的内存开销，使用享元模式时要衡量性价比。

此外，必须提醒读者的是，不要将享元模式与对象池、连接池、线程池等混为一谈，虽然这几种技术都可以看成是对象的**复用**，但对象池、连接池、线程池等技术中的"复用"和享元模式中的"复用"并不相同。采用各种池技术时所讲的复用主要目的是节省时间和提高效率，例如，使用完的对象、连接、线程放入到池中而不是通过 delete 等释放掉，下次需要创建新对象、连接或线程时可以直接从池中取出来再次使用而不是使用诸如 new 等重新创建，但在每一时刻，池中的每个对象、连接、线程都会被一个使用者独占而不会在多处使用，当使用完毕后，再次放回到池中，其他使用者才可以取出来重复使用。而享元模式中的复用指的是享元对象在存在期间被所有使用者共享使用，从而达到节省内存空间的目的。

第 14 章

代 理 模 式

代理（Proxy）模式是一种结构型模式，在很多不同的场合具有广泛的分类和应用。其主要实现思想是在客户端和真正要访问的对象之间引入一个代理对象（间接层），于是，以往客户端对真正对象的访问现在变成了通过代理对象进行访问，代理对象在这里起到了一个中介或者桥梁作用。引入代理对象的主要目的是可以为客户端增加额外的功能、约束或针对客户端的调用屏蔽一些复杂的细节问题。

不妨站在日常生活的角度来理解一下代理。试想一下，玩家在玩角色扮演类网络游戏（例如《魔兽世界》）中，自己练级可能太枯燥无味，于是找了一个游戏代练帮自己练级，这里游戏代练就扮演了代理的角色。再例如海外代购，对于在本地买不到或者价格太高的物品，可以通过海外代购进行购买，这里海外代购也扮演了代理的角色。

14.1 基本概念和范例

代理模式的实质是通过引入一个代理类来为原始类（被代理类）增加额外的能力，这些额外的能力可能是指一些新功能、新服务，也可能是一些约束或限制（例如，只有特定用户才能使用原始类）等。

考虑这样一个范例——通过浏览器访问某个网站，最简单的方式就是在浏览器中输入网站的地址来直接访问。首先可以创建一个基类 WebAddr 代表要访问的网站，代码如下：

```cpp
class WebAddr
{
public:
    virtual void visit() = 0;          //执行访问网站的动作，子类中重新实现
    virtual ~ WebAddr () {}            //作父类时析构函数应该为虚函数
};
```

创建两个网站类 WebAddr_Shopping 和 WebAddr_Video，继承自 WebAddr，代码如下：

```cpp
//某购物网站
class WebAddr_Shopping :public WebAddr
{
public:
    virtual void visit()
    {
```

```
        //…访问该购物网站,可能涉及复杂的网络通信
        cout << "访问 WebAddr_Shopping 购物网站!" << endl;
    }
};

//某视频网站
class WebAddr_Video :public WebAddr
{
public:
    virtual void visit()
    {
        //…访问该视频网站,可能涉及复杂的网络通信
        cout << "访问 WebAddr_Video 视频网站!" << endl;
    }
};
```

在 main 主函数中增加一些代码,模拟浏览器的动作去访问上述网站:

```
WebAddr * wba1 = new WebAddr_Shopping();
wba1 -> visit();                               //访问该购物网站

WebAddr * wba2 = new WebAddr_Video();
wba2 -> visit();                               //访问该视频网站

//资源释放
delete wba1;
delete wba2;
```

执行起来,看一看结果:

```
访问 WebAddr_Shopping 购物网站!
访问 WebAddr_Video 视频网站!
```

上述实现代码是直接访问某个或者某些网站。如果引入一个代理类,让代理类来帮助我们访问这些网站,看看代码需要做怎样的调整呢?至于引入这个代理类有什么好处,后续会有专门的探讨。这里首先从代码实现的层面看一看如何实现这个代理类:

```
//网站代理类
class WebAddrProxy :public WebAddr
{
public:
    //构造函数,引入的目的是传递进来要访问的具体网站
    WebAddrProxy(WebAddr * pwebaddr):mp_webaddr(pwebaddr){}
public:
    virtual void visit()
    {
        mp_webaddr -> visit();
    }
private:
    WebAddr * mp_webaddr;                      //代表要访问的具体网站
};
```

上述代码实现了一个叫作 WebAddrProxy 的网站代理类。注意，它仍旧继承自 WebAddr 类，该代理类有一个 WebAddr * 类型的成员变量 mp_webaddr，该成员变量的值是通过 WebAddrProxy 类构造函数的初始化列表得到的，这意味着只要 mp_webaddr 所代表的网站不同，调用 WebAddrProxy 类的 visit 成员函数时就会去访问不同的网站。在 main 主函数中，注释掉原有代码，增加如下代码：

```
WebAddr *  wba1 = new WebAddr_Shopping();
WebAddr *  wba2 = new WebAddr_Video();

WebAddrProxy *  wbaproxy1 = new WebAddrProxy(wba1);
wbaproxy1 -> visit();                        //通过代理去访问 WebAddr_Shopping 购物网站

WebAddrProxy *  wbaproxy2 = new WebAddrProxy(wba2);
wbaproxy2 -> visit();                        //通过代理去访问 WebAddr_Video 视频网站

//资源释放
delete wba1;
delete wba2;
delete wbaproxy1;
delete wbaproxy2;
```

执行起来，看一看结果：

```
访问 WebAddr_Shopping 购物网站!
访问 WebAddr_Video 视频网站!
```

在上述范例中，通过代理类对象 wbaproxy1 和 wbaproxy2 来访问 WebAddr_Shopping 购物网站和 WebAddr_Video 视频网站。

从表面上看，引入代理类 WebAddrProxy 似乎让程序代码变得更加复杂，但实际上，引入代理类能够为原始类（WebAddr_Shopping、WebAddr_Video）增加额外的能力。就以上述范例来说，可以在 WebAddrProxy 类的 visit 成员函数中，在代码行"mp_webaddr-> visit();"的前后增加很多额外的代码来对网站的访问进行额外的限制，例如访问的合法性检查、流量限制、返回数据过滤，等等。WebAddrProxy 类的 visit 成员函数可以进行如下功能扩充（注意代码中的注释）：

```
public:
    virtual void visit()
    {
        //在这里进行访问的合法性检查、日志记录或者流量限制…
        mp_webaddr -> visit();
        //在这里可以进行针对返回数据的过滤…
    }
```

上述代码通过为网站代理类 WebAddrProxy 的构造函数传入不同的实参，达到了让 WebAddrProxy 类对象（代理对象）来代理访问某购物网站或者某视频网站的目的（一个代理类可以为多个实际的类服务）。

在实际的应用中，往往也存在某个代理类专门代理一个固定的实际类的情形，例如，创建一个 WebAddr_Shopping_Proxy 代理类，专门用来代理对购物网站 WebAddr_Shopping

的访问。该代理类的实现代码如下：

```
//专门针对某购物网站 WebAddr_Shopping 的代理
class WebAddr_Shopping_Proxy :public WebAddr
{
public:
    virtual void visit()
    {
        //在这里进行访问的合法性检查、日志记录或者流量限制…
        WebAddr_Shopping * p_webaddr = new WebAddr_Shopping();
        p_webaddr->visit();
        //在这里可以进行针对返回数据的过滤…

        //释放资源
        delete p_webaddr;
    }
};
```

在 main 主函数中，注释掉原有代码，增加如下代码：

```
WebAddr_Shopping_Proxy * wbasproxy = new WebAddr_Shopping_Proxy();
wbasproxy->visit();                      //访问的实际是某购物网站

//资源释放
delete wbasproxy;
```

执行起来，看一看结果：

访问 WebAddr_Shopping 购物网站!

此刻，可能有些读者仍旧不能理解引入代理类的目的。就拿上述范例来说，如果希望增加一些合法性检查、流量限制、针对返回数据的过滤等，完全可以通过诸如在 WebAddr_Shopping、WebAddr_Video 的 visit 成员函数中增加代码来实现，为什么还要多引入一个代理类呢？这就需要更深入地理解引入代理类的背景。

首先，很多代理类的实现可能是非常复杂的，甚至可能是借助某些工具来生成的，而且往往**使用这个代理类的程序员与开发这个代理类的程序员并不是同一个甚至可能是两个不同公司的程序员**。

在图 14.1 中，假设 A 公司有一个内部 Web 网站（图中最右侧），该 Web 网站提供一个 visit 接口，A 公司的**对外业务服务器程序**可以以网络通信方式触发对该 Web 网站 visit 接口的调用，以获取该网站中的信息。A 公司允许其他公司通过对外业务服务器程序获取内部 Web 网站的信息，但每个月要收取一定的费用并且有一定的流量限制。

假设开发者是 B 公司的程序员，负责开发一个应用程序来获取 A 公司内部 Web 网站上的信息，在 B 公司支付给 A 公司一定的费用之后，A 公司给 B 公司分配了一个账号/密码并为 B 公司提供了一个库文件用作开发使用，该库文件中实现了 WebAddr_Shopping_Proxy 类，当然，B 公司的程序员只能根据公司 A 提供的开发文档来使用 WebAddr_Shopping_Proxy 类，但无法看到该类的实现源码。

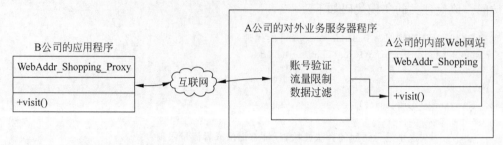

图 14.1　多个程序协同工作以展示代理模式

如果读者是 B 公司的程序员，那么在使用 WebAddr_Shopping_Proxy 类时可能需要提供账号/密码信息，然后调用 WebAddr_Shopping_Proxy 类的 visit 接口就可以最终实现从 A 公司的内部 Web 网站获取信息的目的。但如果读者是 A 公司的程序员并且负责实现 WebAddr_Shopping_Proxy 这个代理类，那么可能问题就会复杂得多——显然 WebAddr_Shopping_Proxy 代理类要通过网络与 A 公司的对外业务服务器程序交换信息。

通过以上说明，不难看到，往往真实的类（图 14.1 中的 WebAddr_Shopping 类）、代理类（图 14.1 中 WebAddr_Shopping_Proxy 类）以及要使用 WebAddr_Shopping_Proxy 代理类的应用程序的实现代码并不是由同一个程序员完成的，甚至可能是由多个公司的程序员来完成，所以程序员往往只能通过代理类来间接访问真实的类。而且在图 14.1 中，WebAddr_Shopping_Proxy 代理类极大地简化了 B 公司应用程序的实现难度，否则 B 公司的程序员就要手工编写代码实现与 A 公司的对外业务服务器的通信，这个难度可比简单地调用 WebAddr_Shopping_Proxy 类的 visit 接口获取信息高太多。

14.2　引入代理模式

引入"代理"设计模式的定义（实现意图）：为其他对象提供一种代理，以控制对这个对象的访问。

代理模式通过创建代理对象来代表真实对象，客户端（这里指 main 函数）操作代理对象与操作真实对象并没有什么不同。当然，最核心、最本质的功能，最终还是需要代理对象操纵真实对象来完成。

针对前面的代码范例绘制代理模式的 UML 图，如图 14.2 所示。

代理模式的 UML 图中包含 3 种角色。

（1）Subject（抽象主题）。该类定义真实主题与代理主题的共同接口，这样，在使用真实主题的地方都可以使用代理主题，但是后面会讲到，因为代理的种类繁多，目的各异，所以代理主题并不一定必须与真实主题有共同的接口甚至抽象主题也不是必须存在的，这一点请读者灵活理解。这里指 WebAddr 类。

（2）Proxy（代理主题）。该类内部包含了对真实主题的引用，从而可以对真实主题进行访问。代理主题中一般会提供与真实主题相同的接口（这里指 visit），以达到可以取代真实主题的目的。代理主题可以对真实主题的访问进行约束和限制，也能够控制只在必要的时候才创建/删除真实的主题（一般通过在 visit 中增加额外的代码来实现）。这里指

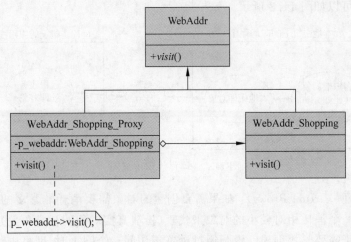

图 14.2 代理模式 UML 图

WebAddr_Shopping_Proxy 类。

（3）RealSubject（真实主题）。定义代理主题所代表的真实对象，真正的业务是在真实主题中实现的，客户端（例如 main 主函数中）通过代理主题间接访问真实主题中的接口。这里指 WebAddr_Shopping 类。

代理模式和装饰模式有类似之处，但是这两个模式要解决的问题不同或者说立场不同。代理模式主要是**代表**真实主题并给真实的主题增加一些新的能力或责任，例如，在后面代理模式的应用场合中谈到的代理主题可能具备的权限控制、远程访问、数据缓存、智能引用等功能，这些功能与真实主题要实现的功能彼此之间可能没有什么相关性，主要是**控制对真实主题的访问**。而装饰模式是通过引入装饰类来装饰各种构件，为具体构件类增加一些相关的能力，与原有构件能力具有相关性，是**对原有构件能力或行为的扩展（增强）**。

14.3 代理模式的应用场合探究

14.3.1 代理模式常用应用场景

代理模式的 UML 图看起来非常简单，总结起来也很简单——在软件设计中，增加间接层来获取更大的灵活性和增加更多的控制。在实际的实现代码中，代理模式可能会在许多场合得到应用，并且其实现可能也会非常复杂，并不是上述一个简单范例就能够涵盖的。

代理模式有很多应用场景，被代理的对象也是五花八门，例如，可以是远程对象、创建开销大的对象以及需要安全控制或者访问限制的对象。所以，常见的代理包括但不限于如下类型。

- 远程代理（Remote Proxy）：为一个在不同地址空间的对象提供一个局部代表（本地代理对象）。这里不同的地址空间可以是同一个计算机上的两个不同程序，也可以是运行在两个不同计算机上的通过网络通信的程序（例如，可以通过 socket 实现网络通信）。当涉及网络通信时，代理类必须要封装网络通信代码，所以实现起来会比较复杂。图 14.1 展示的就是一个远程代理。当然，如果再通用一些，一个典型的远程代理可以如图14.3所示。

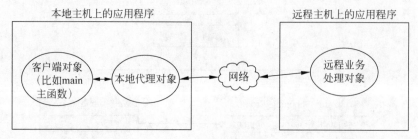

本地主机上的应用程序　　　　　　　　　远程主机上的应用程序

图 14.3　远程代理示意图

- 虚拟代理（Virtual Proxy）：如果需要创建的对象需要消耗非常多的资源，那么可以先创建一个消耗相对较小的对象来代表（扮演真实对象的替身角色），真实的对象直至被真正需要时才创建。设想通过浏览器访问一个网页时，网页中包含一张巨大的图片，短时间内无法通过网络传输到本地浏览器中，浏览器中会短暂地显示一个小图标来标示有一张大图片正在传输中，等几秒钟大图片传输完成后才会在浏览器中显示出来。这个短暂显示的小图标就是虚拟代理产生的。虚拟代理一般会使用多线程进行工作，一个线程用于显示代理对象对应的小图标，一个线程用于加载真实的图片，等真实的图片加载完成之后再替换掉小图标，如果不使用多线程来实现，就会导致网络传输图像过程中界面显示的内容被卡住，非常影响用户体验。

另外，对于一些创建开销很大、十分耗费资源的对象，也可以暂时使用虚拟代理来代替，将真正对象的创建工作推迟到必须创建的时刻再进行，这可以提高程序运行效率并节省程序运行资源。

- 保护代理（Protect Proxy）：在访问原始对象之前或者之后，可以执行许多额外的操作来控制对原始对象的访问。例如，给不同的用户提供不同级别的访问权限——限制张三这个账户对原始对象的访问是10kb/s的网络流量，而李四这个账户对原始对象的访问是20kb/s的网络流量，再比如，限制张三能访问某些内容而李四不能访问，限制每个账户只能修改和自己账户相关的一些信息等。

- 缓存/缓冲代理（Cache Proxy）：针对某个目标操作的结果提供临时存储空间，以便多个客户端可以共享这些结果。考虑若某个文件中的内容需要被多个客户端读取，则代理可以调用真实对象的接口将文件中的数据读入内存，这样每个客户端取这些数据时就不再需要频繁地调用真实对象的接口到文件中去取。

- 智能引用代理（Smart Reference Proxy）：当一个对象被引用时，提供额外的一些操作，例如记录引用次数（听起来与保护代理有些类似）。智能指针 shared_ptr 就是一个典型的智能引用代理，它用于包装裸指针（对象），记录引用计数，当引用计数为0时，自动释放自己所管理的裸指针。当然，智能指针的实现比较复杂，一般都会采用模板与泛型编程技术来实现，有兴趣的读者可以参考和借鉴 shared_ptr 的实现源码。智能引用代理的实现代码不一定遵从代理模式的 UML 图，也就是说，不一定会明确地存在抽象主题，但把裸指针看成真实主题，把智能指针看成是代理主题是完全没问题的。

- 写时复制（Copy-on-write）优化代理：例如，string 类由 C++标准库提供，用于代表一个字符串,所以,可以把 string 类看成是对原始字符串的代理。某些开发商实现的 string 类采用了 copy-on-write 优化技术来存储字符串——当把字符串 A(string 类型)赋值给字符串 B 时,因为它们的内容相同,所以这两个字符串指向同一块代表字符串内容的内存。不难想象,如果字符串内容比较长并且指向相同内存的 string 字符串变量数目比较多,那么这种保存字符串内容的方式会节省大量内存。如果此时字符串 A 内容发生改变,那么就要单独为字符串 A 所指向的字符串内容开辟出一块新内存(因为字符串 B 指向的内存和字符串 A 指向的内存内容已经不同了),这种技术就叫作写时复制(延迟复制技术)。代码实现上相对复杂,在本书的附录 B 中,针对写时复制技术给出了一个清晰的实现范例。

有些资料上还出现过防火墙代理(控制对网络资源的访问,阻止恶意用户对资源的入侵和破坏)、同步代理(在多线程环境中提供对真实对象的安全访问)、复杂隐藏代理(隐藏一些复杂的事物并进行访问控制)等,相信读者在看到这些代理的名字后,大概就可以知道这些代理做了什么事情。在这里就不详细介绍了。

14.3.2 缓存/缓冲代理范例

在这里举一个缓存/缓冲代理(Cache Proxy)的范例,该范例将使用到一个名为 test.txt 的文本文件,其内容非常简单,只有 3 行内容,如下(test.txt 文件的放置位置后面有说明):

```
1----- 1 -- line -------------
2----- 2 -- line -------------
3----- 3 -- line -------------
```

在范例中,第一次调用代理主题(ReadInfoProxy 类)的 read 方法时,该方法会调用真实主题(ReadInfoFromFile 类)的 read 方法从 test.txt 文件中读入内容并放入内存中缓存起来,后续再调用代理主题的 read 方法来取得 test.txt 文件中内容时,只需要从内存中直接获取这些数据。代理主题在这个范例中存在的意义就是避免了频繁调用真实主题的 read 方法来获取 test.txt 文件中的内容,从而提高了程序运行效率。首先定义一个全局量:

```cpp
//缓存 / 缓冲代理(Cache Proxy)范例
vector < string > g_fileItemList;          //包含头文件"vector"和"string"
```

接着,定义抽象主题,代码如下:

```cpp
//抽象主题
class ReadInfo
{
public:
    virtual void read() = 0;
    virtual ~ReadInfo() {}
};
```

再定义真实主题:

```cpp
//真实主题
class ReadInfoFromFile :public ReadInfo
{
```

```
public:
    virtual void read()                       //从文件中读取信息(读取 test.txt 的内容)
    {
        ifstream fin("test.txt");             //包含头文件"fstream",ifstream(文件输入流)
                                              //用于从磁盘读文件到内存
        if (!fin)
        {
            cout << "文件打开失败" << endl;
            return;
        }

        string linebuf;
        while (getline(fin, linebuf))         //系统函数,从文件中逐行读入内容
        {
            if (!linebuf.empty())             //读入的不是空行
            {
                g_fileItemList.push_back(linebuf);   //将文件中的每一行都保存到 vector 容器中
                //cout << linebuf << endl;
            }
        }
        fin.close();                          // 关闭文件输入流
    }
};
```

然后,实现代理主题:

```
//代理主题
class ReadInfoProxy :public ReadInfo
{
public:
    virtual void read()
    {
        if (!m_loaded)
        {
            //没有从文件中载入信息,则载入
            m_loaded = true;              //标记信息已经从文件中被载入进来,这样下次再获
                                          //取这些数据时就不需要再去读文件了
            cout << "从文件中读取了如下数据 ------------ : " << endl;
            ReadInfoFromFile * rf = new ReadInfoFromFile();
            rf -> read();                 //将文件中的数据读入全局容器 g_fileItemList 中
            delete rf;                    //释放资源
        }
        else
        {
            cout << "从缓存中读取了如下数据 ------------ : " << endl;
        }
        //现在数据一定在 g_fileItemList 中,开始显示
        for (auto iter = g_fileItemList.begin(); iter != g_fileItemList.end(); ++iter)
        {
            cout << * iter << endl;
        }
```

```
    }
private:
    bool m_loaded = false;                //false 表示还没有从文件中读出数据到内存
};
```

在 main 主函数中，注释掉原有代码，增加如下代码：

```
ReadInfo * preadinfoproxy = new ReadInfoProxy();
preadinfoproxy -> read();        //第一次调用 read 是借助代理使用真实的主题到文件中读数据
preadinfoproxy -> read();                //后续调用 read 都是直接从缓存中读数据
preadinfoproxy -> read();                //从缓存中读数据

//资源释放
delete preadinfoproxy;
```

执行起来，看一看结果：

```
从文件中读取了如下数据------------ :
1------1-- line-------------
2------2-- line-------------
3------3-- line-------------
从缓存中读取了如下数据------------ :
1------1-- line-------------
2------2-- line-------------
3------3-- line-------------
从缓存中读取了如下数据------------ :
1------1-- line-------------
2------2-- line-------------
3------3-- line-------------
```

特别值得一提的是，该范例中打开的 test. txt 文件，要注意该文件的放置位置：如果直接运行本范例所生成的可执行文件，那么 test. txt 一般应该与可执行文件位于相同的目录中，如果利用诸如 Visual Studio 2019 等编译器进行代码的跟踪调试，那么 test. txt 一般应放在项目所在的目录(例如 C:\Users\KuangXiang\Desktop\c++\MySolution\MyProject)，否则就可能出现无法找到 test. txt 文件的情形。

第 15 章

适配器模式

适配器(Adapter)模式是一种结构型模式。生活中有很多适配器思想的实际应用,例如,各种转接头(usb 转接头、hdmi 转接头)、电源适配器(变压器)等,主要是用来解决不兼容的接口之间的兼容问题。设想一下,220V 的市电不能直接给手机充电,引入一个电源适配器,把 220V 的市电转换为 5V 的电压,就可以给手机充电了。在软件开发领域,两个类之间也存在这种不兼容的问题,于是,就可以像生活中引入电源适配器那样引入一个适配器角色的类来解决这两个类之间的兼容性问题。

15.1　一个简单的范例

考虑到公司某个对外提供服务的项目需要记录一些日志信息,以方便运营人员查看或者日后对项目的某些行为进行追溯。日志准备写到一个固定的文件中,于是,程序开发人员向项目中增加了一个 LogToFile 类来实现日志文件的相关操作(日志系统),代码如下:

```
//日志文件操作相关类
class LogToFile
{
public:
    void initfile()
    {
        //做日志文件初始化工作,例如打开文件等
        //…
    }
    void writetofile(const char * pcontent)
    {
        //将日志内容写入文件
        //…
    }
    void readfromfile()
    {
        //从日志中读取一些信息
        //…
    }
    void closefile()
    {
        //关闭日志文件
```

```
        //…
    }
    //…可能还有很多其他成员函数,略
};
```

在 main 主函数中可以增加如下测试代码,一切正常:

```
LogToFile * plog = new LogToFile();
plog->initfile();
plog->writetofile("向日志文件中写入一条日志");        //写一条日志到日志文件中
plog->readfromfile();
plog->closefile();
delete plog;
```

随着项目规模的不断增加,要记录的日志信息也逐渐增多,单纯地向日志文件中记录日志信息会导致日志文件膨胀得过大,不方便管理和查看,于是准备对项目中的日志系统进行升级改造,从原有的将日志信息写入文件改为将日志信息写入到数据库。改造后的代码如下:

```
//日志操作相关类(数据库版本)
class LogToDatabase
{
public:
    void initdb()
    {
        //连接数据库,做一些基本的数据库连接设置等
        //…
    }
    void writetodb(const char * pcontent)
    {
        //将日志内容写入数据库
        //…
    }
    void readfromdb()
    {
        //从数据库中读取一些日志信息
        //…
    }
    void closedb()
    {
        //关闭到数据库的连接
        //…
    }
};
```

在 main 主函数中可以增加如下测试代码,一切正常:

```
LogToDatabase * plogdb = new LogToDatabase();
plogdb->initdb();
plogdb->writetodb("向数据库中写入一条日志");            //写一条日志到数据库中
plogdb->readfromdb();
```

```
plogdb->closedb();
delete plogdb;
```

新的日志系统（LogToDatabase类）是将所有日志信息写入到数据库或者从数据库中读取日志信息，代码中凡是涉及与日志相关的类，也全部从以往的使用LogToFile类变成了使用LogToDatabase类。

但有一天，突然遇到了一些意外的情况或者出现了一些特殊需求，例如：

- 机房突然断电导致数据库中的数据发生了损坏无法正确读写，或者网络电缆突然遭到破坏导致数据库无法成功连接。
- 要从以往使用LogToFile类所生成的日志文件中读取一些日志信息。

从上述两种情况来看，所有使用了LogToDatabase类的代码行要么无法应付意外发生的情况，要么无法实现特殊需求。所以在这种情况下使用回LogToFile类可以解决上面的两个问题，至少是能够临时解决。但问题是现在所有项目中的代码使用的都是LogToDatabase类，而LogToDatabase类的接口（成员函数）与LogToFile类的接口又完全不同，怎么办呢？

除非把所有接口全部改回使用LogToFile类，显然这样改比较麻烦，改动量很大，而且将来恢复对LogToDatabase类的使用时又要改回去。另外一个简单粗暴的方法就是修改LogToDatabase类（新类），增加新的接口来支持对日志文件的读写，换句话说，就是把以往LogToFile类（旧类）中实现的功能融合到LogToDatabase类中来（当然，这种做法也必须要修改main主函数中与LogToDatabase类相关的代码），但是这样做的可行性受到了下列因素的限制：

- LogToFile类的实现源码很复杂，如果当初的开发者离职了，而当前的开发者因为使用的是LogToDatabase类，并不熟悉LogToFile类，所以把LogToFile类的代码搬到LogToDatabase类中可能需要很长时间，这会影响项目对外提供服务。
- LogToFile类可能是以库的方式提供给项目使用，其源码可能已经遗失或源码是由第三方开发公司开发，拿不到其源码。换句话说，LogToFile类只能使用，不能修改。

如果上述两个因素中的任何一个存在，那么修改LogToDatabase类来融合LogToFile类中功能的想法都是难以实现的。

当然，即便能修改LogToDatabase类增加新接口，还要面对的第二个问题是所有针对LogToDatabase类writetodb、readfromdb等成员函数的调用（见上面范例中main主函数中的代码）都要修改，这种改动工作可能涉及很多代码，而代码的修改则可能会导致测试部门工作量的增加。

解决这个问题一个比较好且简单的思路是借助适配器模式。在该模式中，通过引入适配器类，把LogToDatabase类中，诸如对writetodb、readfromdb等成员函数的调用转换成对LogToFile类中，诸如对writetofile、readfromfile等成员函数的调用，从而达到直接使用LogToFile类中的接口的目的。这样做之后，main主函数中与LogToDatabase类相关的代码行只需要做非常小的调整，所调用的成员函数名都不需要改变。看一看采用适配器模式后代码如何修改。首先重新实现LogToDatabase类，但在适配器模式中该类并不是用于读写数据库日志，而是用于作为父类提供一些供子类使用的接口，代码如下：

```
class LogToDatabase
{
public:
    virtual void initdb() = 0;                           //不一定非是纯虚函数
    virtual void writetodb(const char * pcontent) = 0;
    virtual void readfromdb() = 0;
    virtual void closedb() = 0;

    virtual ~LogToDatabase() {}                          //作父类时析构函数应该为虚函数
};
```

上述的 LogToDatabase 中定义了一些接口,这些接口都是当前项目中使用的操作日志的接口,我们可以称这些接口为目标接口(新接口)。

LogToFile 类的内容不变,其中的成员函数(接口)可以称为老接口。

接着引入适配器类 LogAdapter,其父类为 LogToDatabase,应注意该类的构造函数中的形参类型(LogToFile * 类型):

```
//适配器类
class LogAdapter :public LogToDatabase
{
public:
    //构造函数
    LogAdapter(LogToFile * pfile)                        //形参是老接口所属类的指针
    {
        m_pfile = pfile;
    }
    virtual void initdb()
    {
        cout << "在 LogAdapter::initdb()中适配 LogToFile::initfile()" << endl;
        //其中也可以加任何的其他代码…
        m_pfile -> initfile();
    }
    virtual void writetodb(const char * pcontent)
    {
        cout << "在 LogAdapter::writetodb()中适配 LogToFile::writetofile()" << endl;
        m_pfile -> writetofile(pcontent);
    }
    virtual void readfromdb()
    {
        cout << "在 LogAdapter::readfromdb()中适配 LogToFile::readfromfile()" << endl;
        m_pfile -> readfromfile();
    }
    virtual void closedb()
    {
        cout << "在 LogAdapter::closedb()中适配 LogToFile::closefile()" << endl;
        m_pfile -> closefile();
    }
private:
    LogToFile * m_pfile;
};
```

在 main 主函数中，注释掉原有代码，增加如下代码：

```
LogToFile * plog2 = new LogToFile();
LogToDatabase * plogdb2 = new LogAdapter(plog2);
plogdb2 -> initdb();
plogdb2 -> writetodb("向数据库中写入一条日志,实际是向日志文件中写入一条日志");
plogdb2 -> readfromdb();
plogdb2 -> closedb();
delete plogdb2;
delete plog2;
```

执行起来，看一看结果：

```
在 LogAdapter::initdb()中适配 LogToFile::initfile()
在 LogAdapter::writetodb()中适配 LogToFile::writetofile()
在 LogAdapter::readfromdb()中适配 LogToFile::readfromfile()
在 LogAdapter::closedb()中适配 LogToFile::closefile()
```

通过代码可以看到，在 main 主函数中的代码仅仅做了很小的变动，其中对接口，例如 initdb、writetodb、readfromdb、closedb 后调用更是没有发生改动，通过引入适配器类，实际调用的接口是 LogToFile 类的 initfile、writetofile、readfromfile、closefile。

上述新接口、老接口的概念是笔者人为加上去的（实现了把老接口放到新环境中使用），目的是帮助读者更容易地理解适配器模式的工作原理和细节。实际上，适配器模式的能力简而言之就是能够将对一种接口的调用转换成对另一种接口的调用。有几点说明：

- 首先是存在这种转换的可能。例如，这两种接口之间有一定的关联关系（例如，writetodb 和 writetofile），肯定不应该把某个接口转换成另一个风马牛不相及的接口——这种转换显然毫无道理。当然，如果 LogToFile 类和 LogToDatabase 类实现的功能毫无类似或者关联之处，也不可能进行接口的转化，就好比自来水管无论如何也不能和煤气管道接到一起一样。
- 虽然范例中的接口转换代码很简单，但实际项目中转换的代码可能相当烦琐复杂。例如，可能要增加很多额外的转换代码。接口的转换也很可能不是一对一而是一对多的关系（例如，LogToDatabase 中的某个接口并不是正好对应 LogToFile 中的某个接口）。

15.2　引入适配器模式

目前的情况是使用新日志系统（LogToDatabase 类）的项目与老的日志系统（LogToFile 类）无法一起工作，严格来说，应该是新项目中使用的各种调用接口（initdb、writetodb、readfromdb、closedb）老的日志系统并不提供，如图 15.1 所示。

在不改变老日志系统源码的情况下，通过引入适配器，将使用新日志系统的项目与老日志系统接驳起来，此时，适配器扮演一个中间人的角色，将项目中针对新日志系统的接口调用转换成对应的老日志系统的接口调用，从而达到新接口适配老接口的目的，这就是适配器模式的工作，如图 15.2 所示。

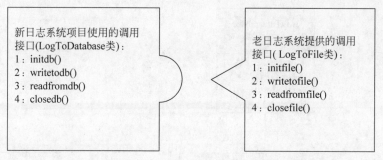

图 15.1 使用新日志系统的项目因为接口问题无法与老日志系统一起工作

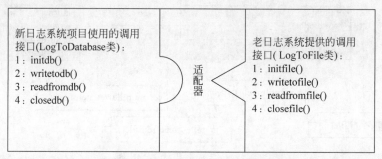

图 15.2 适配器模式将针对新日志系统的接口调用转换成对老日志系统的接口调用

引入**适配器模式的定义**(**实现意图**):将一个类的接口转换成客户希望的另外一个接口。该模式使得原本因为接口不兼容而不能一起工作的类可以一起工作(在上述范例中,不能一起工作的类指的就是 LogToDatabase 和 LogToFile 类)。适配器模式还有一个别名叫作包装器(Wrapper)。

根据上述"**对 LogToDatabase 类接口的调用转换为对 LogToFile 类接口的调用**"范例,绘制适配器模式的 UML 图,如图 15.3 所示。

使用适配器模式实现将"对 LogToDatabase 类接口的调用转换为对 LogToFile 类接口的调用",从而达到使用 LogToFile 类接口的目的。简言之,适配器模式就是把一个接口转换成另一个客户端需要真正使用的接口。当需要把被适配的接口(initfile、writetofile、readfromfile、closefile)应用到当前项目(新环境)中时,就需要适配器。

参照上述简单范例,结合适配器模式 UML 图,可以看到,适配器模式中包含 3 种角色。

(1) Target(目标抽象类):该类定义所需要暴露的接口(诸如 initdb、writetodb、readfromdb、closedb 等)。这些接口其实就是未来的接口或者说是调用者希望使用的接口,将被客户端或说调用者(例如,上述范例中 main 主函数中的调用代码)调用。这里指 LogToDatabase 类。

(2) Adaptee(适配者类):该类扮演着被适配的角色,其中定义了一个或多个已经存在的接口(老接口),这些接口需要适配(对其他接口的调用转换成对这些接口的调用)。这里指 LogToFile 类(旧类)。在适配器模式中,适配者类不限于一个,也可以有多个。

(3) Adapter(适配器类):注意英文字母的拼写区别于 Adaptee(适配者类)。适配器类是一个包装类,扮演着转换器的角色,是适配器模式的实现核心,用于调用另一个接口(包装

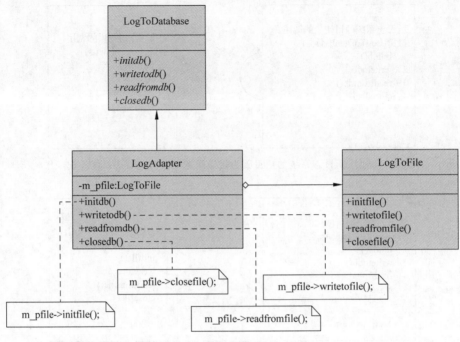

图 15.3 适配器模式 UML 图

适配者）。该类对 Adaptee 和 Target 进行适配，这里所说的**适配，指的就是把客户端针对 LogToDatabase 类中接口的调用转换成对 LogToFile 类中接口的调用**。适配器类这里指 LogAdapter 类。

一般来讲，适配器模式的主要功能是进行接口转换，其能力是基本不改变现有代码（对于上述范例，指 main 主函数中对 LogToDatabase 类的各种成员函数的调用代码不需要改动）的前提下使用老接口（指 LogToFile 类中的接口），而且不需要程序员手中有老接口的相关源码。适配器模式把不兼容的接口转换成客户端期望的接口，从而实现了**复用已有的功能**，通常不会实现新的接口，但这也不是绝对的。当然，接口转换过程可能比较复杂，引入一些额外的操作步骤或者功能有时不可避免（例如，参数的传递、调整、限制等），甚至有时有些必需的，但被匹配的接口没有提供的功能，也需要适配器类来提供。

下面打一个比方来帮助理解适配器模式：

- 张三脾气暴躁，不改变做事方法（指 main 主函数中对各种成员函数调用代码不想发生改变）。
- 李四脾气同样暴躁，不改变做事方法（指老的类 LogToFile 中各种成员函数名称不想发生改变）。
- 要想让张三和李四在一个团队中工作而不发生矛盾，必须有个"和事佬"能够把张三这个暴脾气说的话缓和一下再传达给李四，让李四容易接受；把李四这个暴脾气说的话缓和一下再传达给张三，让张三更容易接受，这个"和事佬"就是 LogAdapter 类。

适配器模式与装饰模式有类似的地方，两者都使用了类与类之间的组合关系，但两者的实现意图是不同的，适配器模式是将原有的接口适配成另外一个接口，而装饰模式是对原有功能的增强，而且无论装饰多少层，装饰模式的调用接口始终不发生改变。

15.3　类适配器

适配器模式依据实现方式分为两种：一种是对象适配器，另一种是类适配器。前面所讲述的适配器模式是对象适配器（主要说的是 LogAdapter 类），这种适配器模式的实现使用了类与类之间的**组合关系**（见附录 A.4 的介绍），也就是一个类的定义中含有其他类类型的成员变量。这种关系实现了委托机制（即成员函数把功能的实现委托给了其他类的成员函数，当然需要持有一根其他类的指针，才能实现委托）。在前面的范例中，LogAdapter 类的定义中有如下代码行：

```
LogToFile * m_pfile;
```

这种组合关系可以理解为 LogAdapter 对象中包含着一个 LogToFile 对象（指针）或者也可以认为 LogToFile 对象（指针）是 LogAdapter 对象的一部分。

而对于类适配器，则是通过类与类之间的继承关系来实现接口的适配（适配器类和适配者类之间是**继承**关系）。经过改造后符合类适配器的 LogAdapter 类代码如下：

```cpp
//类适配器
class LogAdapter :public LogToDatabase, private LogToFile
{
public:
    virtual void initdb()
    {
        cout << "在 LogAdapter::initdb()中适配 LogToFile::initfile()" << endl;
        //其中也可以加任何的其他代码…
        initfile();
    }
    virtual void writetodb(const char * pcontent)
    {
        cout << "在 LogAdapter::writetodb()中适配 LogToFile::writetofile()" << endl;
        writetofile(pcontent);
    }
    virtual void readfromdb()
    {
        cout << "在 LogAdapter::readfromdb()中适配 LogToFile::readfromfile()" << endl;
        readfromfile();
    }
    virtual void closedb()
    {
        cout << "在 LogAdapter::closedb()中适配 LogToFile::closefile()" << endl;
        closefile();
    }
};
```

在 main 主函数中，注释掉原有代码，增加如下代码：

```cpp
LogAdapter * plogdb3 = new LogAdapter();
plogdb3 -> initdb();
```

```
plogdb3->writetodb("向数据库中写入一条日志,实际是向日志文件中写入一条日志");
plogdb3->readfromdb();
plogdb3->closedb();
delete plogdb3;
```

执行起来,结果不变。

从代码中可以看到,LogAdapter 使用了多重继承,以 public(公有继承)的方式继承了 LogToDatabase,在附录 A.3 中介绍类之间的继承关系时,读者已经知道,public 继承所代表的是一种 is-a 关系,也就是通过子类产生的对象一定也是一个父类对象(子类继承了父类的接口)。LogAdapter 还以 **private**(protected 也可以)的方式继承了 LogToFile 类,private 继承关系就不是一种 is-a 关系了,而是一种组合关系,更明确地说,是组合关系中的 is-implemented-in-terms-of(根据……实现出)关系(见附录 A.4 和附录 A.5 的介绍),这里的 private 继承就表示想通过 LogToFile 类实现出 LogAdapter 的意思。有些资料在实现类适配器时不使用 private 继承被适配的类而使用 public 继承,这种继承方式不严谨。

类适配器模式 UML 图如图 15.4 所示。

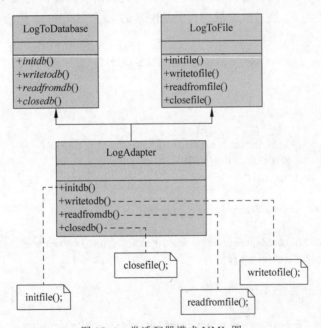

图 15.4　类适配器模式 UML 图

一般来讲,不提倡使用类适配器。从灵活性上来讲,类适配器不如对象适配器,因为 private 继承方式限制了 LogAdapter 能调用的 LogToFile 中的接口,而对象适配器中采用 m_pfile 指针则灵活得多。设想一下,如果为 LogToFile 类生成一个抽象父类:

```
class ParClass{…};
class LogToFile:public ParClass{…};
```

然后 m_pfile 的类型定义为 ParClass * 类型:

```
ParClass * m_pfile;
```

那么 m_file 可以指向任何 ParClass 的子类对象,因此对象适配器比类适配器更加灵活。

当然,对于类适配器,因为 LogAdapter 是 LogToFile 的子类,所以 LogAdapter 可以重定义 LogToFile 的部分行为。另外,在某些情况下,作父类时类中的析构函数必须是虚析构函数的情形也要给予充分考虑,这一点在附录 A.8 中也有详细探讨。

15.4　适配器模式的扩展运用

一般来说,过多使用适配器模式并不见得是一件好事,因为从表面上看,调用的是 A 接口,但内部被适配成了调用 B 接口,这比较容易让人迷惑,一般都是在开发后期不得已才使用这种设计模式。所以,在很多情况下,如果方便对系统进行重构的话,那么以重构来取代适配也许更好。但软件开发中也存在时常要发布新版本的情况,新版本也存在与老版本的兼容性问题,有时完全抛弃老版本并不现实,所以才借助适配器模式使新老版本兼容。在遗留代码的复用、类库的迁移等工作方面,适配器模式仍旧能发挥巨大的作用。

从上面这些描述可以看到,适配器模式的使用似乎有那么一点无奈,好像不得不使用的感觉,是在项目中调用的接口名(以及参数)不希望被修改,而被适配的接口也不希望被修改的情形之下不得不采用的设计模式。但也不尽然,有些情况下,采用适配器模式则是为了更容易地**实现一些实质性的功能**,这在 C++ 标准库中体现得更为明显。

C++ 标准库有大量的适配器,一般分成容器适配器、算法(函数)适配器、迭代器适配器。对这些适配器应该这样理解:把一个既有的东西进行适当的改造,例如增加或者减少一点内容就成为了一个适配器。

(1) 容器适配器:对于容器中的双端队列 deque,它既包含了堆栈 stack 的能力也包含了队列 queue 的能力,在实现 stack 和 queue 源码时,只需要利用既有的 deque 源码并进行适当的改造(减少一些东西)。因此 stack 和 queue 都可以看作**容器适配器**。这里不妨看一下 queue 的实现源码的核心部分:

```
// CLASS TEMPLATE queue(queue 类模板)
template < class _Ty,
    class _Container = deque < _Ty >>     //queue 和 deque 有关
class queue{  //FIFO queue implemented with a container(用容器实现 FIFO 队列)
public:
    …
    void push(value_type&& _Val) {
        c.push_back(_STD move(_Val));
    }
protected:
    _Container c;                          //the underlying container(底层容器)
};
```

通过 queue 的源码,可以看到它与 deque 是有密切关系的,其中的 push 成员函数用于把数据扔到队列的末尾。push 成员函数直接调用的是"c.push_back(…);",而 c 就是 _Container,_Container 就是 deque,也就是说,queue 的 push 功能就是 deque 的 push_back 功能。这也是一种适配器模式的应用,虽然与适配器模式 UML 图比较,可能无法找到

Target(目标抽象类)角色,也没有使用指向适配者类的指针(直接使用的是"_Container c;"),但学习设计模式更应该掌握的是设计模式的思想,不应该被该模式的 UML 图和具体的代码实现形式束缚,程序的写法总体上符合适配器模式。

(2)算法适配器:例如,std::bind(绑定器)就是一个典型的算法适配器,但因为实现比较复杂,这里就不多说了,有兴趣的读者可以自行研究。

(3)迭代器适配器:例如 reverse_iterator(反向迭代器),其实现只是对迭代器 iterator 的一层简单封装。

第 16 章

桥 接 模 式

桥接(Bridge)模式也叫桥梁模式,简称桥模式,是一种结构型模式。这是一个并不复杂并且比较有用的模式,该设计模式体现了众多面向对象程序设计的原则(后面会具体说明)。该模式所解决的问题非常简单,即根据单一职责原则,在一个类中,不要做太多事,如果事情很多,尽量拆分到多个类中去,然后在一个类中包含指向另外一个类对象的指针,当需要执行另外一个类中的动作时,用指针直接去调用另外一个类的成员函数。本章将以通俗的语言细致讲解该设计模式。

16.1 一个传统的继承范例导致子类数量爆炸式增长

继续前面的闯关打斗类游戏。在游戏中,不可避免地要显示各种图像,例如,人物头像、血条、人物背包、各种物品道具等,这些图像源自各种图像文件,从图像文件中把数据读出来并按照一个**事先约定好的格式规范**保存到一个缓冲区中以方便后续统一的显示处理。

现在的问题是图像文件有多种格式,常用的包括 png、jpg、bmp 等,为了把数据从这些不同格式的图像文件中读出(注意,不管文件是什么格式,读出到事先约定好的缓冲区中后都变成遵循相同规范的数据,此时这些数据不再有来自不同文件的区别)并显示,程序创建了一个叫作 Image 的父类以及分别叫作 Image_png、Image_jpg、Image_bmp 的子类,代码如下:

```cpp
//图像显示相关类
class Image
{
public:
    //根据 pData(缓冲区)中的内容以及 iDataLen 所指示的缓冲区的长度,将这些数据显示出来
    void draw(const char * pfilename)
    {
        int iLen = 0;
        char * pData = parsefile(pfilename, iLen);
        if (iLen > 0)
        {
            cout << "显示 pData 所指向的缓冲区中的图像数据." << endl;
            //…
            delete pData;    //模拟代码中因为 pData 的内存是 new 出来的,这里需要释放该内存
        }
    }
```

```
        virtual ~Image() {}                    //作父类时析构函数应该为虚函数
private:
    //根据文件名分析文件内容,每个子类因为图像文件格式不同,会有不同的读取和处理代码
    virtual char * parsefile(const char * pfilename, int& iLen) = 0;
};
```

```
//处理 png 格式图像文件的显示
class Image_png :public Image
{
private:
    //读取 png 文件内容并进行解析,最终整理成统一的二进制数据格式返回
    virtual char * parsefile(const char * pfilename, int& iLen)
    {
        //以下是模拟代码:模拟从图像文件中读取到了数据,最终转换成了 100 字节的数据格式
        //(事先约定好的格式规范)并返回
        cout << "开始分析 png 文件中的数据并将分析结果放到 pData 中,";
        iLen = 100;
        char * presult = new char[iLen];
        return presult;
    }
};
```

```
//处理 jpg 格式图像文件的显示
class Image_jpg :public Image
{
private:
    virtual char * parsefile(const char * pfilename, int& iLen)
    {
        cout << "开始分析 jpg 文件中的数据并将分析结果放到 pData 中,";
        //…
    }
};
```

```
//处理 bmp 格式图像文件的显示
class Image_bmp :public Image
{
private:
    virtual char * parsefile(const char * pfilename, int& iLen)
    {
        cout << "开始分析 bmp 文件中的数据并将分析结果放到 pData 中,";
        //…
    }
};
```

在 main 主函数中可以加入如下代码进行测试:

```
Image * pImg = new Image_png();
pImg->draw("c:\\somedir\\filename.jpg");

//释放资源
delete pImg;
```

执行起来,看一看结果:

开始分析 png 文件中的数据并将分析结果放到 pData 中,显示 pData 所指向的缓冲区中的图像数据。

目前整个类的继承层次图比较简单,如图 16.1 所示。

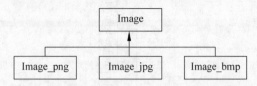

图 16.1 针对不同格式图像文件读取并显示相关类层次图

为了扩大游戏的受众面,进一步增加营收,公司决定,这个闯关打斗类游戏不但要能在当前的 Windows 操作系统平台上运行,也要能够在 Linux(图形界面)以及 Macos(苹果)平台上运行(当然这涉及跨平台开发和条件编译)。

对于程序员来讲,这里面临一个问题——每种不同的操作系统,Windows、Linux、Mac 显示缓冲区中图像数据的实现代码都不相同,也就是说,**parsefile 成员函数的实现代码与操作系统无关,而 draw 成员函数中用于显示 pData 所指向的缓冲区中的图像数据的代码却与操作系统相关**(不同的操作系统要写不同的实现代码)。程序员不得不扩展现有的 Image 类的子类(Image_png、Image_jpg、Image_bmp),进一步为每个子类继续产生针对不同操作系统平台的 3 个子类。此时,类的继承层次图就会变成如图 16.2 所示。

与图 16.1 比较,不难发现,采用**继承结构**来设计类时,图 16.2 整整多出了 9 个新类,达到了 13(1+3+3×3)个类之多。如果要多支持一个新的图像文件格式,例如 gif 文件格式,则会变成 17(1+4+4×3)个类,若在 17 个类的基础上再多支持一个新的操作系统例如手机上的安卓操作系统,则要达到 21(1+4+4×4)个类。显然,采用继承结构来设计类在这种情况下不是一个好主意——当增加对新的图像文件格式的支持或者增加对新的操作系统平台的支持时都会导致类数量的急速增长。

16.2 将类与类之间的继承关系改为委托关系

通过对附录 A.4 的学习,读者知道了类与类之间的关系一般为**继承**或**组合**关系,而组合关系还可以细分出一种叫作**委托**的关系。如果将图 16.2 中采用继承关系设计类修改为采用委托关系设计类,则可以有效地避免在增加新图像文件格式支持或增加对新操作系统平台支持时子类数量的急速增长。

要采用委托关系来设计类,首先锻炼的是程序员的眼光。在上述范例中,**所支持的图像文件格式包括 3 种——png、jpg、bmp,所支持的操作系统类型也有 3 种——Windows、Linux、Macos**。但有两点特别重要的说明,这些说明是下一步能够使用新的方式改造代码的前提:

- parsefile 成员函数用于从各种格式的图像文件中读取数据并放入到一个缓冲区中,这个成员函数与操作系统类型无关(parsefile 的实现代码不会因为不同的操作系统而有所不同)。

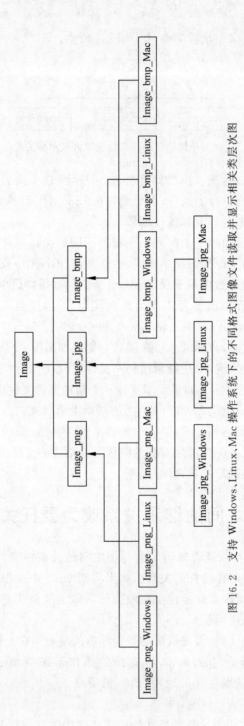

图 16.2 支持 Windows、Linux、Mac 操作系统下的不同格式图像文件读取并显示相关类层次图

- draw 成员函数用于显示 parsefile 成员函数所返回的缓冲区中的图像,该成员函数与操作系统有关,不同的操作系统,draw 成员函数的实现代码不同。

在进行类设计时,应大胆发挥想象力。不难发现,其实没有必要把**图像文件格式**和**操作系统类型**掺和到一起通过继承设计出一系列类(例如 Image_jpg_Linux 这种类),这样设计是违反单一职责原则的,可以像下面这样做:

- 把图像文件格式单独设计成一个继承关系的类,在其中实现 parsefile 成员函数(因为该成员函数只与图像文件格式有关)。
- 把操作系统类型也单独设计成一个继承关系的类,在其中实现 draw 成员函数(因为该成员函数只与操作系统类型有关)。

这样无论是扩充**图像文件格式**还是**操作系统类型**这两组类中的哪一组,都不会影响另外一组类,也就不会造成子类数量的急速增长。当然,在图像文件格式表示的类中有一个指向操作系统类型表示的类对象的指针,从而构成这两个类之间的委托关系。下面给出改造后的代码(当然,成员函数的参数等信息可能要根据需要做适当变动)。首先看一看操作系统类型相关类:

```cpp
//操作系统类型相关类
class ImageOS
{
public:
    virtual void draw(char * pData,int iLen) = 0;
    virtual ~ImageOS() {}          //作父类时析构函数应该为虚函数
};
//Windows 操作系统
class ImageOS_Windows :public ImageOS
{
public:
    virtual void draw(char * pData, int iLen)
    {
        cout << "在 Windows 操作系统下显示 pData 所指向的缓冲区中的图像数据。" << endl;
        //…具体处理代码略
    }
};
//Linux 操作系统
class ImageOS_Linux :public ImageOS
{
public:
    virtual void draw(char * pData, int iLen)
    {
        cout << "在 Linux 操作系统下显示 pData 所指向的缓冲区中的图像数据。" << endl;
        //…具体处理代码略
    }
};
//Macos
class ImageOS_Mac :public ImageOS
{
public:
    virtual void draw(char * pData, int iLen)
```

```
    {
        cout << "在 Mac 操作系统下显示 pData 所指向的缓冲区中的图像数据。" << endl;
        //…具体处理代码略
    }
};
```

接着,看一看图像文件格式相关类:

```
//图像文件格式相关类
class ImageFormat
{
public:
    ImageFormat(ImageOS * pimgos) :m_pImgOS(pimgos) {}      //构造函数
    virtual void parsefile(const char * pfilename) = 0;    //根据文件名分析文件内容,每个子
                                                           //类因为图像文件格式不同,会有不
                                                           //同的读取和处理代码
    virtual ～ImageFormat() {}          //作父类时析构函数应该为虚函数
protected:
    ImageOS * m_pImgOS;                 //委托
};
//png 格式的图像文件
class Image_png :public ImageFormat
{
public:
    Image_png(ImageOS * pimgos) :ImageFormat(pimgos) {}    //构造函数
    virtual void parsefile(const char * pfilename)
    {
        cout << "开始分析 png 文件中的数据并将分析结果放到 pData 中,";
        //以下是模拟代码:模拟从图像文件中读取到了数据,最终转换成了 100 字节的数据格式
        //(事先约定好的格式规范)并返回
        int iLen = 100;
        char * presult = new char[iLen];
        m_pImgOS -> draw(presult, iLen);

        //释放资源
        delete presult;
    }
};
//jpg 格式的图像文件
class Image_jpg :public ImageFormat
{
public:
    Image_jpg(ImageOS * pimgos) :ImageFormat(pimgos) {}    //构造函数
    virtual void parsefile(const char * pfilename)
    {
        cout << "开始分析 jpg 文件中的数据并将分析结果放到 pData 中,";
        //…
    }
};
//bmp 格式的图像文件
class Image_bmp :public ImageFormat
```

```
{
public:
    Image_bmp(ImageOS * pimgos) :ImageFormat(pimgos) {}      //构造函数
    virtual void parsefile(const char * pfilename)
    {
        cout << "开始分析 bmp 文件中的数据并将分析结果放到 pData 中,";
        //…
    }
};
```

在 main 主函数中,注释掉原有代码,增加如下代码:

```
ImageOS * pimgos_windows = new ImageOS_Windows();   //针对 Windows 操作系统
ImageFormat * pimg_png = new Image_png(pimgos_windows);    //运行时把图像文件格式(png)和操
                                                          //作系统(Windows)动态组合到一起

pimg_png->parsefile("c:\somedir\filename.png");

//释放资源
delete pimg_png;
delete pimgos_windows;
```

执行起来,看一看结果:

开始分析 png 文件中的数据并将分析结果放到 pData 中,在 Windows 操作系统下显示 pData 所指向的
缓冲区中的图像数据。

16.3　引入桥接模式

首先,根据上述改造后的范例,绘制相关的 UML 图,如图 16.3 所示,其实,该图就是桥
接模式 UML 图。

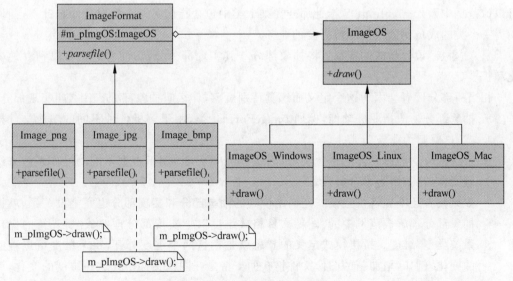

图 16.3　桥接模式 UML 图

一会再详细解释桥接模式，先比较一下图 16.2 与图 16.3，不难看到，采用继承关系设计类时，需要创建 13 个类，而使用委托关系设计类时，只需要创建 8((1+3)+(1+3))个类。如果要多支持一个新的图像文件格式，例如，gif 文件格式，那么采用继承关系设计类会变成 17 个类，而采用委托关系设计类只须要为 ImageFormat 增加一个诸如 Image_gif 这样的子类，也就是一共只需要 9((1+4)+(1+3))个类。

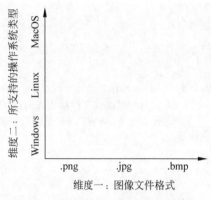

维度二：所支持的操作系统类型

维度一：图像文件格式

图 16.4　范例中的两个独立变化维度

前面谈到程序员的眼光问题。眼光在解决本范例所涉及的问题时显得尤为重要。在这个范例中，存在着两个**独立**变化维度：第一个独立变化维度是图像文件格式，例如，可以有 png、jpg、bmp 等；第二个独立变化维度是所支持的操作系统类型，例如，可以有 Windows、Linux、MacOS，如图 16.4 所示。

之所以重点强调"独立变化维度"，是因为变动（扩展）这两个维度中的任意一个维度都不会对另外一个维度产生影响，也就是说，每个维度都可以分别地、独立地扩展（从而也大大提高了整个项目的可扩展性）。例如，增加一个对 .gif 文件格式的支持，只需要增加一个 Image_gif 子类（以 ImageFormat 作父类），而不需要改动 ImageOS 和其子类，这主要得益于 ImageFormat 子类中的 parsefile 成员函数得到的是一个事先约定好格式规范的缓冲区数据，这些缓冲区数据已经脱离了原始的图像文件格式（png、jpg、bmp 等），采用了一种**统一的格式**来表达，所以在执行 ImageFormat 子类的 parsefile 成员函数时，所遇到的"m_pImgOS-> draw(presult，iLen);"代码行会直接调用 ImageOS 子类的 draw 成员函数，在这个 draw 成员函数中，并不需要区分原始的图像数据来自何种格式的图像文件。这就是笔者所说的图像文件格式维度和操作系统类型维度可以独立变化。而独立变化，才是能够顺利使用桥接模式的前提。

其实变化的维度不止限于两个，可以更多，只要这些维度之间彼此的变化是独立的，就可以像范例中引入 m_pImgOS 指针那样在某个类中包含指向另一个类对象的指针，从而调用另一个类的成员函数来处理所需要的业务。

引入"**桥接**"设计模式的定义：将抽象部分与其实现部分分离，使它们都可以独立地变化和扩展。

相当一部分读者会因为这个定义而感觉特别疑惑，什么叫抽象部分？什么叫实现部分？

- 抽象部分一般指业务**功能**，例如 ImageFormat 类，用于解析各种不同的图像文件格式，这就归为业务功能。
- 实现部分一般指具体的平台实现，例如 ImageOS 类，用于根据不同的操作系统来绘制图像，这就归为平台实现。
- 如果读者还不理解桥接模式定义中谈到的**抽象部分**和**实现部分**也完全没关系，就把抽象部分理解成范例中的"图像文件格式维度"，把实现部分理解成"所支持的操作系统类型"维度。桥接模式定义的意思就是把这两个维度分开，每个维度可以独立的变化，例如，增加新的图像文件格式的支持是在图像文件格式这一维度的变化，而对新操作系统类型的支持是在所支持的操作系统类型这一维度的变化，就是如此简单。当然,抽象部分和实现部分的内部并不是毫无关联的,往往需要两者配合来实现指定的功能(例如,本范例中图像的最终显示)。

所以,在进行开发时,如果遇到有多个独立变化维度的业务需求,进行类设计时应优先考虑使用桥接模式(委托方式)而不是继承方式。

观察图16.3不难发现,桥接模式中桥接的得名,源自桥接模式的 UML 图中 ImageFormat 和 ImageOS 类之间的连线(m_pImgOS 指向 ImageOS 类对象),这个连线像一座**连接**两个独立继承结构(指 ImageFormat 和 ImageOS)的桥,而诸多子类,例如 Image_png、Image_jpg、Image_bmp 以及 ImageOS_Windows、ImageOS_Linux、ImageOS_Mac 可以看成是诸多桥墩(支起了这座桥),如图16.5所示。

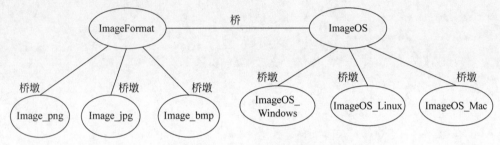

图16.5 桥接模式像被多个桥墩顶起来的一座桥

ImageFormat 类和 ImageOS 之间的关系就叫桥接。用"桥接"设计模式定义中用到的术语来说,桥接就在抽象部分与实现部分之间担当着桥梁作用,桥梁两侧的每一部分又都可以独立变化。

桥接模式的 UML 图中包含4种角色。

(1) Abstraction(抽象部分相关接口):定义抽象类的接口,其中包含一根指向 Implementor 类型对象的指针。这里指 ImageFormat 类。

(2) RefinedAbstraction(扩充抽象部分接口):实现在 Abstraction 中定义的接口,还可以在其中调用在 Implementor 中定义的方法。这里指 Image_png、Image_jpg、Image_bmp 类。

(3) Implementor(实现部分相关接口):定义实现类的接口,这些接口可能与 Abstraction 中的接口一致,也可能完全不同。通常 Implementor 中定义的接口仅提供基本操作,而 Abstraction 中定义的接口会实现更多、更复杂的功能。这里指 ImageOS 类。

(4) ConcreteImplementor(实现部分具体类):实现在 Implementor 中定义的接口。这里指 ImageOS_Windows、ImageOS_Linux、ImageOS_Mac 类。

桥接模式用组合关系解决了传统继承关系存在的类数量爆炸式增长的问题,使用对象组合方式解决问题,使代码更灵活、更易于扩展。桥接模式的实现代码不仅体现了单一职责原则,还体现了开闭原则、组合复用原则、依赖倒置原则等。当然,使用桥接模式所付出的代价是增加了代码的设计和理解难度。

要使用好桥接模式,难点在于正确识别出一个事物中所具有的两个或者多个能够独立变化的维度(这两个或者多个维度之间完全解耦),这可能需要长期的练习和经验的积累。只要能够正确做到这一点,就可以将每个维度设计为独立的继承结构并在它们之间搭一座桥。而对于桥接模式定义中提到的抽象部分与实现部分,如果将一个维度当成抽象部分,那么将另外一个维度当成实现部分就可以了。

桥接模式还有一种退化的形式,也就是如果 Implementor 仅有一个实现,那么就不需要创建抽象的 Implementor 类,而是直接创建和使用 ConcreteImplementor 类,当然,此时仍旧要保持 Abstraction 和 ConcreteImplementor 处于分离状态(仍旧是两个维度)以方便将来的扩展。

桥接模式可以连续组合使用,例如一个桥接模式的实现部分,可以作为下一个桥接模式的抽象部分,这样就很容易做到支持超过两个独立变化的维度。

## 第 17 章

中介者模式

中介者(Mediator)模式还有一个名字叫作调停者模式,是一种行为型模式。显然,中介者扮演的是一个中间人的角色。现实生活中的媒人就是一个典型的中间人角色,青年男女互相认识要通过媒人,男人或者女人有什么话要带给对方也需要通过媒人来转达。该模式思想简单,容易理解,实现代码相对烦琐但并不复杂。

17.1 中介者的基本概念

为进一步了解中介者的基本概念以及中介者所扮演的角色,不妨设想如下几类比较常见且典型的存在中介者角色的场景。

1. 计算机的各个组成部件

典型的计算机是由 CPU、内存、硬盘、声卡、显卡、网卡等配件构成,这些配件都插在**主板**上,主板对于这些计算机配件来讲,就是一个中介者,各个配件之间的数据通信和交互都通过主板进行。设想一下从硬盘上读一个图形文件并显示到屏幕上,涉及计算机配件可能包括硬盘、CPU、内存、显卡等,通过主板,这些配件可以协调工作。但是,如果没有主板,配件之间的数据交换就麻烦了。从理论上来说,每个计算机配件之间都存在着数据交换的可能,这种数据交换看起来非常杂乱,呈现一种**网状**结构,这种网状结构体现的是一种多对多的关系(一个配件可能要跟其他多个配件进行交互,注意双向箭头表示双向依赖),如图 17.1 所示。

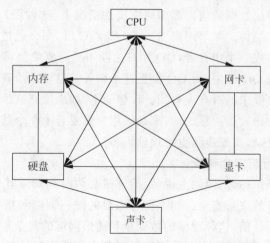

图 17.1　没有中介者(主板)时计算机配件数据交换示意图

图 17.1 的结构看起来非常复杂（注意这只是个示意图，可能现实中并不是每个配件都会与所有其他配件进行数据交换），但如果有了主板这个中介者的存在，每个配件只需要与主板打交道，主板可以把某个配件的信息发送给其他配件，**配件之间不再需要打交道**，那么此时数据的交换就呈现出了一种**星状**结构，这种结构看起来就简单和清晰多了，如图 17.2所示。

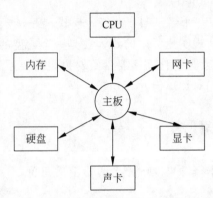

图 17.2　有中介者（主板）时计算机配件数据交换示意图

2. QQ 聊天

QQ 是腾讯公司开发的一款聊天软件，全世界有数亿人在使用它。在 QQ 中，有两种常见的聊天方式：

- 可以与好友或者陌生人单独聊天（私聊）；
- 加入到了一个 QQ 群中，那么我们所发送的聊天信息可以被其他群友看到，其他群友发送的聊天信息也可以被我们看到。

QQ 用户之间的关系是烦琐和复杂的。从理论上讲，任何两个用户之间都可以私聊，在无须探究用户之间私聊的数据通信内部如何完成的情况下，这种用户之间的关系看起来就是一种杂乱无章的网状结构。如果用户加入了一个 QQ 群，那么通过 QQ 群聊天的时候，就可以把这个 QQ 群想象成一个中介者，QQ 用户之间不再需要单独聊天，每个用户只需要把自己的聊天信息发送到 QQ 群中，由 QQ 群把这条聊天信息转发给其他 QQ 用户，然后这条聊天信息就会被该 QQ 群中的所有人看到。设想一下，如果没有这个 QQ 群，某个 QQ 用户要给 100 个其他 QQ 用户发送消息的话，那么该用户就要与 100 个其他 QQ 用户打交道，通信关系就会变得非常复杂，实现步骤也将烦琐很多。

3. 飞机的安全飞行与安全着陆

空中交通是非常繁忙的，从原则上说，每架飞机必须时刻知道其他飞机所处的位置、高度等信息才能保证自身的飞行安全。如果没有塔台的统一调度和指挥，那么每个飞机都需要实时与其他飞机进行通信，这种通信的数据量和通信网络的复杂程度超乎想象，而且显然还会产生很多不必要的通信信息（例如，两架飞机距离相距十万八千里，那么彼此之间实时保持通信根本没有必要)。

在这里,塔台就扮演着中介者的角色,每架飞机只需要与塔台打交道,实时报告自身当前的位置、高度等信息,塔台就可以把这些信息实时发送给附近的其他飞机,以做到让其他飞机知晓以及合理避让,通过塔台对飞机的统一调度指挥,飞机之间不再需要彼此通信,大大减少了通信信息的传递,也大大简化了通信网络的复杂程度。

17.2　中介者模式范例的引入

前面谈到了在实际的工作和生活中可能扮演中介者的角色,在实际的开发中,中介者模式在事件驱动类的软件中有比较广的应用,尤其是常常运用在程序的 UI 界面设计中。

设想当前正在开发一个网络游戏的登录界面,如图 17.3 所示。

在图 17.3 中,玩家可以以两种方式登录游戏:一种是"游客登录",另一种是"账号登录",这两种登录方式只能二选一。

选择"游客登录"的好处是不用输入账号和密码就可以直接单击"登录"按钮来登录游戏,坏处是游戏进度只能保存在当前计算机中,如果换一台计算机,游戏进度信息将全部丢失。选择"账号登录"的麻烦之处是需要输入账号和密码后才能单击"登录"按钮来登录游戏,好处是即便换一台计算机,输入同样的账号和密码登录游戏后游戏的进度信息会全部保留。

看起来,如图 17.3 所示的对话框实现起来并不复杂,但想实现则要注意很多细节,例如:

- "游客登录"和"账号登录"是两个单选按钮并且同在一个组中,这意味着若"游客登录"单选按钮被选中时,"账号登录"单选按钮必然不能被选中;反之,当"账号登录"单选按钮被选中时,"游客登录"单选按钮必然不能被选中。
- 在任意时刻,要么"游客登录"单选按钮被选中,要么"账号登录"单选按钮被选中,两者必居其一。
- 当"游客登录"单选按钮被选中时,"账号"和"密码"编辑框应该处于禁用(灰色无效)状态,用来提醒玩家此时不需要输入账号和密码就可以登录游戏。而若玩家单击"账号登录"单选按钮切换回账号登录时,"账号"和"密码"编辑框应该还原回启用状态,以表明玩家需要输入账号和密码才能登录游戏,如图 17.4 所示。

图 17.3　一个网络游戏的登录对话框

图 17.4　"游客登录"时"账号"和"密码"都处于禁用状态

- 当"账号登录"单选按钮被选中时,如果"账号"或"密码"这两个编辑框之一为空(没有任何字符输入),则禁用"登录"按钮以提示玩家账号和密码都不能为空才能尝试登录游戏,只有"账号"和"密码"编辑框都有内容时,"登录"按钮才有效,如图17.5所示。

图17.5 "账号登录"时"账号"和"密码"编辑框都不为空才允许登录游戏

- "退出"按钮表示退出当前游戏的登录界面(其实就是退出整个游戏),该按钮始终允许被单击。如果有其他描述方面的遗漏,读者也可以自行补充。

看起来上述界面的实现比较烦琐,多个 UI 控件(包括单选按钮、编辑框、普通按钮等)之间有比较复杂的关联和约束关系(联动关系),如果不采用中介者模式来编写代码,可以尝试看看如何编写代码来实现 UI 控件之间的联动。

首先创建一个所有 UI 控件的父类,代码如下:

```cpp
//UI 控件类的父类
class CtlParent
{
public:
    CtlParent(string caption) :m_caption(caption) {}     //构造函数
    virtual ~CtlParent() {}                              //作父类时析构函数应该为虚函数
public:
    //当 UI 控件发生变化时该成员函数会被调用
    virtual void Changed(map< string, CtlParent * > &tmpuictllist) = 0;
    //形参所代表的map容器中包含着所有对话框中涉及的 UI 控件,注意文件头要有 #include < map >
    //设置 UI 控件启用或禁用
    virtual void Enable(bool sign) = 0;
protected:
    string m_caption;        //控件上面显示的文字内容,本范例假设每个 UI 控件上的文字都不同
};
```

接着,分别创建普通按钮、单选按钮、编辑控件相关的类,它们都继承自 CtlParent 类:

```cpp
//普通按钮相关类
class Button : public CtlParent
{
public:
    Button(string caption) :CtlParent(caption) {}           //构造函数
public:
```

```cpp
    //设置按钮的启用或禁用
    virtual void Enable(bool sign)
    {
        if(sign == true)
        {
            cout << "按钮" << m_caption << "被设置为了\"启用\"状态" << endl;
        }
        else
        {
            cout << "按钮" << m_caption << "被设置为了\"禁用\"状态" << endl;
        }
        //具体实现按钮启用或者禁用的代码略…
    }
    //按钮被按下时该成员函数会被调用
    virtual void Changed(map< string, CtlParent * > & tmpuictllist);
};


//单选按钮相关类
class RadioBtn: public CtlParent
{
public:
    RadioBtn(string caption) :CtlParent(caption) {}        //构造函数
public:
    //设置单选按钮的启用或禁用
    virtual void Enable(bool sign)
    {
        //本范例用不到该功能,实现代码略…
    }
    //设置单选按钮为被选中或者被取消选中,被选中的单选按钮中间有个黑色实心圆点
    void Selected(bool sign)
    {
        if (sign == true)
        {
            cout << "单选按钮" << m_caption << "被选中" << endl;
        }
        else
        {
            cout << "单选按钮" << m_caption << "被取消选中" << endl;
        }
        //具体实现单选按钮被选中或者被取消选中的代码略…
    }
    //单选按钮被单击时该成员函数会被调用
    virtual void Changed(map< string, CtlParent * > & tmpuictllist);
};


//编辑框相关类
class EditCtl : public CtlParent
{
public:
    EditCtl(string caption):CtlParent(caption) {}          //构造函数
public:
```

```
    //设置编辑框的启用或禁用
    void Enable(bool sign)
    {
        if (sign == true)
        {
            cout << "编辑框" << m_caption << "被设置为了\"启用\"状态" << endl;
        }
        else
        {
            cout << "编辑框" << m_caption << "被设置为了\"禁用\"状态" << endl;
        }
        //具体实现编辑框启用或者禁用的代码略…
    }
    //是否编辑框中的内容为空
    bool isContentEmpty()
    {
        return m_content.empty();
    }
    //编辑框内容发生变化时该成员函数会被调用
    virtual void Changed(map < string, CtlParent * > & tmpuictllist);
private:
    string m_content = "";                        //编辑框中的内容
};
```

有了 Button、RadioBtn、EditCtl 子类的定义,接下来就可以实现这些子类的 Changed 成员函数了。因为这些子类之间有千丝万缕的联系,涉及相互之间的调用,所以在前面必须率先把这些子类定义出来。

```
//按钮被按下时该成员函数会被调用
void Button::Changed(map < string, CtlParent * > & tmpuictllist)
{
    if (m_caption == "登录")
    {
        //按下的是登录按钮
        cout << "开始游戏登录验证,根据验证结果决定是进入游戏之中还是验证失败给出提示!"
<< endl;
    }
    else if (m_caption == "退出")
    {
        //按下的是退出按钮,则退出整个游戏
        cout << "游戏退出,再见!" << endl;
    }
}


//单选按钮被单击时该成员函数会被调用
void RadioBtn::Changed(map < string, CtlParent * > & tmpuictllist)
{
    if (m_caption == "游客登录")
    {
        (static_cast < RadioBtn * >(tmpuictllist["游客登录"])) - > Selected(true);
                                        //"游客登录"单选按钮设置为选中
```

```
            (static_cast<RadioBtn*>(tmpuictllist["账号登录"]))->Selected(false);
                                            //"账号登录"单选按钮设置为取消选中

            tmpuictllist["账号"]->Enable(false);        //"账号"编辑框设置为禁用
            tmpuictllist["密码"]->Enable(false);        //"密码"编辑框设置为禁用

            tmpuictllist["登录"]->Enable(true);         //"登录"按钮设置为启用
        }
        else if (m_caption == "账号登录")
        {
            (static_cast<RadioBtn*>(tmpuictllist["游客登录"]))->Selected(false);
                                            //"游客登录"单选按钮设置为取消选中
            (static_cast<RadioBtn*>(tmpuictllist["账号登录"]))->Selected(true);
                                            //"账号登录"单选按钮设置为选中

            tmpuictllist["账号"]->Enable(true);         //"账号"编辑框设置为启用
            tmpuictllist["密码"]->Enable(true);         //"密码"编辑框设置为启用

            if ((static_cast<EditCtl*>(tmpuictllist["账号"]))->isContentEmpty() || (static_
cast<EditCtl*>(tmpuictllist["密码"]))->isContentEmpty())
            {
                //如果"账号"编辑框或者"密码"编辑框有一个为空,则不允许登录
                tmpuictllist["登录"]->Enable(false);    //"登录"按钮设置为禁用
            }
            else
            {
                tmpuictllist["登录"]->Enable(true);     //"登录"按钮设置为启用
            }
        }
    }

//编辑框内容发生变化时该成员函数会被调用
void EditCtl::Changed(map<string, CtlParent*>& tmpuictllist)
{
    if ((static_cast<EditCtl*>(tmpuictllist["账号"]))->isContentEmpty() || (static_cast
<EditCtl*>(tmpuictllist["密码"]))->isContentEmpty())
    {
        //如果"账号"编辑框或者"密码"编辑框有一个为空,则不允许登录
        tmpuictllist["登录"]->Enable(false);          //"登录"按钮设置为禁用
    }
    else
    {
        tmpuictllist["登录"]->Enable(true);           //"登录"按钮设置为启用
    }
}
```

在 main 主函数中可以增加如下测试代码来模拟"账号登录"单选按钮被单击选中时的情形。首先,创建各种 UI 控件:

```
//创建各种 UI 控件
map<string, CtlParent*> uictllist;                  //将所有创建的 UI 控件保存到 map 容
                                                    //器中,方便进行参数传递
```

```
uictllist["登录"] = new Button("登录");
uictllist["退出"] = new Button("退出");

uictllist["游客登录"] = new RadioBtn("游客登录");
uictllist["账号登录"] = new RadioBtn("账号登录");

uictllist["账号"] = new EditCtl("账号");
uictllist["密码"] = new EditCtl("密码");
```

接着，需要设置一下对话框刚开始出现时（默认状态），各个 UI 控件的状态：

```
//设置一下默认的 UI 控件状态
//因为只有子类型才有 Selected 成员函数，所以这里需要用到强制类型转换
(static_cast< RadioBtn *>(uictllist["游客登录"]))->Selected(true);
                                                //"游客登录"单选按钮设置为选中
(static_cast< RadioBtn *>(uictllist["账号登录"]))->Selected(false);
                                                //"账号登录"单选按钮设置为取消选中

uictllist["账号"]->Enable(false);              //"账号"编辑框设置为禁用
uictllist["密码"]->Enable(false);              //"密码"编辑框设置为禁用

uictllist["登录"]->Enable(true);               //"登录"按钮设置为启用
uictllist["退出"]->Enable(true);               //"退出"按钮设置为启用
```

当然，可能还需要设置 UI 控件的位置等代码，不过这些代码与本章所讨论的设计模式无关，因此不做介绍。下面模拟"账号登录"单选按钮被单击选中时的情形，继续在 main 主函数中增加代码：

```
cout << " -------------------------- " << endl;
uictllist["账号登录"]->Changed(uictllist);        //模拟"账号登录"单选按钮被单击选中
```

上面这行调用 Changed 成员函数的代码会执行 RadioBtn 类的 Changed 成员函数，根据前面的分析，该成员函数中的代码实现了当"账号登录"单选按钮被选中时，如果"账号"或"密码"这两个编辑框之一为空（没有任何字符输入），则禁用"登录"按钮，以提示玩家账号和密码都不能为空才能尝试登录游戏，只有"账号"和"密码"编辑框都有内容时，"登录"按钮才有效。

当然，不要忘记释放资源，养成良好的习惯，在 main 主函数中增加如下代码：

```
//释放资源
for(auto iter = uictllist.begin(); iter != uictllist.end(); iter++)
{
    delete iter->second;
    iter->second = nullptr;
}
```

执行起来，看一看结果：

```
单选按钮"游客登录"被选中
单选按钮"账号登录"被取消选中
编辑框"账号"被设置为了"禁用"状态
```

编辑框"密码"被设置为了"禁用"状态
按钮"登录"被设置为了"启用"状态
按钮"退出"被设置为了"启用"状态
————————————————————
单选按钮"游客登录"被取消选中
单选按钮"账号登录"被选中
编辑框"账号"被设置为了"启用"状态
编辑框"密码"被设置为了"启用"状态
按钮"登录"被设置为了"禁用"状态

结果中的最后 5 行显示了当"账号登录"单选按钮被选中时,对其他 UI 控件所做的状态调整。

可以看到,整个的实现代码比较烦琐,当"账号登录"单选按钮被选中时,会影响到许多其他控件的状态(调用了许多其他控件所属类的成员函数),读者能看到的是 Button、RadioBtn、EditCtl 类的 Changed 成员函数中还包含各种代码,这属于典型的网状结构——一个对象(控件)发生改变时会与许多其他对象进行交互,对象之间彼此耦合,相互纠缠、制约和依赖,大大降低了对象的可复用性。如果新增或删除一个 UI 控件类,那么与该 UI 控件交互的其他 UI 控件类也必须进行修改,而这就违反了开闭原则。

此时,就可以使用中介者模式。在中介者模式中会引入一个中介者对象,各个 UI 控件之间不再需要彼此通信,只与中介者对象进行通信,中介者会把某个 UI 控件发送来的信息传达给其他 UI 控件,这样,以往分散在各个 UI 控件子类中的逻辑处理代码(Button、RadioBtn、EditCtl 类的 Changed 成员函数中的代码)就可以统一写在中介者类中,中介者负责控制和协调一组对象之间的交互,某个对象不需要知道其他对象的存在,只需要知道中介者的存在并与其打交道即可。

下面使用中介者模式来重新实现一下上述范例,然后再正式引入中介者模式的定义以及该模式的 UML 图。

首先,按照中介者设计模式的编写惯例,会先创建一个中介者抽象父类 Mediator,其中会声明一个成员函数(ctlChanged)接口,UI 控件通过调用这个成员函数与中介者对象进行交互。同时,中介者对象为了能够与所有的 UI 控件交互,也会持有所有 UI 控件的指针(createCtrl 成员函数)。Mediator 类的代码如下:

```cpp
//类前向声明
class CtlParent;

//中介者父类
class Mediator
{
public:
    virtual ~Mediator() {}              //作父类时析构函数应该为虚函数

public:
    virtual void createCtrl() = 0;      //创建所有需要用到的 UI 控件
    virtual void ctlChanged(CtlParent *) = 0;  //当某个 UI 控件发生变化时调用中介
                                        //者对象的该成员函数来通知中介者
};
```

接着,定义 UI 控件类的父类 CtlParent,为了与中介者类对象交互,该类中必须有一个指向中介者类对象的指针 m_pmediator,同时应注意其中的 Changed 成员函数,控件就是通过该成员函数与中介者对象进行交互的,代码如下:

```cpp
//UI 控件类的父类
class CtlParent
{
public:
    CtlParent(Mediator * ptmpm,string caption) :m_pmediator(ptmpm), m_caption(caption){}
                                                //构造函数
    virtual ~CtlParent() {}                     //作父类时析构函数应该为虚函数

public:
    //当 UI 控件发生变化时该成员函数会被调用
    virtual void Changed()
    {
        m_pmediator->ctlChanged(this);          //通知中介者对象,所有事情让中介者对象去做
    }

    //设置 UI 控件启用或禁用
    virtual void Enable(bool sign) = 0;

protected:
    Mediator * m_pmediator;                     //指向中介者对象的指针
    string m_caption;                           //控件上面显示的文字内容,可能并不是所有
                                                //控件都需要,但这里为显示方便依旧引入
};
```

接着,分别创建普通按钮、单选按钮、编辑控件相关的类,它们都继承自 CtlParent 类,注意,每个类中构造函数的第一个参数都是用于指向中介者类对象的指针:

```cpp
//普通按钮相关类
class Button: public CtlParent
{
public:
    Button(Mediator * ptmpm,string caption) :CtlParent(ptmpm,caption) {}
                                                //构造函数
    //设置按钮的启用或禁用
    virtual void Enable(bool sign)
    {
        if (sign == true)
        {
            cout << "按钮" << m_caption << "被设置为了\"启用\"状态" << endl;
        }
        else
        {
            cout << "按钮" << m_caption << "被设置为了\"禁用\"状态" << endl;
        }
        //具体实现按钮启用或者禁用的代码略…
    }
};
```

```cpp
//单选按钮相关类
class RadioBtn: public CtlParent
{
public:
    RadioBtn(Mediator * ptmpm, string caption) :CtlParent(ptmpm,caption) {}
                                                    //构造函数
    //设置单选按钮的启用或禁用
    virtual void Enable(bool sign)
    {
        //用不到该功能,实现代码略…
    }

    //设置单选按钮为被选中或者被取消选中,被选中的单选按钮中间有个黑色实心圆点
    void Selected(bool sign)
    {
        if(sign == true)
        {
            cout << "单选按钮" << m_caption << "被选中" << endl;
        }
        else
        {
            cout << "单选按钮" << m_caption << "被取消选中" << endl;
        }
        //具体实现单选按钮被选中或者被取消选中的代码略…
    }
};

//编辑框相关类
class EditCtl: public CtlParent
{
public:
    EditCtl(Mediator * ptmpm, string caption) :CtlParent(ptmpm,caption) {}
                                                    //构造函数
    //设置编辑框的启用或禁用
    void Enable(bool sign)
    {
        if (sign == true)
        {
            cout << "编辑框" << m_caption << "被设置为了\"启用\"状态" << endl;
        }
        else
        {
            cout << "编辑框" << m_caption << "被设置为了\"禁用\"状态" << endl;
        }
        //具体实现编辑框启用或者禁用的代码略…
    }
    //是否编辑框中的内容为空
    bool isContentEmpty()
    {
        return m_content.empty();
    }
    //其他成员函数略…
private:
    string m_content = "";                          //编辑框中的内容
```

```
};
```

有了上述这些 UI 控件类，按照中介者设计模式的编写惯例，就可以编写具体的中介者类 concrMediator，该类继承自中介者抽象父类 Mediator，代码如下：

```
//具体中介者类
class concrMediator : public Mediator
{
public:
    ~concrMediator()                              //析构函数
    {
        //释放资源
        if (mp_login) { delete mp_login; mp_login = nullptr; }
        if (mp_logout) { delete mp_logout; mp_logout = nullptr; }

        if (mp_rbtn1) { delete mp_rbtn1; mp_rbtn1 = nullptr; }
        if (mp_rbtn2) { delete mp_rbtn2; mp_rbtn2 = nullptr; }

        if (mp_edtctl1) { delete mp_edtctl1; mp_edtctl1 = nullptr; }
        if (mp_edtctl2) { delete mp_edtctl2; mp_edtctl2 = nullptr; }
    }
    //创建各种 UI 控件
    virtual void createCtrl()
    {
        //当然，各种 UI 控件对象在外面创建，然后把地址传递进来也可以
        mp_login = new Button(this,"登录");
        mp_logout = new Button(this,"退出");

        mp_rbtn1 = new RadioBtn(this,"游客登录");
        mp_rbtn2 = new RadioBtn(this,"账号登录");

        mp_edtctl1 = new EditCtl(this,"账号编辑框");
        mp_edtctl2 = new EditCtl(this,"密码编辑框");

        //设置一下默认的 UI 控件状态
        mp_rbtn1->Selected(true);          //"游客登录"单选按钮设置为选中
        mp_rbtn2->Selected(false);         //"账号登录"单选按钮设置为取消选中

        mp_edtctl1->Enable(false);         //"账号"编辑框设置为禁用
        mp_edtctl2->Enable(false);         //"密码"编辑框设置为禁用

        mp_login->Enable(true);            //"登录"按钮设置为启用
        mp_logout->Enable(true);           //"退出"按钮设置为启用

        //UI 控件的位置设置等代码略…
    }

    //当某个 UI 控件发生变化时调用中介者对象的该成员函数来通知中介者
    virtual void ctlChanged(CtlParent * p_ctrl)
    {
        if (p_ctrl == mp_login)            //登录按钮被单击
```

```
    {
        cout << "开始游戏登录验证,根据验证结果决定是进入游戏之中还是验证失败给出提
示!" << endl;
    }
    else if (p_ctrl == mp_logout)            //退出按钮被单击
    {
        //退出整个游戏
        cout << "游戏退出,再见!" << endl;
    }

    if (p_ctrl == mp_rbtn1)                  //游客登录单选按钮被单击
    {
        mp_rbtn1 -> Selected(true);          //"游客登录"单选按钮设置为选中
        mp_rbtn2 -> Selected(false);         //"账号登录"单选按钮设置为取消选中

        mp_edtctl1 -> Enable(false);         //"账号"编辑框设置为禁用
        mp_edtctl2 -> Enable(false);         //"密码"编辑框设置为禁用

        mp_login -> Enable(true);            //"登录"按钮设置为启用
    }
    else if (p_ctrl == mp_rbtn2)             //账号登录单选按钮被单击
    {
        mp_rbtn1 -> Selected(false);         //"游客登录"单选按钮设置为取消选中
        mp_rbtn2 -> Selected(true);          //"账号登录"单选按钮设置为选中

        mp_edtctl1 -> Enable(true);          //"账号"编辑框设置为启用
        mp_edtctl2 -> Enable(true);          //"密码"编辑框设置为启用

        if (mp_edtctl1 -> isContentEmpty() || mp_edtctl2 -> isContentEmpty())
        {
            //如果"账号"编辑框或者"密码"编辑框有一个为空,则不允许登录
            mp_login -> Enable(false);       //"登录"按钮设置为禁用
        }
        else
        {
            mp_login -> Enable(true);        //"登录"按钮设置为启用
        }
    }
    if (p_ctrl == mp_edtctl1 || p_ctrl == mp_edtctl2)   //账号或密码编辑框内容发生改变
    {
        if (mp_edtctl1 -> isContentEmpty() || mp_edtctl2 -> isContentEmpty())
        {
            //如果"账号"编辑框或者"密码"编辑框有一个为空,则不允许登录
            mp_login -> Enable(false);       //"登录"按钮设置为禁用
        }
        else
        {
            mp_login -> Enable(true);        //"登录"按钮设置为启用
        }
    }
}
```

```
public:                                //为方便外界使用,这里以 public 修饰,实际项
                                       //目中可以写一个成员函数来 return 这些指针
    Button * mp_login = nullptr;       //登录按钮
    Button * mp_logout = nullptr;      //退出按钮

    RadioBtn * mp_rbtn1 = nullptr;     //游客登录单选按钮
    RadioBtn * mp_rbtn2 = nullptr;     //账号登录单选按钮

    EditCtl * mp_edtctl1 = nullptr;    //账号编辑框
    EditCtl * mp_edtctl2 = nullptr;    //密码编辑框
};
```

在 main 主函数中,注释掉原有代码,增加如下代码:

```
concrMediator mymedia;
mymedia.createCtrl();
cout << " ------------- 当\"账号登录\"单选按钮被按下时: ------------- " << endl;
mymedia.mp_rbtn2 -> Changed();         //模拟"账号登录"单选按钮被按下,则去通知
                                       //中介者,由中介者实现具体的逻辑处理
```

执行起来,看一看结果:

```
单选按钮"游客登录"被选中
单选按钮"账号登录"被取消选中
编辑框"账号编辑框"被设置为了"禁用"状态
编辑框"密码编辑框"被设置为了"禁用"状态
按钮"登录"被设置为了"启用"状态
按钮"退出"被设置为了"启用"状态
------------- 当"账号登录"单选按钮被按下时: -------------
单选按钮"游客登录"被取消选中
单选按钮"账号登录"被选中
编辑框"账号编辑框"被设置为了"启用"状态
编辑框"密码编辑框"被设置为了"启用"状态
按钮"登录"被设置为了"禁用"状态
```

分析重新实现后的代码,不难看到,当执行代码行"mymedia.mp_rbtn2-> Changed();"来模拟"账号登录"单选按钮被按下时,该行代码的调用关系大概如下:

```
(i) mymedia.mp_rbtn2 -> Changed();              //执行 CtlParent::Changed 函数
(i)     m_pmediator -> ctlChanged(this);        //执行 concrMediator::ctlChanged 函数通知中介者
(i)         ...
(i)         else if (p_ctrl == mp_rbtn2)        //本条件成立,表示账号登录单选按钮被单击
(i)             mp_rbtn1 -> Selected(false);    //"游客登录"单选按钮设置为取消选中
(i)             mp_rbtn2 -> Selected(true);     //"账号登录"单选按钮设置为选中
(i)             mp_edtctl1 -> Enable(true);     //"账号"编辑框设置为启用
(i)             mp_edtctl2 -> Enable(true);     //"密码"编辑框设置为启用
(i)             if (mp_edtctl1 -> isContentEmpty() || mp_edtctl2 -> isContentEmpty())
(i)                 mp_login -> Enable(false);  //"登录"按钮设置为禁用
(i)             else
(i)                 mp_login -> Enable(true);   //"登录"按钮设置为启用
```

从上述调用关系可以看到,"账号登录"单选按钮被选中时,会通知中介者处理,所有核心的处理代码都在中介者类中,因为中介者类中有所有 UI 控件对象的指针,所以中介者可以通过这些指针调用这些 UI 控件对象的成员函数,以达到正确设置这些 UI 控件状态的目的,这就相当于通知其他 UI 控件某个 UI 控件发生了变动。

17.3 引入中介者模式

引入"**中介者**"模式的定义:用一个中介对象(中介者)来封装一系列的对象交互。中介者使各个对象不需要显式地相互引用,从而使其耦合松散,而且可以独立地改变它们之间的交互方式。

根据上述改造后的范例,绘制中介者模式的 UML 图,如图 17.6 所示。

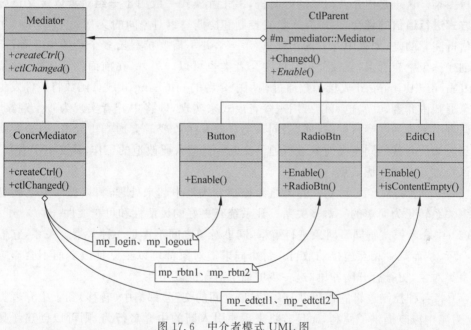

图 17.6 中介者模式 UML 图

从图 17.6 中可以看到,**CtlParent** 类中持有一个指向中介者对象的指针(m_pmediator),这样当 UI 控件自身发生变化时可以通过这个指针通知中介者对象(调用中介者类的成员函数)。此外,**具体中介者类 ConcrMediator** 持有所有指向 UI 控件的指针(mp_login、mp_logout、mp_rbtn1、mp_rbtn2、mp_edtctl1、mp_edtctl2),这样,当中介者对象知道某个 UI 控件发生变化时,可以把这些变化通知任何其他的 UI 控件(调用这些 UI 控件所属类的成员函数)。

中介者模式的 UML 图中包含 4 种角色。

(1) Mediator(抽象中介者类):定义一些接口(抽象方法),后面谈到的各个同事对象(各个 UI 控件)可以调用这些接口来与中介者进行通信。这里指 Mediator 类。

(2) ConcreteMediator(具体中介者类):继承自抽象中介者类,实现父类中定义的抽象方法,其中保存了各个同事对象的指针用于与同事对象进行通信实现协作行为。这里指

concrMediator 类。

（3）Colleague（抽象同事类）：定义同事类共有的方法（例如 Changed）和一些需要子类实现的抽象方法（例如 Enable），同时维持了一个指向中介者对象的指针（m_pmediator），用于与中介者对象通信。这里指 CtlParent 类。

（4）ConcreteColleague（具体同事类）：继承自抽象同事类，实现父类中定义的抽象方法。以往同事类对象之间的通信在引入中介者模式后，具体的同事类对象就不再需要与其他同事类对象通信（不需要了解其他同事类对象），只需要与中介者通信，中介者会根据实际情况完成与其他同事类对象的通信。这里指 Button、RadioBtn、EditCtl 类。

面向对象程序设计鼓励将行为分布到各个对象中，虽然将一个系统分隔成许多对象通常可以增强复用性，但对象之间相互连接（交互）的增加又会降低对象的复用性。大量的相互连接使多个对象之间必须协同才能完成工作，整个系统变得难以分隔，代码的调整和改动也变得困难。这正是中介者出场的好时机，中介者模式一般用于**一组对象以定义良好但复杂的方式进行通信的场合**，由中介者负责控制和协调一组对象间的交互。

值得注意的是，如果中介者的实现只有一个，并不需要扩展出多个具体中介者，那么可以不创建抽象中介者类，直接使用具体中介者类也可以。另外，在前面的范例中，抽象同事类 CtlParent 中 Changed 成员函数通过调用中介者的 ctlChanged 成员函数将控件发生变化的消息通知中介者，其实也可以采用观察者模式来实现，即将中介者实现为一个观察者，而各个同事类实现为观察目标，这样，当同事类对象发生改变时会通知中介者，中介者就可以在接到通知后与其他同事类对象进行通信交互。这些代码改造的工作，就交由读者来完成。

该模式具有如下优缺点：

（1）中介者将对象之间复杂的沟通和控制方式集中起来处理，将以往对象之间复杂的多对多关系转化为简单的一对多关系。让系统有更好的灵活性和可扩展性。

（2）中介者模式将同事对象进行解耦，同事对象之间不再是一种紧耦合关系，它们仅知道中介者，从而减少相互连接的数目。每个同事类对象都可以独立地改变而不会影响到其他同事类对象，更符合开闭原则，进一步增加了对象的复用性。

（3）将各种控制逻辑的代码（同事类对象之间的交互）都集中（转移）到了中介者类中实现，这为集中修改提供了便利，而且若将来需要引入**新的中介者行为**，则可以创建新**具体中介者类**来实现。代码的集中实现简化了项目的维护，同时类对象之间传递消息的通路变得简单，消除了对象之间错综复杂的关系，但这也会使中介者类的实现变得非常复杂甚至难以维护，尤其是当同事对象之间的交互非常多时，所以，要平衡好同事对象之间交互的复杂度和中介者对象的实现复杂度，再决定是否使用中介者模式，如果中介者的实现太复杂，可能会抵消掉使用该模式在其他方面带来的好处。

在下列情况下可考虑使用中介者模式：
- 对象之间的引用关系过于复杂，某个对象发生变化会导致大量其他对象产生变化，不引入中介者模式，可能会导致代码的分散甚至混乱，极大地提升维护成本。
- 某个对象与大量其他对象进行连接或通信，从而造成该对象很难被复用。
- 希望将多个类（同事类）中的行为封装到一个类（中介者类）中来实现。

第 18 章

备忘录模式

备忘录(Memento)模式也称为快照(Snapshot)模式,是一种行为型模式,是为防止数据丢失而对数据进行备份以备将来恢复这些数据所采用的一种设计模式。换句话说,该模式可以将某个时间点的对象内部的状态保存下来,后续在必要时,根据保存的内容将该对象恢复到当时的状态。备忘录模式结构比较简单,使用频率不算太高。

18.1 一个具体实现范例

本节继续以 A 公司所开发的单机(非网络)闯关打斗类游戏为例进行讲解。策划要求,游戏中每个关卡的末尾都有一个 BOSS(游戏中战斗力很强的怪物)等待玩家挑战,只有成功击败该 BOSS,玩家才能进入下一关,游戏才能继续进行。但是 BOSS 是游戏中由计算机控制的具有人工智能且非常厉害的角色,在与其进行的战斗中,玩家所操控的角色非常容易被 BOSS 击败从而导致整个游戏结束,此时玩家必须从头开始进行游戏。这让玩家挫败感非常强,甚至有部分玩家想要放弃这款游戏。

为了解决这个问题,策划提出在快进入游戏关卡末尾之前(快遇到 BOSS 时),在游戏场景中摆放一个 NPC(非玩家角色),玩家可以通过鼠标与该 NPC 进行交互,花费一定的金钱来保存此时此刻的游戏进度,如果玩家在与 BOSS 战斗中被击败则可以利用游戏中的"载入进度"功能将刚才保存过的游戏进度重新载入,这样玩家就可以立即再次尝试与该 BOSS 进行战斗而不至于从头开始进行游戏。

本节要解决的问题就是如何保存玩家的游戏进度信息的问题。这里的游戏进度信息是指玩家信息,包括玩家当前的生命值、魔法值、攻击力等信息(其他信息读者可以自行添加,例如玩家在游戏世界中的位置、玩家已经通关的关卡编号等)。

本范例直接按照备忘录模式的书写方式来实现。首先设计一个玩家类,为尽量不涉及与本章无关的内容,这里直接用一个 Fighter 类而不采用一系列继承自 Fighter 类的子类来代表玩家,代码如下:

```
//玩家主角类
class Fighter
{
public:
    //构造函数
    Fighter(int life, int magic, int attack) :m_life(life), m_magic(magic), m_attack(attack) {}
```

```
private:
    //角色属性
    int m_life;                              //生命值
    int m_magic;                             //魔法值
    int m_attack;                            //攻击力
    //…其他数据略
};
```

为了将游戏进度进行保存，换句话说，为了保存玩家的生命值、魔法值、攻击力等信息，引入一个与 Fighter 类相关的备忘录类，取名为 FighterMemento，需要保存的玩家信息可以保存到该备忘录中。FighterMemento 类代码如下（将该类的定义写在 Fighter 类之前）：

```
//玩家主角相关的备忘录类
class FighterMemento
{
private:
    //构造函数,用 private 修饰以防止在外部被随意创建
    FighterMemento(int life, int magic, int attack) :m_life(life), m_magic(magic), m_attack
(attack) {}

private:
    //提供一些供 Fighter 类来访问的接口,用 private 修饰防止被任意类访问
    friend class Fighter;                    //友元类 Fighter 可以访问本类的私有成员函数
    int getLife() const    { return m_life; }
    void setLife(int life) { m_life = life; }
    int getMagic() const   { return m_magic; }
    void setMagic(int magic) { m_magic = magic;}
    int getAttack() const { return m_attack; }
    void setAttack(int attack) { m_attack = attack; }
private:
    //玩家主角类中要保存起来的数据,就放在此处
    int m_life;                              //生命值
    int m_magic;                             //魔法值
    int m_attack;                            //攻击力
};
```

可以看到，上述备忘录类 FighterMemento 中大多数字段都是用 private 进行修饰，以避免其内部的数据被轻易更改，尤其是将构造函数也用 private 修饰，以防止该类对象被随意创建，但是将 Fighter 声明为了友元类，这表示 Fighter 类对象可以随意访问 FighterMemento，而其他类却不行。

有了备忘录类，就可以将玩家类对象的数据保存到备忘录类对象中。在 Fighter 类中，增加 public 修饰的如下成员函数，用于将玩家数据写入备忘录以及从备忘录中恢复玩家数据：

```
public:
//将玩家数据写入备忘录(创建备忘录,并在其中存储了当前状态)
    FighterMemento * createMomento()
    {
        return new FighterMemento(m_life,m_magic,m_attack);
```

```
    }
    //从备忘录中恢复玩家数据
    void restoreMomento(FighterMemento * pfm)
    {
        m_life = pfm->getLife();
        m_magic = pfm->getMagic();
        m_attack = pfm->getAttack();
    }
    //为测试目的引入的接口,设置玩家的生命值为0(玩家死亡)
    void setToDead()
    {
        m_life = 0;
    }
    //用于输出一些信息
    void displayInfo()
    {
        cout << "玩家主角当前的生命值、魔法值、攻击力分别为: " << m_life << "," << m_magic << ",
" << m_attack << endl;
    }
```

在 main 主函数中增加如下代码：

```
Fighter * p_fighter = new Fighter(800, 200, 300);
//(1)显示玩家主角在与 BOSS 战斗之前的信息
p_fighter->displayInfo();

//(2)为玩家主角类对象创建一个备忘录对象(其中保存了当前主角类对象中的必要信息)
FighterMemento * p_fighterMemo = p_fighter->createMomento();

//(3)玩家与 BOSS 开始战斗
cout << "玩家主角与 BOSS 开始进行激烈的战斗------" << endl;
p_fighter->setToDead();   //玩家主角在与 BOSS 战斗中,生命值最终变成0而死亡(被 BOSS 击败)
p_fighter->displayInfo();                //显示玩家主角在与 BOSS 战斗之后的信息

//(4)因为在与 BOSS 战斗之前已经通过 NPC 保存了游戏进度,这里模拟载入游戏进度,恢复玩家主角
//类对象的数据,让其可以与 BOSS 再次战斗
cout << "玩家主角通过备忘录恢复自己的信息------" << endl;
p_fighter->restoreMomento(p_fighterMemo);
p_fighter->displayInfo();                //显示玩家主角通过备忘录恢复到战斗之前的信息

//(5)释放资源
delete p_fighterMemo;
delete p_fighter;
```

执行起来,看一看结果：

```
玩家主角当前的生命值、魔法值、攻击力分别为: 800,200,300
玩家主角与 BOSS 开始进行激烈的战斗------
玩家主角当前的生命值、魔法值、攻击力分别为: 0,200,300
玩家主角通过备忘录恢复自己的信息------
玩家主角当前的生命值、魔法值、攻击力分别为: 800,200,300
```

从结果可以看到,玩家对象在与BOSS战斗之前,率先将自己的信息保存到备忘录对象中去,战斗时一旦自身战败,可以通过备忘录对象取回自己与BOSS战斗之前的信息(生命值、魔法值、攻击力)。

此外,备忘录模式一般还会引入一个管理者(负责人)类(但这并不是必需的)。该管理者类持有一个指向备忘录对象的指针用于存取备忘录对象,取名为FCareTaker,这样,何时创建备忘录以及保存备忘录指针这些事情,就可以由管理者类负责了。代码如下:

```
//管理者(负责人)类
class FCareTaker
{
public:
    //构造函数
    FCareTaker(FighterMemento * ptmpfm) :m_pfm(ptmpfm) {}      //形参是指向备忘录对象的指针

    //获取指向备忘录对象的指针
    FighterMemento * getMemento()
    {
        return m_pfm;
    }
    //保存指向备忘录对象的指针
    void setMemento(FighterMemento * ptmpfm)
    {
        m_pfm = ptmpfm;
    }
private:
    FighterMemento * m_pfm;                  //指向备忘录对象的指针
};
```

那么如果利用FCareTaker类实现main主函数中相同的功能,需要main主函数中的代码做出什么调整呢? 其实只需要对几行代码进行修改即可,修改后的main主函数中代码如下:

```
//------- 看看引入管理者类之后的写法
Fighter * p_fighter = new Fighter(800, 200, 300);
//(1)显示玩家主角在与BOSS战斗之前的信息
p_fighter->displayInfo();

//(2)为玩家主角类对象创建一个备忘录对象(其中保存了当前主角类对象中的必要信息)
FCareTaker * pfcaretaker = new FCareTaker(p_fighter->createMomento());
//FighterMemento * p_fighterMemo = p_fighter->createMomento();

//(3)玩家与BOSS开始战斗
cout << "玩家主角与BOSS开始进行激烈的战斗 ------ " << endl;
p_fighter->setToDead();   //玩家主角在与BOSS战斗中,生命值最终变成0而死亡(被BOSS击败)
p_fighter->displayInfo();              //显示玩家主角在与BOSS战斗之后的信息

//(4)因为在与BOSS战斗之前已经通过NPC保存了游戏进度,这里模拟载入游戏进度,恢复玩家主角
//类对象的数据,让其可以与BOSS再次战斗
cout << "玩家主角通过备忘录恢复自己的信息 ------ " << endl;
```

```
// p_fighter -> restoreMomento(p_fighterMemo);
p_fighter -> restoreMomento(pfcaretaker -> getMemento());
p_fighter -> displayInfo();              //显示玩家主角通过备忘录恢复到战斗之前的信息

//(5)释放资源
//delete p_fighterMemo;
delete pfcaretaker -> getMemento();
delete pfcaretaker;                      //新增
delete p_fighter;
```

代码虽然经过了上述改造,但执行结果不变。

18.2 引入备忘录模式

引入"**备忘录**"设计模式的定义:在不破坏封装性的前提下,捕获一个对象的内部状态,并在该对象之外保存这个状态,这样以后就可将该对象恢复到原先保存的状态。

针对前面的代码范例绘制以下备忘录模式的 UML 图,如图 18.1 所示。

备忘录模式的 UML 图中包含 3 种角色。

(1) Originator(原发器):一个普通的类(业务类),但可以创建一个备忘录用于保存其当前的内部状态,后续也可以使用备忘录来恢复其内部的状态,将需要保存内部状态的类称为原发器。原发器可以根据需要决定备忘录将存储自身的哪些内部状态。这里指 Fighter 类。

(2) Memento(备忘录):备忘录本身是一个对象,用于存储原发器对象在某个瞬间的内部状态,备忘录的设计一般会参考原发器的设计。除原发器(创建了本备忘录对象的原发器)外,其他对象不应该直接使用(访问或修改)备忘录,或者说原发器与备忘录之间是需要进行信息共享但又不让其他类知道的,所以备忘录的接口一般都使用 private 修饰并将原发器类设置为友元类。备忘录是被动的,只有创建备忘录的原发器才会对它的状态进行赋值和检索,这样就避免了暴露只应该由原发器管理却又必须存储在原发器之外的信息。这里指 FighterMemento 类。

(3) CareTaker(负责人/管理者):负责保存好备忘录,也可以将备忘录传递给其他对象,但不需要知道备忘录对象的细节,也不能对备忘录中的内容进行操作或检查。这里指 FCareTaker 类。

下面进一步分析备忘录设计模式的定义:

- 所谓"在**不破坏封装性**的前提下,捕获一个对象的内部状态"中的对象是指原发器(Fighter 类)对象,而不破坏封装性指该隐藏的信息依然要隐藏,该用 private 修饰的成员依然要用 private 修饰,不暴露不应该暴露的细节。不难想象,如果用一个接口让其他对象直接得到原发器对象的内部状态,肯定会暴露原发器对象的实现细节并破坏原发器对象的封装性。
- 通过 Fighter 类中的 createMomento 成员函数来捕获原发器对象的内部状态。
- "在该对象之外保存这个状态"中的"对象之外"是指备忘录对象,即通过备忘录对象保存原发器对象的状态。

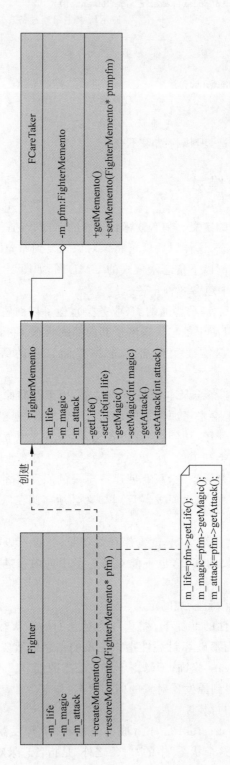

图 18.1 备忘录模式 UML 图

- 后续就算原发器对象内部的状态发生了变化,也可以随时通过 Fighter 类中的 restoreMomento 成员函数将原发器对象的内部状态从备忘录对象中恢复,其实,备忘录的真正作用并不是保存数据,而是**恢复**数据,这一点值得强调。

有几点说明:

(1) 把玩家主角类(Fighter 类/原发器)中的信息保存到备忘录中,这称为给玩家主角类(完整的称呼应该是玩家主角类对象)做了一个**快照**。在本范例中,玩家主角类(Fighter 类/原发器)中的生命值、魔法值、攻击力这些重要的信息都有必要保存在备忘录中,所以在备忘录类(FighterMemento)中也有生命值、魔法值、攻击力字段与玩家主角类相对应,但这并**不意味着所有玩家主角类中的信息都要保存在备忘录中**,程序员只需要依据自己的判断,把玩家主角类中必要的信息保存到备忘录中即可。

(2) 之所以做快照或者说做备忘录,主要目的是将来能够将数据进行恢复(复原),说得更明确一些,就是当玩家被 BOSS 击败的时候,玩家可以通过将备忘录类对象中的数据恢复到玩家主角类对象中来,这样玩家就可以持续不断地再次挑战 BOSS 直至战胜为止。但做快照并不要求玩家主角类中需要保存的字段——对应备忘录中相同的字段,在备忘录类,可以以内存流、字符串或通过编码(例如 Hex 编码、Base64 编码)等方式存储或还原来自玩家主角类中的数据,这些存储和还原数据的行为往往属于数据序列化范畴的知识,其实现代码一般比较复杂,但执行效率更高,使用也更便利,读者有兴趣可以通过搜索引擎搜索序列化方面的话题。

(3) 给玩家主角类做快照并不仅仅限于一次,可以做很多次快照。但如果做多次快照,则需要考虑程序的执行性能问题以及快照的存储位置问题,而且玩家主角状态的存储和还原更应该考虑采用内存流等更有效的方式。这里仿照 FCareTaker 类生成一个新类 FCareTaker2,用于做多次快照,代码如下:

```
//支持多个快照的负责人(管理者)类
class FCareTaker2
{
public:
    //析构函数用于释放资源
    ~FCareTaker2()
    {
        for (auto iter = m_pfmContainer.begin(); iter != m_pfmContainer.end(); ++iter)
        {
            delete ( * iter);
        }                                    //end for
    }
    //保存指向备忘录对象的指针
    void setMemento(FighterMemento * ptmpfm)
    {
        m_pfmContainer.push_back(ptmpfm);
    }
    //获取指向备忘录对象的指针
    FighterMemento * getMemento(int index)
    {
        auto iter = m_pfmContainer.begin();
```

```
            for (int i = 0; i <= index; ++i)
            {
                if (i == index)
                    return (*iter);
                else
                    ++iter;
            }                                       //end for
            return NULL;
        }
private:
    //存储备忘录对象指针的容器
    vector<FighterMemento *> m_pfmContainer;   //#include <vector>
};
```

在 main 主函数中,注释掉原有代码,增加如下代码进行测试:

```
Fighter * p_fighter2 = new Fighter(800, 200, 300);
FCareTaker2 * pfcaretaker2 = new FCareTaker2();
pfcaretaker2 -> setMemento(p_fighter2 -> createMomento());    //做第一个快照,此快照玩家生命
                                                               //值为 800
p_fighter2 -> setToDead();                                     //改变玩家主角的生命值
pfcaretaker2 -> setMemento(p_fighter2 -> createMomento());    //做第二个快照,此快照玩家生命
                                                               //值为 0
p_fighter2 -> displayInfo();                                  //玩家主角生命值应该为 0
cout << "-------------------- " << endl;
//当前玩家生命值为 0,恢复第一次快照,也就是恢复玩家生命值为 800
p_fighter2 -> restoreMomento(pfcaretaker2 -> getMemento(0));
p_fighter2 -> displayInfo();                                  //玩家主角生命值应该恢复为 800

//释放资源
delete p_fighter2;
delete pfcaretaker2;
```

执行起来,看一看结果:

```
玩家主角当前的生命值、魔法值、攻击力分别为: 0,200,300
--------------------
玩家主角当前的生命值、魔法值、攻击力分别为: 800,200,300
```

从结果中可以看到,针对玩家主角一共做了两个(次)快照,第一个快照玩家当时的生命值为 800,第二个快照玩家当时的生命值为 0,当后续应用第一个快照对玩家进行恢复时,玩家的生命值重新变为 800。

上述代码并不完善,例如,FCareTaker2 类中的 getMemento 接口代码尚有优化的空间,同时也没有对该接口返回 NULL 的情形做判断和处理,读者可以自行完善这些代码。另外,如果利用上述代码还原到某个快照后再次修改了对象(原发器)的状态,那么此时再次执行还原动作应该还原到哪个快照等诸如此类的问题,在开发中都要充分思考和谨慎编码,否则可能导致对象的状态发生错误。

另外,管理者(负责人)甚至可以保存多种不同类型的快照,在这方面,读者完全可以发

挥自己的想象力,不必受限于本章所讲解的这些范例代码。

(4) 虽然友元类在一定程度上破坏了封装性,但备忘录模式的主要特点是信息的隐藏,这代表两个意思:

① 原发器要保持其封装性,该隐藏的内容要隐藏好;

② 原发器还需要将内部状态保存到外面的备忘录中,备忘录类 FighterMemento 中将 Fighter 类声明为友元类的原因和必要性是备忘录类不应该对外暴露能更改其中数据的接口(外界不能随意修改备忘录对象)。

(5) 备忘录模式更适合保存原发器对象中的一部分(不是所有)内部状态,如果需要保存原发器对象的所有内部状态,就应该采用**原型模式**进行原发器对象的克隆来取代备忘录模式。但从信息隐藏的角度来讲,采用备忘录模式实现也许更具优势,因为备忘录模式才可实现将对象的内部状态保存在对象之外,后续要恢复数据时也需要对象自己去读取。

(6) 备忘录模式的优点是提供了一种状态恢复机制,使用户可以方便地回到一个特定的历史步骤。备忘录模式的缺点是对资源的消耗,如果原发器对象有太多的内部状态需要保存,那么每做一个快照(备忘录)都会消耗一定的内存资源。

(7) 如果将常规的做快照称为**完全存储**,那么为了应对需要频繁做快照的情形,可以考虑采用**增量存储**,也就是在备忘录中只保存原发器对象内部相对于上次存储状态之后的增量改变,例如:

- 记录一个图形移动时候,不用每次都记录图形的新位置,而是记录该图形向某个方向移动的距离。
- 针对编辑框中的文本输入的操作,为了支持 Undo、Redo 动作,不必在每份快照中都记录整个文本的内容,只需要记录新文本的长度以及新增或减少的文本内容。
- 完全存储可以和增量存储方式结合使用,例如,使用一次完全存储,再使用几次增量存储,然后再使用一次完全存储,再使用几次增量存储。当需要恢复数据到某个阶段的时候,可能只需要一次完全存储以及几次增量存储就可以做到。上述概念在 Redis 数据库的备份中也有体现,有兴趣的读者可以通过搜索引擎了解 Redis 的 RDB(完全备份)和 AOF(增量备份)相关知识。

(8) 备忘录模式可以应用在很多场合,例如,某个动作的撤销(下象棋时悔棋)、保存一些历史记录、做一些快照等,该模式的具体应用方面读者可以发挥自己的想象力。

(9) 备忘录模式主要探讨将数据保存在内存中和从内存中恢复数据,虽然可以将这些数据保存到磁盘上或从磁盘中重新载入数据,但磁盘方面的操作并不属于本模式要探讨的话题,相关的功能读者可以自行扩充。

第 19 章

职责链模式

职责链（Chain Of Responsibility）模式也叫责任链模式，是一种行为型模式，用于将一个请求传递给一个链中的若干对象，哪个对象适合处理这个请求就让哪个对象来处理。职责链看起来与传统数据结构中的"链表"非常类似。

19.1 一个关于涨薪审批的范例

通过一个小范例来学习职责链模式可以达到非常好的效果。

考虑一个公司员工加薪的请求（可以把这个请求当成一个对象看待），如果员工要求的加薪不超过 1000（要求的加薪≤1000）元，则部门经理就可以批准；如果员工要求的加薪在 1000 元之上但不超过 5000（1000＜要求的加薪≤5000）元，则技术总监才能批准；如果员工要求的加薪超过 5000（要求的加薪＞5000）元，则只有总经理才能批准。

如果按照传统做法，可以创建一个薪水处理类 SalaryHandler，在其中可以书写一个 raiseRequest 方法来处理加薪请求，代码如下：

```
//薪水处理类
class SalaryHandler
{
public:
    //处理加薪请求
    void raiseRequest(const string &sname, int salfigure)   //参数 1 代表要加薪的员工名字,参
                                                            //数 2 代表要求要加薪多少
    {
        if(salfigure <= 1000)
        {
            //加薪要求不超过 1000,部门经理可以批准
            depManagerSP(sname,salfigure);
        }
        else if(salfigure <= 5000)
        {
            //加薪要求在 1000 元之上但不超过 5000,技术总监才能批准
            CTOSP(sname, salfigure);
        }
        else
        {
            //加薪要求超过 5000 元,总经理才能批准
```

```
                genManagerSP(sname, salfigure);
            }
        }
private:
    //部门经理审批加薪请求
    void depManagerSP(const string& sname, int salfigure)
    {
        cout << sname << "的加薪要求为: " << salfigure << "元,部门经理审批通过!" << endl;
    }

    //技术总监审批加薪请求
    void CTOSP(const string& sname, int salfigure)
    {
        cout << sname << "的加薪要求为: " << salfigure << "元,技术总监审批通过!" << endl;
    }

    //总经理审批加薪请求
    void genManagerSP(const string& sname, int salfigure)
    {
        cout << sname << "的加薪要求为: " << salfigure << "元,总经理审批通过!" << endl;
    }
};
```

在 main 主函数中,增加如下测试代码:

```
SalaryHandler sh;
sh.raiseRequest("张三", 15000);          //张三要求加薪 1.5 万元
sh.raiseRequest("李四", 3500);           //李四要求加薪 3500 元
sh.raiseRequest("王二", 800);            //王二要求加薪 800 元
```

执行起来,看一看结果:

```
张三的加薪要求为: 15000 元,总经理审批通过!
李四的加薪要求为: 3500 元,技术总监审批通过!
王二的加薪要求为: 800 元,部门经理审批通过!
```

从结果中可以看到,张三的加薪必须总经理审批(技术总监和部门经理无权审批),李四的加薪需要技术总监审批(部门经理无权审批),而王二的加薪部门经理审批就可以了。

在这个范例中,加薪请求需根据要加薪的数字来请求不同的领导审批(部门经理、技术总监、总经理)。这个范例代码显然不够灵活,试想一下,如果将来新增加一个**副总经理**可以审批不超过 **18000 元**的加薪请求,则必须修改 SalaryHandler 类的 raiseRequest 成员函数来增加新的 if 判断分支,这显然不符合开闭原则。

有没有更好的解决上述问题的方案呢? 有,那就是采用职责链模式。试想一下,如果分别为部门经理、技术总监、总经理创建类并且都继承自同一个父类,然后像链表一样把部门经理、技术总监、总经理(都看成对象)**连**起来构成一个职责链,当出现一个员工加薪请求(也看成对象)时,将这个请求沿着这个链传递,部门经理能处理的就处理,不能处理的传给技术总监;技术总监能处理的就处理,不能处理的继续传给总经理。总之,链上的对象(部门经理、技术总监、总经理)都有处理到请求的机会。如果将来增加一个副总经理,同样可以为

副总经理创建一个子类,把副总经理链到原来的部门经理、技术总监、总经理链上,当出现一个员工加薪请求时,只要适合副总经理审批的就可以让副总经理审批。

说到这里有些读者可能会有疑问:如果职责链中**副**总经理被链到了总经理之后,那么整个职责链就应该是"部门经理→技术总监→总经理→副总经理",是否会出现应该副总经理审批的加薪请求却被总经理审批了呢? 当然不会,只要定好规则,例如总经理审批的薪水必须是 18000 元之上的,比如张三要求加薪 15000 元,不满足大于 18000 元的条件,那么最终肯定还是会被副总经理审批的。

基于上述的职责链思路,改造一下范例,这里先把加薪请求做成一个类(取名RaiseRequest),因为类可以承载更多的信息,也更容易进行请求的扩充,例如,现在是加薪请求,将来可以扩充增加离职、部门调动等请求:

```cpp
//加薪请求类
class RaiseRequest
{
public:
    //构造函数
    RaiseRequest (const string& sname, int salfigure) : m_sname (sname), m_isalfigure
(salfigure) {}

    //获取请求加薪的人员名字
    const string& getName() const
    {
        return m_sname;
    }
    //获取请求加薪的数字
    int getSalFigure() const
    {
        return m_isalfigure;
    }

private:
    string m_sname;                    //请求加薪的人员名字
    int    m_isalfigure;               //请求加薪的数字
};
```

接着,创建职责链中每个对象的父类以及相关子类(部门经理、技术总监、总经理),代码如下:

```cpp
//薪水审批者父类
class ParSalApprover
{
public:
    ParSalApprover() :m_nextChain(nullptr){}
    virtual ~ParSalApprover() {}          //作父类时析构函数应该为虚函数

    //设置指向的职责链中的下一个审批者
    void setNextChain(ParSalApprover * next)
    {
```

```
            m_nextChain = next;
        }

        //处理加薪请求
        virtual void processRequest(const RaiseRequest& req) = 0;

protected:
        //找链中的下一个对象并把请求投递给下一个链中的对象
        void sendRequestToNextHandler(const RaiseRequest& req)
        {
            //找链中的下一个对象
            if(m_nextChain != nullptr)
            {
                //把请求投递给链中的下一个对象
                m_nextChain->processRequest(req);
            }
            else
            {
                //没找到链中的下一个对象
                cout << req.getName() << "的加薪要求为: " << req.getSalFigure() << "元,但无人能
够审批!" << endl;
            }
        }

private:
    ParSalApprover * m_nextChain;          //指向下一个审批者(对象)的多态指针(指向自身类
                                           //型),每个都指向下一个,就会构成一个职责链(链表)
};

//部门经理子类
class depManager_SA :public ParSalApprover
{
public:
    //处理加薪请求
    virtual void processRequest(const RaiseRequest& req)
    {
        int salfigure = req.getSalFigure();
        if(salfigure <= 1000)
        {
            //如果自己能处理,则自己处理
            cout << req.getName() << "的加薪要求为: " << salfigure << "元,部门经理审批通
过!" << endl;
        }
        else
        {
            //自己不能处理,尝试找链中的下一个对象来处理
            sendRequestToNextHandler(req);
        }
    }
};
```

```cpp
//技术总监子类
class CTO_SA :public ParSalApprover
{
    //处理加薪请求
    virtual void processRequest(const RaiseRequest& req)
    {
        int salfigure = req.getSalFigure();
        if (salfigure > 1000 && salfigure <= 5000)
        {
            //如果自己能处理,则自己处理
            cout << req.getName() << "的加薪要求为: " << salfigure << "元,技术总监审批通
过!" << endl;
        }
        else
        {
            sendRequestToNextHandler(req);    //自己不能处理,尝试找链中的下一个对象来处理
        }
    }
};


//总经理子类
class genManager_SA :public ParSalApprover
{
public:
    //处理加薪请求
    virtual void processRequest(const RaiseRequest& req)
    {
        int salfigure = req.getSalFigure();
        if (salfigure > 5000)
        {
            //如果自己能处理,则自己处理
            cout << req.getName() << "的加薪要求为: " << salfigure << "元,总经理审批通过!"
<< endl;
        }
        else
        {
            sendRequestToNextHandler(req);    //自己不能处理,尝试找链中的下一个对象来处理
        }
    }
};
```

在 main 主函数中,注释掉原有代码,增加如下代码:

```cpp
//(1)创建出职责链中包含的各个对象(部门经理、技术总监、总经理)
ParSalApprover * pzzlinkobj1 = new depManager_SA();
ParSalApprover * pzzlinkobj2 = new CTO_SA();
ParSalApprover * pzzlinkobj3 = new genManager_SA();
//(2)将这些对象串在一起构成职责链(链表),现在职责链中 pzzlinkobj1 排在最前面,pzzlinkobj3
//排在最后面
pzzlinkobj1->setNextChain(pzzlinkobj2);
pzzlinkobj2->setNextChain(pzzlinkobj3);
```

```
pzzlinkobj3 -> setNextChain(nullptr);          //可以不写此行,因为 ParSalApprover 构造函数中
                                               //设置了 m_nextChain 为 nullptr

//(3)创建几位员工关于加薪的请求(对象)
RaiseRequest emp1Req("张三", 15000);            //张三要求加薪 1.5 万元
RaiseRequest emp2Req("李四", 3500);             //李四要求加薪 3500 元
RaiseRequest emp3Req("王二", 800);              //王二要求加薪 800 元
//看看每位员工的加薪请求由职责链中的哪个对象(部门经理、技术总监、总经理)来处理,从职责链
//中排在最前面的接收者(pzzlinkobj1)开始
pzzlinkobj1 -> processRequest(emp1Req);
pzzlinkobj1 -> processRequest(emp2Req);
pzzlinkobj1 -> processRequest(emp3Req);

//(4)释放资源
delete pzzlinkobj1;
delete pzzlinkobj2;
delete pzzlinkobj3;
```

执行起来,结果不变:

```
张三的加薪要求为: 15000 元,总经理审批通过!
李四的加薪要求为: 3500 元,技术总监审批通过!
王二的加薪要求为: 800 元,部门经理审批通过!
```

从上述代码可以看到,把 pzzlinkobj1、pzzlinkobj2、pzzlinkobj3 这 3 个分别代表部门经理、技术总监、总经理的对象链到一起构成职责链,其实这 3 个对象谁在链的开头,谁在链的中间或者结尾都行,后续针对张三(包括李四或王二)的加薪请求,从职责链的**开始位置**遍历职责链中的每个对象,如果该对象能处理该加薪请求就处理,处理不了沿着职责链寻找下一个对象并判断下一个对象能否处理,一直寻找到职责链中最后一个对象。如果职责链中的所有对象全部处理不了这个加薪请求,那么会提示这个加薪无人能够审批。当然这个范例中不存在加薪无人审批的情形,因为要求加薪的数目再大,总经理总是可以审批的。

19.2　引入职责链模式

引入"**职责链**"设计模式的定义(实现意图):使多个对象都有机会处理请求,从而避免请求的发送者和接收者之间的耦合关系。将这些对象连成一条链(构成对象链),并沿着这条链传递该请求,直到有一个对象处理它为止。

在上述范例中,"使多个对象都有机会处理请求"中的多个对象,当然是指部门经理、技术总监、总经理(pzzlinkobj1、pzzlinkobj2、pzzlinkobj3 所指向的对象),这些对象也作为请求的接收者被连成了一条链(职责链),而请求指的是 emp1Req(张三要求加薪 1.5 万元)、emp2Req(李四要求加薪 3500 元)、emp3Req(王二要求加薪 800 元),这些请求沿着职责链传递,一直到被职责链中的某个对象审批为止。

针对前面的范例绘制职责链模式的 UML 图,如图 19.1 所示。

职责链模式的 UML 图中包含 3 种角色。

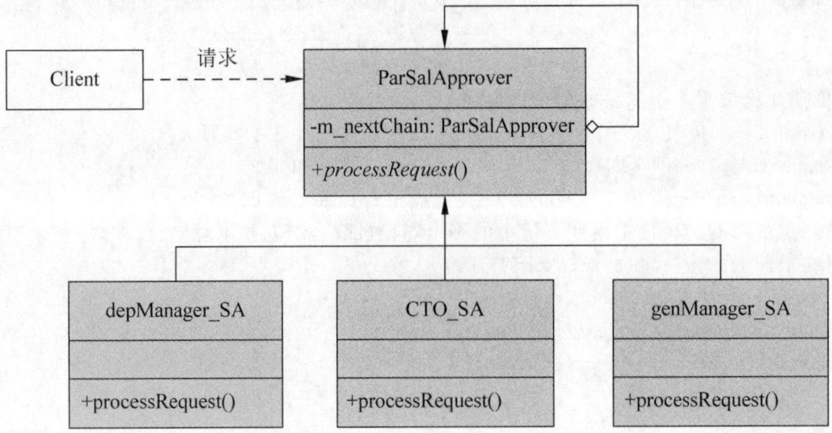

图 19.1　职责链模式 UML 图

（1）Handler（处理者）。定义了处理请求的接口（processRequest），也记录了下一个处理者是谁（范例中用 m_nextChain 来记录）。这里指 ParSalApprover 类。

（2）ConcreteHandler（具体处理者）。用于实现针对具体请求的处理，如果自身无法处理请求，则会把请求传递给下一个处理者（后继者）。这里指 depManager_SA、CTO_SA、genManager_SA 类。

（3）Client（请求者/客户端）。用于向职责链上的具体处理者对象提交处理请求。这里指 main 主函数中的代码。其实，在上述范例中，main 主函数中的代码还承担了创建职责链对象并搭建职责链（也可以在 Handler 中搭建职责链）的角色。一般来说，职责链模式并不创建职责链，而是由使用职责链的请求者（客户端）来创建。

职责链模式有哪些特点呢？

- 职责链模式应用的一个请求可能有多个接收者（扮演处理者角色），但最后只有一个接收者会处理该请求。此时，请求的发送者和接收者之间是解耦的。换句话说，请求的发送者只需要将请求发送到链上，并不关心请求的处理细节以及请求的传递，也并不知道最终会被哪个接收者处理，这种灵活性可以更好地应对变化。

- 职责链一般是一条直线，职责链上的每个接收者仅需要保存一个指向其后继者的指针（不需要保存其他所有接收者的指针），当然，读者可能也会见到环形或者树形结构的职责链（非直线的职责链建链时要小心，不要造成循环链导致请求传递陷入死循环，从而使整个程序的执行陷入死锁）。同时，**可以在程序运行期间动态地添加、修改或删除职责链上的接收者对象，使针对请求的处理更具灵活性**，这是职责链模式的重要特色。

- 增加新的处理者不需要修改原有的代码，只需要增加新的具体处理者子类并在客户端重新建链即可，符合开闭原则。

- 如果请求传递到职责链的末尾仍然没有得到处理，则应该有一个合理的默认处理方式（书写一个终极处理器并始终将该处理器放在职责链的末尾）或者给出提示信息，这属于接收者的责任。

- 如果职责链比较长，而能够处理请求的接收者在职责链中又比较靠后，则可能会导致请求处理的延迟；如果需要非常快的请求处理速度，就要权衡是否使用职责链模式。

- 可以分别选择不同的接收者对象创建多条不同的职责链以增加接收者在职责链模式中的复用性。

19.3　单纯与非单纯的职责链模式

在上述职责链模式的讲解中，读者已经注意到，虽然一个请求可能有多个接收者，但最后只有一个接收者会处理该请求，一旦该请求得到处理，这个请求就不会再沿着职责链向下传递了，这种对职责链的使用方式称为单纯的职责链模式（职责链模式的定义描述的正是这种情形）。在单纯的职责链模式中，也要求一个请求必须被某一个处理者对象所处理，不能出现一个请求未被任何处理者对象处理的情形。

非单纯的职责链模式与单纯的职责链模式不同。非单纯的职责链模式中允许一个请求被某个接收者处理后继续沿着职责链传递，其他处理者仍有机会继续处理该请求，这样的职责链往往也被称为**功能链**，即便一个请求未被任何处理者对象处理，在非单纯的职责链模式中也是允许的。功能链一般用于权限的多次多重校验、数据的多重检查和过滤等场合。

下面给出这个敏感词过滤器范例（参照前面的范例书写即可）。该过滤器能够把聊天内容中涉及性、脏话、政治内容的关键词寻找出来并用一些其他符号来代替。首先创建敏感词过滤器父类，代码如下：

```
//敏感词过滤器父类
class ParWordFilter
{
public:
    ParWordFilter() :m_nextChain(nullptr) {}
    virtual ~ParWordFilter() {}              //作父类时析构函数应该为虚函数

    //设置指向的职责链中的下一个过滤器
    void setNextChain(ParWordFilter * next)
    {
        m_nextChain = next;
    }

    //处理敏感词过滤请求
    virtual string processRequest(string strWord) = 0;

protected:
    //找链中的下一个对象并把请求投递给下一个链中的对象
    string sendRequestToNextHandler(string strWord)
    {
        //找链中的下一个对象
        if (m_nextChain != nullptr)
        {
            //把请求投递给链中的下一个对象
            return m_nextChain->processRequest(strWord);
```

```
        }
        return strWord;
    }
private:
    ParWordFilter * m_nextChain;
};
```

接着,创建敏感词过滤器子类共 3 个,分别用于过滤性、脏话、政治内容,代码如下:

```
//性敏感词过滤器子类
class SexyWordFilter :public ParWordFilter
{
public:
    virtual string processRequest(string strWord)
    {
        cout << "通过与词库比对,在 strWord 中查找\"性\"敏感词并用 XXX 来替换!" << endl;
        strWord += "XXX";                    //测试代码,具体的实现逻辑略…
        return sendRequestToNextHandler(strWord);
    }
};
```

```
//脏话敏感词过滤器子类
class DirtyWordFilter :public ParWordFilter
{
public:
    virtual string processRequest(string strWord)
    {
        cout << "通过与词库比对,在 strWord 中查找\"脏话\"敏感词并用 YYY 来替换!" << endl;
        strWord += "YYY";
        return sendRequestToNextHandler(strWord);
    }
};
```

```
//政治敏感词过滤器子类
class PoliticsWordFilter :public ParWordFilter
{
public:
    virtual string processRequest(string strWord)
    {
        cout << "通过与词库比对,在 strWord 中查找\"政治\"敏感词并用 ZZZ 来替换!" << endl;
        strWord += "ZZZ";
        return sendRequestToNextHandler(strWord);
    }
};
```

在 main 主函数中,注释掉原有代码,增加如下代码:

```
//(1)创建出职责链中包含的各个对象(性敏感词过滤器、脏话敏感词过滤器、政治敏感词过滤器)
ParWordFilter * pwflinkobj1 = new SexyWordFilter();
ParWordFilter * pwflinkobj2 = new DirtyWordFilter();
ParWordFilter * pwflinkobj3 = new PoliticsWordFilter();
//(2)将这些对象串在一起构成职责链(链表),现在职责链中 pwflinkobj1 排在最前面,pwflinkobj3
```

```
//排在最后面
pwflinkobj1->setNextChain(pwflinkobj2);
pwflinkobj2->setNextChain(pwflinkobj3);
pwflinkobj3->setNextChain(nullptr);
string strWordFilterResult = pwflinkobj1->processRequest("你好,这里是过滤敏感词测试范例");
    //从职责链中排在最前面的接收者(pwflinkobj1)开始,processRequest 的参数代表的是聊天内容
cout << "对敏感词过滤后的结果为: " << strWordFilterResult << endl;
//(3)释放资源
delete pwflinkobj1;
delete pwflinkobj2;
delete pwflinkobj3;
```

执行起来,看一看结果:

通过与词库比对,在 strWord 中查找"性"敏感词并用 XXX 来替换!
通过与词库比对,在 strWord 中查找"脏话"敏感词并用 YYY 来替换!
通过与词库比对,在 strWord 中查找"政治"敏感词并用 ZZZ 来替换!
对敏感词过滤后的结果为: 你好,这里是过滤敏感词测试范例 XXXYYYZZZ

从结果可以看到,聊天内容(请求)先经过性敏感词过滤器处理,然后再把处理后的聊天内容(请求)传递给脏话敏感词过滤器,脏话敏感词过滤器处理完后再传递给政治敏感词过滤器,这些过滤器形成了一个链条。链条上的每个过滤器各自承担自己的处理职责,经过多次被处理并被放行传递到下一个过滤器的过程,最终处理结果被返回到 strWordFilterResult 中。

职责链模式也常用在视窗系统的窗口中,一个窗口中一般会有若干个控件,例如,有普通按钮、文本编辑框、下拉框、单选框、复选框等,窗口中的所有控件就是一个一个的接收者,它们按照先后次序构成职责链(在 Visual Studio 2019 中如果使用 MFC 来设计窗口,可以使用"格式"→"Tab 键顺序"菜单命令指定窗口中各个控件的顺序,这就等同于指定职责链中各个接收者对象的顺序)。当在这样的窗口中单击时,单击事件(请求)就通过职责链来传播,当单击事件传播到某个控件时,该控件一般需要做两件事情:

- 判断自身是否被禁用,如果被禁用,则将单击事件沿着职责链继续传递;
- 如果自身未被禁用,则判断单击的位置是否正好在控件自身上,若不在,则将单击事件沿着职责链继续传递;若正好在控件自身上,则触发该控件的单击事件(一般是调用一个叫作 OnClick 的方法),同时不再将单击事件继续向下传递。

第 20 章

访问者模式

访问者(Visitor)模式也叫访问器模式,是一种行为型模式。想象我到你家串门去看望你,我就是访问者,你就是被访问者。该模式结构比较烦琐,不太好理解,所以在学习过程中应该投入更多的精力。访问者模式的使用条件相对苛刻,在实际工作中使用频率不是太高,虽然不要求读者一定要使用该模式,但在遇到该模式的实现代码时要能够辨认出来。

20.1 一个具体范例的逐渐演化

访问者模式的举例需要非常小心,解释这个范例也需要非常细心,因为例子不恰当,会造成读者很难理解该模式,就更谈不上灵活运用该模式了。

前段时间笔者因为备课太过投入而太过劳累,导致胸痛不舒服,随后第一时间跑向医院并挂急诊检查身体,接着又折腾了好几天并做了多项检查,检查结论为神经性问题,医生给开出了 3 种药品。

- 阿司匹林肠溶片:改善血液流通,预防血栓形成,血栓形成就产生阻塞,人就会直接面临危险。
- 氟伐他汀钠缓释片:降血脂。因为血脂高意味着血流慢,营养无法运输到身体各部位,还很可能引发心脑血管疾病。
- 黛力新:医生说我的心脏没有器质性病变,是神经出现了紊乱,出现的症状是因为神经的误报,因此开此药治疗自主神经功能紊乱以及身心疾病伴有的焦虑症状。

我拿着这张药品单分别跑到了医院的缴费窗口去缴费,然后又跑到了取药窗口去取药。如果写一段代码来描述药品以及缴费和取药的过程,该怎样做呢? 首先可以用几个类来描述药品——创建一个药品父类和上述 3 种药品相关子类,代码如下:

```
//药品父类
class Medicine
{
public:
    virtual ~Medicine(){}          //作父类时析构函数应该为虚函数
    virtual string getMdcName() = 0;    //药品名称
    virtual float getPrice() = 0;       //药品总价格,单位: 元
};

//药品: 阿司匹林肠溶片
```

```
class M_asplcrp : public Medicine
{
public:
    virtual string getMdcName()
    {
        return "阿司匹林肠溶片";
    }
    virtual float getPrice()
    {
        return 46.8f;      //为简化代码,直接给出药品总价而不单独强调药品数量了,例如该药
                           //品医生给开了两盒,一盒是 23.4 元,那么这里直接返回两盒的价格
    }
};
//药品:氟伐他汀钠缓释片
class M_fftdnhsp : public Medicine
{
public:
    virtual string getMdcName()
    {
        return "氟伐他汀钠缓释片";
    }
    virtual float getPrice()
    {
        return 111.3f;                    //3 盒的价格
    }
};
//药品:黛力新
class M_dlx : public Medicine
{
public:
    virtual string getMdcName()
    {
        return "黛力新";
    }
    virtual float getPrice()
    {
        return 122.0f;                    //两盒的价格
    }
};
```

接下来,要编写代码来计算药品的价格(用于缴费)以及描述取药过程。这些代码写在哪里合适呢? 应该引入一个类 MedicineProc 来做这样的事情:

```
//针对药品的处理相关类
class MedicineProc
{
public:
    //增加药品到药品列表中
    void addMedicine(Medicine * p_mdc)
    {
        m_mdclist.push_back(p_mdc);
```

```
        }

        //针对费用缴纳和取药所做的处理动作
        void procAction(string strvisitor)      //strvisitor 代表拿到了药品单的人,不同的人拿到
                                                //药品单所要做的处理也不同
        {
            if(strvisitor == "收费人员")       //收费人员要根据药品单向我(患者)收取费用
            {
                float totalcost = 0.0f;        //总费用
                for (auto iter = m_mdclist.begin(); iter != m_mdclist.end(); ++iter)
                {
                    float tmpprice = ( * iter) -> getPrice();
                    cout << "收费人员累计药品"" << ( * iter) - > getMdcName() << ""的价格: "
<< tmpprice << endl;
                    totalcost += tmpprice;
                }
                cout << "所有药品的总价为: " << totalcost << ",收费人员收取了我的费用!" << endl;
            }
            else if (strvisitor == "取药人员")              //取药人员要根据药品单为我拿药
            {
                for (auto iter = m_mdclist.begin(); iter != m_mdclist.end(); ++iter)
                {
                    cout << "取药人员将药品"" << ( * iter) -> getMdcName() << ""拿给了我!" << endl;
                }
            }
        }
    }
private:
    list < Medicine * > m_mdclist;             //药品列表,记录着药品单上的所有药品,在文件头要
                                               //# include < list >
};
```

在 main 主函数中加入代码来描述针对这 3 种药品的缴费和取药动作:

```
Medicine * pm1 = new M_asplcrp();          //药品阿司匹林肠溶片
Medicine * pm2 = new M_fftdnhsp();         //药品氟伐他汀钠缓释片
Medicine *  pm3 = new M_dlx();             //药品黛力新

MedicineProc mdcprocobj;
mdcprocobj.addMedicine(pm1);
mdcprocobj.addMedicine(pm2);
mdcprocobj.addMedicine(pm3);
mdcprocobj.procAction("收费人员");
mdcprocobj.procAction("取药人员");

//释放资源
delete pm1;
delete pm2;
delete pm3;
```

执行起来,看一看结果:

收费人员累计药品"阿司匹林肠溶片"的价格：46.8
收费人员累计药品"氟伐他汀钠缓释片"的价格：111.3
收费人员累计药品"黛力新"的价格：122
所有药品的总价为：280.1,收费人员收取了我的费用!
取药人员将药品"阿司匹林肠溶片"拿给了我!
取药人员将药品"氟伐他汀钠缓释片"拿给了我!
取药人员将药品"黛力新"拿给了我!

在 MedicineProc 类的 procAction 方法中,通过对拿到了药品单的**收费人员**或**取药人员**的判断来进行不同的处理——收费人员要计算总价格并向我收取费用,取药人员要把指定的药品拿给我。

分析一下 MedicineProc 类的 procAction 方法,如果将来我的**营养师**或**健身教练**拿到了这个药品单,那么他要根据这个药品单为我配制营养餐或者提供相应的训练建议来改善我的身体状况,那么 procAction 方法中会继续增加额外的 if 分支,诸如:

```
else if ((strvisitor == "营养师"))
{
    cout << "营养师建议：主食中多搭配粗粮,适当食用肉类!" << endl;
}
else if ((strvisitor == "健身教练"))
{
    cout << "健身教练建议：多做有氧运动,例如慢跑(35 分钟即可),慢跑前后要热身,忌焦虑、忌熬夜,以 22:30 之前卧床休息为宜!" << endl;
}
```

显然,这样修改代码是违反开闭原则的。每当增加一个新角色(指上述的营养师或者健身教练)拿到这个药品单,可能对我都会有一些不同的建议或者动作产生。

通过采用访问者模式编写代码,当新角色拿到这个药品单后并针对我提出不同的建议或动作时,不再需要在 procAction 方法中增加 if 分支,只需要编写新的类来实现新角色要完成的事情即可。换句话说,就是把 procAction 方法中各个 if 分支中的代码拆解到诸多子类中去实现,这样就做到了不修改原有代码也能增加新的角色从而增加新的操作方式的目的。

访问者模式包含**访问者**和**被访问者**两个重要角色,**被访问者**也常常称为"**元素**"。在上述范例中,收费人员、取药人员、营养师、健身教练这些都属于访问者,而药品单中的 3 种药品,属于被访问者。访问关系简图如图 20.1 所示。

对于"访问"这件事,读者理解的不要过于复杂,看看如下两个情形:

(1) 想象某人到你家去串门,该人就是访问者,你就是被访问者;

(2) 某人查看一个东西,某人就是访问者,被查看的东西就是被访问者(所以上述收费人员、取药人员等都是访问者,而各种药品就是被访问者)。

在明确了访问者和被访问者之后,上述范例代码就可以通过访问者模式来改写了。在访问者模式中,药品父类 Medicine 以及各个药品子类 M_asplcrp、M_fftdnhsp、M_dlx 依然存在,但其中的代码会增加一些。这里将引入一个访问者父类(抽象访问者类)以及若干访问者子类来取代原有的 MedicineProc(药品处理相关)类,每个访问者子类就代表上述的一个访问者(收费人员、取药人员、营养师、健身教练)。访问者父类代码如下:

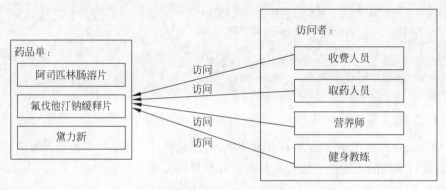

图 20.1　访问关系简图

```
//访问者父类
class Visitor
{
public:
    virtual ~Visitor() {}                                    //作父类时析构函数应该为虚函数

    virtual void Visit_elm_asplcrp(M_asplcrp * pelem) = 0;    //访问元素:阿司匹林肠溶片
    virtual void Visit_elm_fftdnhsp(M_fftdnhsp * pelem) = 0;  //访问元素:氟伐他汀钠缓释片
    virtual void Visit_elm_dlx(M_dlx * pelem) = 0;           //访问元素:黛力新
};
```

在上述访问者父类的代码中,除虚析构函数外,不难看到还有 **3 个虚函数** Visit_elm_asplcrp、Visit_elm_fftdnhsp、Visit_elm_dlx,这 3 个虚函数用于访问各个被访问者(药品/元素)。注意,它们的形参都是指针类型,而且这些指针的**类型正好是 3 种药品**(3 个被访问者)类型。谈到这里,就需要说一下访问者模式使用时的一个局限性,就是要求被访问者的品种尽可能固定而不发生改变。在本范例中,被访问者是 3 种药品,在不增加或者减少药品品种的情况下,使用访问者模式最合适(扩充功能时代码改动量最小),否则如果将来要增加第四种药品(增加第四个被访问者),则必须扩充 Visitor 类,增加一个新的虚函数接口来访问第四种药品,该虚函数接口的形参也必须是一个指针,并且是指向第四种药品类型的指针。这样代码的改动量就比较大,因为后续 Visitor 的各个子类也需要增加相应的虚函数。这 3 个用于访问各个被访问者的接口名称可以各不相同(例如,上述的 Visit_elm_asplcrp、Visit_elm_fftdnhsp、Visit_elm_dlx,方法名中就标明了要访问的元素的名字),也可以完全相同(成员函数重载),只是参数类型不同,例如,Visitor 中的代码也可以像下面这样实现:

```
//访问者父类(也可以这样实现)
class Visitor
{
public:
    virtual ~Visitor() {}                                    //作父类时析构函数应该为虚函数

    //以下几个接口的名字都叫Visit(成员函数重载)
    virtual void Visit(M_asplcrp * pelem) = 0;               //访问元素:阿司匹林肠溶片
    virtual void Visit(M_fftdnhsp * pelem) = 0;              //访问元素:氟伐他汀钠缓释片
    virtual void Visit(M_dlx * pelem) = 0;                   //访问元素:黛力新
};
```

为了更清晰,本书采用"用于访问各个被访问者的接口名称各不相同"的代码编写规则。

接着实现收费人员和取药人员访问者子类(营养师、健身教练访问者子类读者可以尝试自己实现),每个子类都要实现 Visitor 父类中声明的 3 个虚函数:

```cpp
//收费人员访问者子类
class Visitor_SFRY : public Visitor
{
public:
    virtual void Visit_elm_asplcrp(M_asplcrp * pelem)
    {
        float tmpprice = pelem->getPrice();
        cout << "收费人员累计药品""<< pelem->getMdcName() << ""的价格: " << tmpprice << endl;
        m_totalcost += tmpprice;
    }
    virtual void Visit_elm_fftdnhsp(M_fftdnhsp * pelem)
    {
        float tmpprice = pelem->getPrice();
        cout << "收费人员累计药品""<< pelem->getMdcName() << ""的价格: " << tmpprice << endl;
        m_totalcost += tmpprice;
    }
    virtual void Visit_elm_dlx(M_dlx * pelem)
    {
        float tmpprice = pelem->getPrice();
        cout << "收费人员累计药品""<< pelem->getMdcName() << ""的价格: " << tmpprice << endl;
        m_totalcost += tmpprice;
    }

    //返回总费用
    float getTotalCost()
    {
        return m_totalcost;
    }
private:
    float m_totalcost = 0.0f;                              //总费用
};

//取药人员访问者子类
class Visitor_QYRY : public Visitor
{
public:
    virtual void Visit_elm_asplcrp(M_asplcrp * pelem)
    {
        cout << "取药人员将药品""<< pelem->getMdcName() << ""拿给了我!" << endl;
    }
    virtual void Visit_elm_fftdnhsp(M_fftdnhsp * pelem)
    {
        cout << "取药人员将药品""<< pelem->getMdcName() << ""拿给了我!" << endl;
    }
    virtual void Visit_elm_dlx(M_dlx * pelem)
    {
        cout << "取药人员将药品""<< pelem->getMdcName() << ""拿给了我!" << endl;
    }
};
```

接着说回药品父类 Medicine(被访问者父类)。前面说过,在访问者模式中,被访问者通常称为元素,那么在元素父类 Medicine 中,会声明一个叫作 Accept 的方法(虚成员函数)用于**接受访问者的访问**。Accept 翻译成中文就是"接受"的意思,作为被访问者,接受访问者的访问是必需的。完整的 Medicine 类实现代码如下:

```cpp
class Visitor;                              //类前向声明
//药品父类
class Medicine
{
public:
    virtual ~Medicine(){}                  //作父类时析构函数应该为虚函数
    virtual void Accept(Visitor * pvisitor) = 0;   //这里的形参是访问者父类指针
public:
    virtual string getMdcName() = 0;       //药品名称
    virtual float getPrice() = 0;          //药品总价格,单位: 元
};
```

上述代码请注意,Accept 方法的形参是访问者父类指针,在各个药品子类或者说是元素子类(M_asplcrp、M_fftdnhsp、M_dlx)中,都需要声明并实现 Accept 方法。每个子类中的声明代码如下:

```cpp
public:
    virtual void Accept(Visitor * pvisitor);
```

考虑到本范例的测试代码都写在同一个 .cpp 源文件中,由于各个药品子类 Accept 方法的实现体代码需要访问 Visitor 的各个子类的成员函数,因此,将各个药品子类 Accept 方法的实现体代码写在药品子类定义的外面,并且是在 Visitor 所有子类的后面。实现代码如下:

```cpp
//各个药品子类 Accept 方法的实现体代码
void M_asplcrp::Accept(Visitor * pvisitor)
{
    pvisitor->Visit_elm_asplcrp(this);
}
void M_fftdnhsp::Accept(Visitor * pvisitor)
{
    pvisitor->Visit_elm_fftdnhsp(this);
}
void M_dlx::Accept(Visitor * pvisitor)
{
    pvisitor->Visit_elm_dlx(this);
}
```

通过上面的代码可以看到,各个元素子类的 Accept 方法中,实际上是通过调用 Visitor 各个子类的以"Visit_"开头的方法来实现对元素的访问的,尤其应注意给这些以"Visit_"开头的方法所传递的实参都是 this,这意味着将当前具体元素类(各个药品子类)对象本身作为参数传递给了这些以"Visit_"开头的方法。

在 main 主函数中,注释掉原有代码,增加如下代码来使用"收费人员访问者子类",以根据药品单对我(患者)进行收费(算法):

```cpp
Visitor_SFRY visitor_sf;        //收费人员访问者子类,里面承载着向我(患者)收费的算法
```

```
M_asplcrp mdc_asplcrp;
M_fftdnhsp mdc_fftdnhsp;
M_dlx mdc_dlx;

//各个元素子类调用 Accept 接受访问者的访问,就可以实现访问者要实现的功能
mdc_asplcrp.Accept(&visitor_sf);        //累加"阿司匹林肠溶片"的价格
mdc_fftdnhsp.Accept(&visitor_sf);       //累加"氟伐他汀钠缓释片"的价格
mdc_dlx.Accept(&visitor_sf);            //累加"黛力新"的价格

cout << "所有药品的总价为: " << visitor_sf.getTotalCost() << ",收费人员收取了我的费用!" <<
endl;
```

执行起来,看一看结果:

```
收费人员累计药品"阿司匹林肠溶片"的价格: 46.8
收费人员累计药品"氟伐他汀钠缓释片"的价格: 111.3
收费人员累计药品"黛力新"的价格: 122
所有药品的总价为: 280.1,收费人员收取了我的费用!
```

如果要根据药品单为我(患者)取药(算法),那么使用取药人员访问者子类 Visitor_QYRY 实现即可,在 main 主函数中继续增加如下代码:

```
Visitor_QYRY visitor_qy;             //取药人员访问者子类,里面承载着向我发放药品的算法
mdc_asplcrp.Accept(&visitor_qy);     //我取得"阿司匹林肠溶片"
mdc_fftdnhsp.Accept(&visitor_qy);    // 我取得"氟伐他汀钠缓释片"
mdc_dlx.Accept(&visitor_qy);         //我取得"黛力新"
```

执行起来,看一看新增代码行的执行结果:

```
取药人员将药品"阿司匹林肠溶片"拿给了我!
取药人员将药品"氟伐他汀钠缓释片"拿给了我!
取药人员将药品"黛力新"拿给了我!
```

相信读者已经从上面的代码中总结出一些规律——只要针对各个被访问者(药品/元素)对象(mdc_asplcrp、mdc_fftdnhsp、mdc_dlx)调用它们的 Accept 成员函数,并为 Accept 传递一个访问者子类对象(visitor_sf、visitor_qy)作为实参,那么这个访问者子类中所代表的算法就会执行。例如,visitor_sf 对象代表的是收费人员访问者子类,visitor_qy 对象代表的是取药人员访问者子类。从上面程序的输出结果不难看出,这两个访问者子类中的算法(一个用于累计药品价格以向我收取费用,一个用于为我拿药)都已经执行了。

如果现在想扩充一下算法,那么只要增加新的访问者子类就可以做到,例如,本节开头说,如果**营养师**拿到了这个药品单,他就会根据这个药品单为我配制营养餐,为了实现这个算法,可以增加一个营养师访问者子类,代码如下:

```
//营养师访问者子类
class Visitor_YYS : public Visitor
{
public:
    virtual void Visit_elm_asplcrp(M_asplcrp * pelem)
    {
```

```
        cout << "营养师建议:"多吃粗粮少吃油,可以有效预防血栓"!" << endl;
    }
    virtual void Visit_elm_fftdnhsp(M_fftdnhsp * pelem)
    {
        cout << "营养师建议:"多吃蘑菇、洋葱、猕猴桃,可以有效降低血脂"!" << endl;
    }
    virtual void Visit_elm_dlx(M_dlx * pelem)
    {
        cout << "营养师建议:"多出去走走呼吸新鲜空气,多晒太阳,多去人多热闹的地方,保持乐
观开朗的心情"!" << endl;
    }
};
```

同样,在 main 主函数中继续增加如下代码就可以使用营养师访问者子类中的算法来让营养师为我配置营养餐了:

```
Visitor_YYS visitor_yys;              //营养师访问者子类,里面承载着为我配置营养餐的算法
mdc_asplcrp.Accept(&visitor_yys);     //营养师针对治疗预防血栓药"阿司匹林肠溶片"给出的对
                                      //应的营养餐建议
mdc_fftdnhsp.Accept(&visitor_yys);    //营养师针对降血脂药"氟伐他汀钠缓释片"给出的对应的
                                      //营养餐建议
mdc_dlx.Accept(&visitor_yys);         //营养师针对治疗神经紊乱药"黛力新"给出的对应的营养
                                      //餐建议
```

执行起来,看一看新增代码行的执行结果:

```
营养师建议:"多吃粗粮少吃油,可以有效预防血栓"!
营养师建议:"多吃蘑菇、洋葱、猕猴桃,可以有效降低血脂"!
营养师建议:"多出去走走呼吸新鲜空气,多晒太阳,多去人多热闹的地方,保持乐观开朗的心情"!
```

同理,如果增加一个健身教练访问者子类,则可根据药品单为我(患者)配置一些改善身体当前状况的健身方法(算法),这个子类的实现可以参考 Visitor_YYS 子类的实现,留给读者自行完成。这充分说明,**不同的访问者子类,可以对这些药品(元素)进行不同的访问操作**,这样就可以在不修改现有代码的情况下扩展程序的功能,为元素增加新操作。

20.2 引入访问者模式

引入"**访问者**"模式的定义(实现意图):提供一个作用于某对象结构中的各元素的操作表示,便可以在不改变各元素类的前提下定义(扩展)作用于这些元素的新操作。

上述定义听起来有些抽象,下面的解释更明白一些:**允许一个或者多个操作应用到一组对象上,使对象本身和操作解耦**。

根据上述范例,绘制访问者模式的 UML 图,如图 20.2 所示。

访问者模式的 UML 图中包含如下 5 种角色。

(1) Visitor(抽象访问者):为对象结构中的每一个元素子类(M_asplcrp、M_fftdnhsp、M_dlx)声明一个访问操作(Visit_开头的方法),从该操作的名称或参数类型可以明确的知道要访问的元素子类的类型,具体的访问者子类要实现这些访问操作。这里指 Visitor 类。

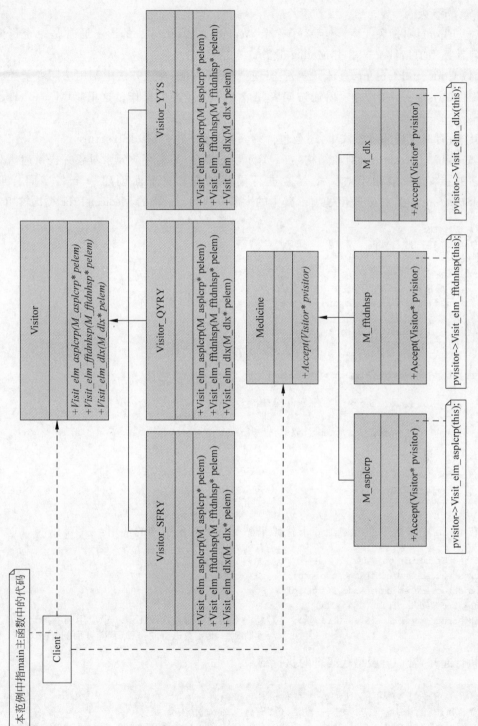

图 20.2 访问者模式 UML 图

（2）ConcreteVisitor（具体访问者）：实现每个由抽象访问者声明的访问操作，注意，每一个操作用于访问对象结构中的一种类型的元素。这里指 Visitor_SFRY、Visitor_QYRY、Visitor_YYS 类。

（3）Element（抽象元素）：定义了一个 Accept 方法，该方法的形参通常是一个指向抽象访问者类型的指针。这里指 Medicine 类。

（4）ConcreteElement（具体元素）：实现 Accept 方法，在该方法中调用访问者子类中的访问操作（Visit_开头的方法）**让访问者**完成对一个元素的操作。这里指 M_asplcrp、M_fftdnhsp、M_dlx 类。

其实，有时在访问者模式中，还会包含第 5 种角色——ObjectStructure。

（5）ObjectStructure（对象结构）：一个元素的集合，用来存放元素对象并提供遍历其内部元素的接口，一般用于对一批元素进行同一种操作。下面创建一个名字同样叫作 ObjectStructure 的类来实现相关功能（其中的大部分代码与前面的 MedicineProc 类比较相似）：

```cpp
//对象结构
class ObjectStructure
{
public:
    //增加药品到药品列表中
    void addMedicine(Medicine * p_mdc)
    {
        m_mdclist.push_back(p_mdc);
    }

    void procAction(Visitor * pvisitor)
    {
        for (auto iter = m_mdclist.begin(); iter != m_mdclist.end(); ++iter)
        {
            (* iter) -> Accept(pvisitor);
        }
    }
private:
    list < Medicine * > m_mdclist;      //药品列表
};
```

在 main 主函数中继续增加如下代码来感受一下对象结构的使用：

```cpp
ObjectStructure objstruc;
objstruc.addMedicine(&mdc_asplcrp);
objstruc.addMedicine(&mdc_fftdnhsp);
objstruc.addMedicine(&mdc_dlx);
objstruc.procAction(&visitor_yys);     //将一个访问者对象(visitor_yys)应用到一批元素上，以
                                       //实现对一批元素进行同一种(营养方面的)操作
```

执行起来，看一看新增代码行的执行结果：

```
营养师建议："多吃粗粮少吃油,可以有效预防血栓"!
营养师建议："多吃蘑菇、洋葱、猕猴桃,可以有效降低血脂"!
营养师建议："多出去走走呼吸新鲜空气,多晒太阳,多去人多热闹的地方,保持乐观开朗的心情"!
```

此时，完整的访问者模式 UML 图如图 20.3 所示。

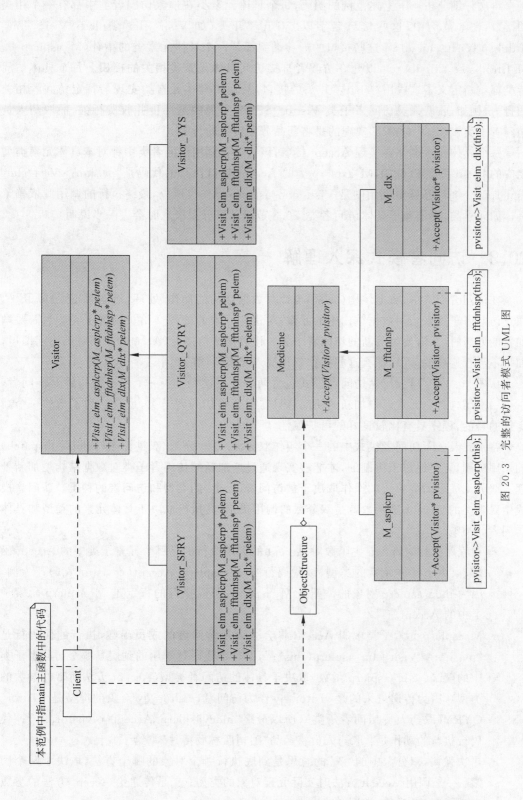

图 20.3 完整的访问者模式 UML 图

　　再次仔细分析一下上述范例的源码,每个具体元素类在抽象访问者类中都有一个相关的接口,在本范例中,这些接口名字以"Visit_"开头(如 Visit_elm_asplcrp、Visit_elm_fftdnhsp、Visit_elm_dlx),这些接口的形参类型都是一个具体元素类的指针(M_asplcrp *、M_fftdnhsp *、M_dlx *),以允许访问者直接**访问具体元素类相关的接口**。每个具体访问者类都重新定义了这些用"Visit_"开头的接口,从而为具体元素类实现与特定访问者相关的行为,例如,收费人员访问者子类 Visitor_SFRY 实现的是计价并收费行为,而取药人员访问者子类 Visitor_QYRY 实现的是将药品分发给我的行为。

　　每个具体元素类都会实现 Accept 接口,该接口会调用访问者类中针对本具体元素类型相应的"Visit_"操作,例如,M_asplcrp 类的 Accept 接口执行的代码是"pvisitor-> Visit_elm_asplcrp(this);",意味着调用的是 Visit_elm_asplcrp 操作。所以,最终执行的调用既依赖于具体的元素类,也依赖于具体访问者类(20.3 节谈到双分派概念时会进一步说明)。

20.3　访问者模式深入理解

　　在访问者模式中,数据结构(元素)与针对数据结构的操作/处理(访问者)被分隔开了,通过访问者子类来访问数据结构中的元素,对这些元素的处理交给访问者子类。当需要增加新的处理时,只需要编写新的访问者子类并让数据结构接受(Accept)访问者的访问即可,如果不进行这样的分隔,那么这些操作就得放入元素所属的类中。

　　从图 20.3 中可以看到,访问者模式包含两个类层次结构:一个层次结构针对访问者,一个层次结构针对元素。增加新的访问者只需要新增访问者子类,也就达到了增加一个新操作的目的,程序具有比较良好的可扩展性。

　　特别提及一下访问者模式中的一个叫作双分派/二次分派/双重分派(Double-dispatch)的调用机制,正是通过该机制的,才能够实现通过增加新的访问者子类对数据结构增加新处理。双分派表示所要执行的操作取决于**被访问者(元素)的类型和访问者的种类**。访问者模式中元素类的 Accept 虚函数就是双分派的调用机制,其执行取决于具体元素的类型和具体访问者的类型。

- 在程序执行时,main 主函数对 Accept 的调用执行的是哪个元素子类中的 Accept 函数,取决于具体元素的类型,以代码行"mdc_asplcrp. Accept(&visitor_qy);"为例,因为 mdc_asplcrp 对象的类型是 M_asplcrp,所以执行的肯定是 M_asplcrp 元素子类中的 Accept。

- M_asplcrp 元素子类中的 Accept 将会去**调用访问者的成员函数**,执行的代码行是"pvisitor-> Visit_elm_asplcrp(this);",而这个代码行调用的到底是哪个访问者子类中的 Visit_elm_asplcrp 函数,取决于具体的访问者类型(Accept 方法所带的参数的类型),因为传递进来的是 visitor_qy 作为访问者,visitor_qy 对象的类型是 Visitor_QYRY(取药人员访问者子类),所以最终"mdc_asplcrp. Accept(&visitor_qy);"代码行执行的动作是:取药人员将药品"阿司匹林肠溶片"拿给了我!

- 再次强调,双分派中的"双"的意思是到底执行哪个对象的哪个方法,取决于两个因素:一是调用 Accept 方法时实际元素对象的类型;二是传递给 Accept 方法的参数(实际访问者对象)类型。

　　总之,双分派这种机制使得同一个访问者针对不同的元素可以请求不同的操作。所以,不将各种操作(收费、取药、营养师建议、健身教练建议)静态地写在各个元素子类中,而是将它们放在具体的访问者子类中并使用 Accept 在运行时进行绑定,从而达到只要增加新的访问者子类就能够扩展元素对象能力的目的。

　　访问者模式具有如下优缺点:

- 很容易地增加具体访问者来增加新的操作,但应对具体元素的增加是比较困难的。

- 相关的操作或行为不是分布在元素对象所属的类中而是集中在一个访问者中。无关的行为被各自放在不同的访问者子类中。这样做既简化了元素对象所属的类,也简化了访问者子类中定义的操作,与操作有关的代码都被放在了访问者子类中。

- 增加具体元素类比较困难,因为每增加一个具体元素类都需要在抽象访问者中增加一个新的抽象操作(虚函数)并在具体访问者子类中实现相应的操作。

- 当访问者访问元素对象结构中的每个元素时,可能会累计状态,这一点参考范例中的收费人员访问者子类 Visitor_SFRY,该子类能够累计求得 3 种药品的总价格。

- 访问者模式要求具体元素类的接口比较丰富,功能足够强大,从而能够让访问者进行需要的工作,这一点请参考 Medicine 类中的 getMdcName、getPrice 接口,但这样做会导致元素类暴露了太多公共操作接口,从而破坏了封装性。

　　访问者模式比较适合用于如下场景:

- 需要对元素对象结构进行很多不同的操作,如果将这些操作放入这些元素对象所属的类中,就会“污染”到类,同时,开发者也并不希望在增加新操作时修改这些类的代码,这违反了开闭原则。通过访问者模式,将各种操作相关代码写在各个访问者子类中,而元素对象结构可以被多个访问者访问和使用,达到将对象自身与针对对象的操作分隔开的目的。

- 元素对象结构所属的类很少发生变动,但在元素对象结构上经常需要增加新的操作。改变元素对象结构类需要重新定义所有访问者相关接口,这个代价比较大,所以如果元素对象结构类经常改变,那么在这些类中定义相关操作更好。

- 一般来讲,访问者模式用得不多,但在需要的场合该模式就是无可替代的。

第 21 章

解释器模式

解释器(Interpreter)模式也叫解析器模式,是一种行为型模式,适合对一些比较简单的文法规则结构(例如,求一个算术表达式的结果)进行分析(翻译)。进一步说,该模式用的描述如何使用面向对象的程序设计语言(在这里是 C++语言)创建一个简单的语言解释器。该模式用的地方并不多,学习难度较大。此外,对于一些文法比较复杂的场合,因性能、复杂度等问题,往往并不采用解释器模式而是使用一些比较成熟的分析手段,例如语法分析器等,但这可能会涉及编译原理方面的一些知识,有兴趣的读者可以自行深入研究。

21.1 一个用解释器模式编写的范例

解释器模式单纯用语言描述会非常晦涩,不如看一个具体的范例。

为简化问题,有些变量名只用一个字母表示,诸如 a、b、c、d 等,它们的值可以在程序运行时指定。现在希望对这些变量进行加减法运算(考虑到编码的复杂性,避免涉及一些运算符优先级问题,本范例只进行加减法运算,不涉及乘除法)。假设 a、b、c、d 的值分别为 7、9、3、2,则给出任意一个字符串表达式诸如"a−b+c+d",希望能够将变量的值代入字符串表达式中并计算出最终的结果 3,即"7−9+3+2"的结果为 3。这个范例的难点是变量的值以及要计算最终结果的字符串表达式都是在程序运行时给出的。拿到这个需求后,读者如果有自己的实现思路,可以率先写出相应的程序,看执行结果是否能如题目所愿。

可以看到,字符串表达式可以做任意变量之间的任意加减法,但并不是没有规律可循,就以"a−b+c+d"来说明,要计算其结果,可以先计算 a−b,得到的结果再和 c 做加法运算,再得到一个结果,这个结果和 d 做加法运算,从而得到最终结果,遵循的是从左到右的计算规则或者说是语法规则,将这些规则表达为一个句子(来代表"a−b+c+d"),然后构建解释器来解释这个句子,这就是解释器模式所做的事情。

现在,尝试用解释器模式实现该范例。当然,范例的目的主要是展示解释器模式适用的场景而不是写出完善的代码来实现需求,所以本范例只编写必需的用于实现基本功能的代码。

前面所说的将规则表达为一个句子,其实质就是如何将上述计算规则表达为一棵语法树(表达式树)。这棵语法树如图 21.1 所示。

对图 21.1 应该从左下角开始逐步向右上角观察,图中每个节点(圆形)中包含的都是一个独立的小表达式,用于表达一些内容。因为先计算 a−b,这意味着这个减法中有左右两个操作数 a 和 b，所以图中减号（节点）的左下角为 a 节点，右下角为 b 节点，a－b 的计算结果作为一个新节点并作为加号（节点）的左操作数，c 作为加号的右操作数，做与 c 的加法操作，结果再作为一个新节点并作为最上面加号的左操作数，d 作为加号的右操作数，做与 d 的加法操作，最终得到"a－b＋c＋d"这个完整表达式的结果。

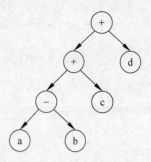

图 21.1　"a－b＋c＋d"表达为一棵语法树

上面提到过，图 21.1 中每个节点中包含的都是一个独立的小表达式，在本范例中，这些独立的小表达式分为两种——**非终结符表达式（树枝）**和**终结符表达式（树叶）**。图中＋、－号节点所代表的小表达式都是非终结符表达式，因为它们的组成部分仍然是其他小表达式，也就是这些节点的左下角和右下角仍旧指向其他节点，而 a、b、c、d 节点（变量）所代表的小表达式都是终结符表达式，因为它们不能被再分解（树中的叶子节点）。

有了上述这棵语法树，就可以对这棵树进行解释（解析）了。说得明确一些，语法树中每个节点所属的类都会有一个叫作 interpret 的成员函数对本节点进行解释，对于终结符表达式这种节点，只需要用实际的数字替换掉变量名（解析）：对于非终结符表达式，例如＋这种节点，就要用该表达式的左操作数与右操作数做实际的相加来得到结果（解析）。

下面开始编码。首先为每个独立的小表达式创建一个父类 Expression，代码如下：

```cpp
//小表达式(节点)父类
class Expression
{
public:
    Expression(int num, char sign) :m_dbg_num(num), m_dbg_sign(sign) {}        //构造函数
    virtual ～Expression() {}          //作父类时析构函数应该为虚函数

public:
    //解析语法树中的当前节点
    virtual int interpret(map < char, int > var) = 0;   //♯ include < map >,map 容器中的键值对
                                                        //用于保存变量名及对应的值

public:
    //以下两个成员变量是为程序跟踪调试时观察某些数据方便而引入
    int m_dbg_num;              //创建该对象时的一个编号,用于记录本对象是第几个创建的
    char m_dbg_sign;            //标记本对象的类型,可能是个字符 v 代表变量(终结符表达
                                //式),也可能是加减号(非终结符表达式)
};
```

接着，创建子类 VarExpression 来代表变量表达式，也就是终结符表达式，代码如下：

```cpp
//变量表达式(终结符表达式)
class VarExpression :public Expression
{
public:
    VarExpression(const char& key,int num, char sign):Expression(num,sign)  //构造函数
    {
        m_key = key;
```

```
        }
        virtual int interpret(map < char, int > var)
        {
            return var[m_key];          //返回变量名对应的数值
        }

    private:
        char m_key;                     //变量名,本范例中诸如 a、b、c、d 都是变量名
    };
```

从上述代码中可以看到,对变量表达式的解析(interpret)无非就是返回变量名所对应的变量值。

非终结符表达式有两个,分别是＋、－,这里先为非终结符表达式创建一个父类 SymbolExpression,也继承自 Expression 类,代码如下:

```
//运算符表达式(非终结符表达式)父类
class SymbolExpression :public Expression
{
public:
    SymbolExpression(Expression * left, Expression * right, int num, char sign) : m_left
(left), m_right(right),Expression(num, sign) {}   //构造函数
    Expression * getLeft() { return m_left; }
    Expression * getRight() { return m_right; }
protected:
    //左右各有一个操作数
    Expression * m_left;
    Expression * m_right;
};
```

接着,以 SymbolExpression 为父类,创建加法运算符表达式 AddExpression 和减法运算符表达式 SubExpression,代码如下:

```
//加法运算符表达式(非终结符表达式)
class AddExpression :public SymbolExpression
{
public:
    AddExpression(Expression * left, Expression * right, int num, char sign) :SymbolExpression
(left,right, num, sign) {}                        //构造函数

    virtual int interpret(map < char, int > var)
    {
        //分步骤拆开写,方便理解和观察
        int value1 = m_left -> interpret(var);   //递归调用左操作数的 interpret 方法
        int value2 = m_right -> interpret(var);  //递归调用右操作数的 interpret 方法
        int result = value1 + value2;
        return result;                           //返回两个变量相加的结果
    }
};

//减法运算符表达式(非终结符表达式)
```

```cpp
class SubExpression :public SymbolExpression
{
public:
    SubExpression ( Expression * left, Expression * right, int num, char sign) :
SymbolExpression(left, right,num, sign) {}              //构造函数

    virtual int interpret(map< char, int > var)
    {
        int value1 = m_left -> interpret(var);
        int value2 = m_right -> interpret(var);
        int result = value1 - value2;
        return result;                             //返回两个变量相减的结果
    }
};
```

从上述代码中可以看到，对加法运算符表达式的解析，是将该表达式左右两个操作数相加，而对减法运算符表达式的解析，是将该表达式左右两个操作数相减。

此时的类层次关系 UML 图如图 21.2 所示。

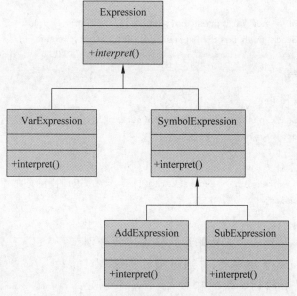

图 21.2　当前解释器模式范例 UML 图

接下来要做的工作就是将上述计算规则创建为一棵语法树，具体是在函数 analyse 中创建。创建的思路是针对每个树中的节点创建一个 Expression 子类对象，然后根据节点的类型（节点所代表的是非终结符表达式还是终结符表达式），让非终结符表达式节点的 m_left 和 m_right 成员（SymbolExpression 类中定义）分别指向其他的节点，最终构成一个 Expression 子类型的链表，链表的外形以及指向与图 21.1 相同。函数 analyse 的代码如下：

```cpp
//分析—创建语法树(表达式树)
Expression * analyse(string strExp)        //strExp:要计算结果的表达式字符串，例如"a - b + c + d"
{
    stack< Expression * >  expStack;        // # include < stack >,这里用到了栈这种顺序容器
```

```
Expression * left = nullptr;
Expression * right = nullptr;
int icount = 1;
for (size_t i = 0; i < strExp.size(); ++i)            //循环遍历表达式字符串中的每个字符
{
    switch (strExp[i])
    {
    case '+':
        //加法运算符表达式(非终结符表达式)
        left = expStack.top();                        //返回栈顶元素(左操作数)
        ++i;
        right = new VarExpression(strExp[i], icount++, 'v');     //v代表是一个变量节点
        //在栈顶增加元素
        expStack.push(new AddExpression(left, right, icount++, '+'));
                                                      //'+'代表是十个加法运算符节点

        break;
    case '-':
        //减法运算符表达式(非终结符表达式)
        left = expStack.top();                        //返回栈顶元素
        ++i;
        right = new VarExpression(strExp[i], icount++, 'v');
        expStack.push(new SubExpression(left, right, icount++, '-'));
                                                      //'-'代表是一个减法运算符节点

        break;
    default:
        //变量表达式(终结符表达式)
        expStack.push(newVarExpression(strExp[i], icount++,'v'));
        break;
    }                                                 //end switch
}                                                     //end for
Expression * expression = expStack.top();             //返回栈顶元素
return expression;
}
```

上述代码针对终结符表达式和非终结符表达式分别创建了若干 Expression 子类对象,并通过指针将这些对象连起来构成一棵语法树。代码中使用 new 来创建VarExpression、AddExpression、SubExpression 类型的对象,这些代码有一定难度,可以直接进行**断点调试**来查看代码的执行。代码中一共执行了 7 次 new 创建了 4 个VarExpression 对象、2 个 AddExpression 对象以及 1 个SubExpression 对象(参考图 21.1)。创建这些对象的顺序如图 21.3 所示,图中从小到大数字的顺序就是创建这些对象的顺序。

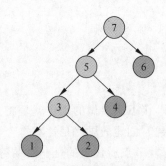

图 21.3   所创建的语法树(表达式树)中各节点的创建顺序

将图 21.1 与图 21.3 进行比较,不难发现,analyse 函数所创建的语法树中包含的 7 个节点的创建顺序分别是 a、b、-、c、+、d、+。当创建 AddExpression 或 SubExpression 类型对象时,它们的 m_left 和 m_right 指针分别指向左操作数和右操作数,这样,所创建的对象

就会被连起来。整个 analyse 函数最终返回图 21.3 中数字 7 这个节点(＋)所代表的 AddExpression 对象的指针,这个指针串起了语法树中的所有节点(通过这个指针可以遍历语法树中的所有其他节点),整个语法树创建完毕。

有了这棵语法树,就可以直接调用 interpret 接口对诸如"a－b＋c＋d"这样的字符串表达式进行求值了。在 main 主函数中可以加入如下代码:

```
string strExp = "a－b＋c＋d";              //将要求值的字符串表达式
map＜char, int＞varmap;
//下面是给字符串表达式中所有参与运算的变量一个对应的数值
varmap.insert(make_pair('a', 7));         //类似于赋值语句 a = 7
varmap.insert(make_pair('b', 9));         //类似于赋值语句 b = 9
varmap.insert(make_pair('c', 3));         //类似于赋值语句 c = 3
varmap.insert(make_pair('d', 2));         //类似于赋值语句 d = 2

Expression * expression = analyse(strExp);   //调用 analyse 函数创建语法树
int result = expression->interpret(varmap);  //调用 interpret 接口求解字符串表达式的结果
cout << "字符串表达式\"a - b + c + d\"的计算结果为: " <<  result << endl;  //输出字符串表
                                                                      //达式结果
```

执行起来,看一看结果:

字符串表达式"a － b ＋ c ＋ d"的计算结果为:3

可以看到,程序正确计算出了字符串表达式"a－b＋c＋d"的结果,也就是"7－9＋3＋2"的结果。

上述代码中,比较难理解的是 main 主函数中的代码行"int result ＝ expression->interpret(varmap);"是如何执行从而计算出最终结果的。这里建议读者继续**断点调试**以明确查看 interpret 成员函数的执行过程,其中涉及递归调用,这里对照图 21.3 进行说明。

- 代码行"int result ＝ expression->interpret(varmap);"执行的是图 21.3 中标记为 7 的节点的 interpret 成员函数来计算该节点代表的**和**值,这必须先计算标记为 5 的节点代表的**和**值(程序中开始递归执行 interpret)。
- 要计算标记为 5 的节点代表的**和**值,必须先计算标记为 3 的节点代表的**差**值。
- 标记为 3 的节点代表的差值是由标记为 1 和标记为 2 的节点相减得到,而标记为 1 和标记为 2 的节点是变量节点(终结符表达式),有明确的值,因此此时可以求得标记为 3 的节点代表的差值。
- 标记为 4 的节点同样是变量节点,与标记为 3 的节点进行相加,求得标记为 5 的节点代表的和值。
- 标记为 6 的节点同样是变量节点,与标记为 5 的节点进行相加,最终求得标记为 7 的节点代表的和值。这也是对整个语法树进行求值后得到的结果。

当然,程序执行的最后,不要忘记释放用 new 分配的内存以免造成内存泄漏。为释放内存,编写一个 release 函数,代码如下:

```
void release(Expression * expression)
{
    //释放表达式树的节点内存
```

```
SymbolExpression * pSE = dynamic_cast < SymbolExpression * >(expression);
                        //此处代码有优化空间(不使用 dynamic_cast),留给读者思考
if(pSE)
{
    release(pSE -> getLeft());
    release(pSE -> getRight());
}
delete expression;
}
```

在 main 主函数中,继续增加对 release 函数的调用代码:

```
//释放内存
release(expression);
```

release 对内存的释放,也涉及递归调用,与计算字符串表达式结果涉及的递归调用道理是一样的,可以通过对代码断点调试来加深理解,把断点设置到"delete expression;"代码行,不难看到,参考图 21.3 的编号,内存的释放顺序分别为标记为 1、2、3、4、5、6、7 的节点,也就是说,标记为 1 的节点内存被最先释放,标记为 7 的节点内存被最后释放。

现在,整个程序的执行就不会泄漏内存了。

21.2 引入解释器模式

引入"**解释器**"设计模式的定义(实现意图): 定义一个语言的文法(语法规则),并建立一个解释器解释该语言中的句子。

其实,解释器模式是描述如何用面向对象程序设计语言来创造一个简单的语言解释器,这种语言拥有自己的语法规则,程序员正是利用解释器模式来设计并解释这种新的语言的,要想解释这种语言,需要调用每个表达式(非终结符表达式和终结符表达式)的 interpret 方法。换句话说,当一个语言需要解释执行并且可以将该语言中的句子**表示为一棵语法树**时,就可以使用解释器模式。

根据上述范例,绘制解释器模式的 UML 图,如图 21.4 所示。

解释器模式的 UML 图中包含如下 4 种角色。

(1)AbstractExpression(抽象表达式): 声明了一个抽象的解释操作,它是所有终结符表达式和非终结符表达式的公共基类。这里指 Expression 类。

(2)TerminalExpression(终结符表达式): 抽象表达式的子类,实现了语言文法中与终结符表达式相关的**解释操作**。一个句子中的每个终结符表达式都是该类的一个实例,这些实例可以通过非终结符表达式组成更为复杂的句子。这里指 VarExpression 类。

(3)NonterminalExpression(非终结符表达式): 同样是抽象表达式的子类,实现了语言文法中与非终结符表达式相关的**解释操作**,考虑到非终结符表达式既可以包含终结符表达式,也可以包含其他非终结符表达式,所以其相关的解释操作一般是通过递归调用实现的。这里指 AddExpression、SubExpression。

注意,引入 SymbolExpression 类的目的是方便 AddExpression、SubExpression 作为其子类的编写(方便继承),SymbolExpression 类本身并不是非终结符表达式,也并不是必须

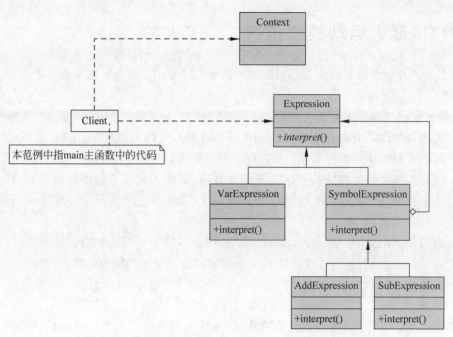

图 21.4　解释器模式 UML 图

存在的。

（4）Context（环境类/上下文类）：用于存储解释器之外的一些全局信息，例如变量名与值的映射关系、存储和访问表达式解释器的状态等，之后这个信息会作为参数传递到所有表达式的解释操作（interpret 成员函数）中作为这些解释操作的公共对象来使用。可以根据实际情况决定是否需要使用该类。这里指 varmap 这个 map 容器（虽然上述范例并没有将该容器封装到一个类中）。

从解释器模式可以看到，不管需要求值的字符串表达式如何变动，只要制定好相关的语法规则，利用解释器来解释这些规则，就可以达到对这些字符串表达式求解的目的。在解释器模式中，每种终结符表达式和非终结符表达式都有一个具体类与之对应，这样就将语法解析的工作拆分到各个类中，从而避免出现大而全的解析类。

因为使用类来表示语法规则，因此具有良好的灵活性和可扩展性，这也是解释器模式的优点。

对于何时、在什么场合下适合使用解释器模式的问题，一般来说，能将一个需要解释执行的语言中的句子表示为一棵语法树或者一些重复出现的问题能够用一种简单的语言表达时可以考虑使用解释器模式，比较典型的应用场合例如对正则表达式的解释等。在这方面，读者可以进一步查阅更多采用解释器模式实现的范例。

解释器模式具有如下缺点：

- 能够解释的语言比较简单或者说这种模式适合实现小而简单的文法；
- 执行效率不会太高，因为在解释的过程中会涉及许多递归调用；
- 如果文法（语法规则）大多，会导致产生大量的类，对于跟踪调试会产生诸多不便。

21.3 机器人运动控制范例

为了让读者对解释器模式有一个更加灵活和深入的认识,这里再实现一个机器人运动控制范例。

范例规定一些机器人的行为规则:

- 机器人的运动方向有 4 个:上(up)、下(down)、左(left)、右(right);
- 机器人的运动方式有两个:行走(walk)和奔跑(run);
- 机器人能接受的终结符表达式有**运动方向**、**运动方式**以及**运动距离**,其中运动距离是个正整数,单位是"米",例如,"left walk 15"表示向左行走 15 米,而"down run 20"表示向下奔跑 20 米。
- 机器人能接受的一个非终结表达式是"句子",句子由"运动方向、运动方式、运动距离"构成,例如,上面说过的"left walk 15";另一个非终结表达式是"and",代表"和"的意思,例如,"left walk 15 and down run 20"表示向左行走 15 米再向下奔跑 20 米。

仿照前面的计算字符串表达式值的范例,实现本范例并不困难。将本范例代码放入一个新的命名空间中,以免使用一些同名类时报错,先创建表达式父类以及终结符表达式和非终结符表达式,代码如下:

```cpp
//表达式父类
class Expression
{
public:
    virtual ~Expression() {}                //作父类时析构函数应该为虚函数

public:
    //解析语法树中的当前节点
    virtual string interpret() = 0;
};

//运动方向表达式(终结符表达式)
class DirectionExpression :public Expression
{
public:
    DirectionExpression(const string& direction)    //构造函数
    {
        m_direction = direction;
    }
    virtual string interpret()
    {
        if(m_direction == "up")
        {
            return "向上";
        }
        else if(m_direction == "down")
        {
```

```
            return "向下";
        }
        else if (m_direction == "left")
        {
            return "向左";
        }
        else if (m_direction == "right")
        {
            return "向右";
        }
        else
        {
            return "运动方向错";
        }
    }
private:
    string m_direction;                   //运动方向：up、down、left、right 分别表示上、下、左、右
};


//运动方式表达式(终结符表达式)
class ActionExpression :public Expression
{
public:
    ActionExpression(const string& action)      //构造函数
    {
        m_action = action;
    }
    virtual string interpret()
    {
        if (m_action == "walk")
        {
            return "行走";
        }
        else if (m_action == "run")
        {
            return "奔跑";
        }
        else
        {
            return "运动方式错";
        }
    }
private:
    string m_action;                          //运动方式：walk、run 分别表示行走、奔跑
};


//运动距离表达式(终结符表达式)
class DistanceExpression :public Expression
{
public:
    DistanceExpression(const string& distance) //构造函数
```

```cpp
        {
            m_distance = distance;
        }
        virtual string interpret()
        {
            return m_distance + "米";
        }
    private:
        string m_distance;                          //运动距离,用字符串表示即可
    };
```

//"句子"表达式(非终结符表达式)由"运动方向、运动方式、运动距离"构成
```cpp
class SentenceExpression :public Expression
{
public:
    SentenceExpression(Expression * direction, Expression * action, Expression * distance) :
m_direction(direction), m_action(action),m_distance(distance){}  //构造函数
    Expression * getDirection() { return m_direction; }
    Expression * getAction() { return m_action; }
    Expression * getDistance() { return m_distance; }

    virtual string interpret()
    {
        return m_direction -> interpret() + m_action -> interpret() + m_distance ->
interpret();
    }
private:
    Expression * m_direction;                //运动方向
    Expression * m_action;                   //运动方式
    Expression * m_distance;                 //运动距离
};
```

//"和"表达式(非终结符表达式)
```cpp
class AndExpression :public Expression
{
public:
    AndExpression(Expression * left, Expression * right) :m_left(left), m_right(right) {}
                                                                        //构造函数
    Expression * getLeft() { return m_left; }
    Expression * getRight() { return m_right; }

    virtual string interpret()
    {
        return m_left -> interpret()   + "再" + m_right -> interpret();
    }
private:
    //左右各有一个操作数
    Expression * m_left;
    Expression * m_right;
};
```

组成语法树的各个必需的类已经创建完毕,接着,开始创建语法树,代码如下:

```cpp
//分析—创建语法树(表达式树)
Expression * analyse(string strExp)          //strExp: 要计算结果的表达式字符串,例如"left walk
                                             //15 and down run 20"
{
    stack < Expression * > expStack;
    Expression * direction = nullptr; Expression * action = nullptr; Expression * distance =
nullptr;
    Expression * left = nullptr;      Expression * right = nullptr;

    //机器人运动控制命令之间是用空格来分隔的,所以用空格作为分隔字符来对整个字符串进行拆分
    char * strc = new char[strlen(strExp.c_str()) + 1];
    strcpy(strc, strExp.c_str());             //若本行编译报错提醒使用 strcpy_s,则可以在文件头
                                              //增加代码行: #pragma warning(disable : 4996)
    vector < string > resultVec;              //#include < vector >
    char * tmpStr = strtok(strc, " ");        //按空格来切割字符串
    while (tmpStr != nullptr)
    {
        resultVec.push_back(string(tmpStr));
        tmpStr = strtok(NULL, " ");
    }
    delete[] strc;
    for (auto iter = resultVec.begin(); iter != resultVec.end(); ++iter)
    {
        if ((* iter) == "and")          //和
        {
            left = expStack.top();        //返回栈顶元素(左操作数)
            ++iter;

            direction = new DirectionExpression( * iter);        //运动方向
            ++iter;
            action = new ActionExpression( * iter);              //运动方式
            ++iter;
            distance = new DistanceExpression( * iter);          //运动距离
            right = new SentenceExpression(direction, action, distance);
            expStack.push(new AndExpression(left, right));
        }
        else
        {
            direction = new DirectionExpression( * iter);        //运动方向
            ++iter;
            action = new ActionExpression( * iter);              //运动方式
            ++iter;
            distance = new DistanceExpression( * iter);          //运动距离
            expStack.push(new SentenceExpression(direction, action, distance));
        }
    }
    Expression * expression = expStack.top();                //返回栈顶元素
    return expression;
}
```

上述代码构建的语法树同样可以用图表示，如图 21.5 所示。

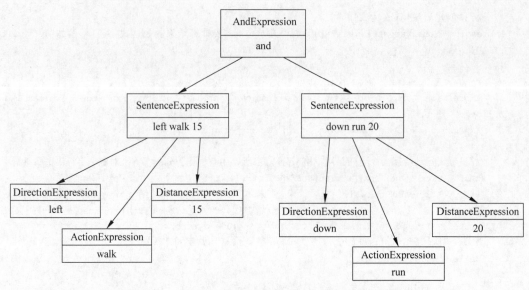

图 21.5 "left walk 15 and down run 20"表达为一棵语法树

释放内存的 release 函数代码如下：

```cpp
void release(Expression * expression)
{
    //释放表达式树的节点内存
    SentenceExpression * pSE = dynamic_cast < SentenceExpression * >(expression);
    if (pSE)
    {
        release(pSE->getDirection());
        release(pSE->getAction());
        release(pSE->getDistance());
    }
    else
    {
        AndExpression * pAE = dynamic_cast < AndExpression * >(expression);
        if (pAE)
        {
            release(pAE->getLeft());
            release(pAE->getRight());
        }
    }
    delete expression;
}
```

在 main 主函数中，注释掉原有代码，增加如下代码：

```cpp
string strExp = "left walk 15 and down run 20";
Expression * expression = analyse(strExp);   //调用 analyse 函数创建语法树
cout << expression->interpret() << endl;
```

//释放内存
release(expression);

执行起来,看一看结果:

向左行走 15 米再向下奔跑 20 米

上述范例的 UML 图如图 21.6 所示。

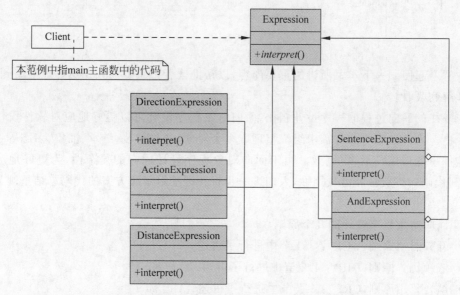

图 21.6 机器人运动控制范例解释器模式 UML 图

本范例中没有用到如图 21.4 所示的 Context(环境类/上下文类),因为并不需要给 interpret 成员函数传递参数。

第 22 章

设计模式总结

本章一起回顾一下本书所讲的重要内容,以帮助读者把重要的知识更好地汇集到一起,方便理解和吸收!

与以往的面向过程的程序设计相比,面向对象程序设计可以更好地应对软件设计中需求的变更。人们试图将软件需求组织整理成多个对象,通过封装、继承、抽象、多态等手段让编程这件事变得更灵活、更高效。由于面向对象程序设计固有的复杂性,为更好地应对变化,提高代码的扩展性和可复用性,人们进一步将各种项目解决方案的代码总结整理为设计模式。

1. 面向对象程序设计的几个原则

- 开放封闭原则(OCP):3.1 节中进行了讲述。
- 依赖倒置原则(DIP):4.2 节中进行了讲述。
- 组合复用原则(CRP):6.2 节中进行了讲述。
- 迪米特法则(LoD)/得墨忒耳法则/最少知识原则(LKP):8.2 节中进行了讲述。
- 单一职责原则(SRP):10.2 节中进行了讲述。
- 里氏替换原则(LSP):附录 A.3 节中进行了讲述。

2. 设计模式的分类

有必要再次提及设计模式的分类。设计模式一共分为三大类,分别是创建型、结构型和行为型。

- **创建型**模式——关注对象的创建,把对象的创建和使用分离。创建型模式包括如下设计模式:简单工厂、工厂方法、抽象工厂、原型、建造者、单件。
- **结构型**模式——关注对象之间的关系,研究如何组合各种对象以获得更灵活的结构并达到简化设计的目的。结构型设计模式包括如下设计模式:装饰、外观、组合、享元、代理、适配器、桥接。
- **行为型**模式——关注对象的行为或交互,描述一组对象应如何协作完成一个整体任务。行为型模式包括如下设计模式:模板方法、策略、观察者、命令、迭代器、状态、中介者、备忘录、职责链、访问者、解释器。

3. 设计模式的定义

1) 创建型设计模式的定义

- 简单工厂:定义一个工厂类,该类的成员函数可以根据不同参数创建并返回不同的类对象,被创建的对象所属的类一般都具有相同的父类。调用者无须关心创建对象的细节。

- 工厂方法：定义一个用于创建对象的接口，但由子类决定要实例化的类是哪一个。该模式使得某个类的实例化延迟到子类。
- 抽象工厂：提供一个接口，让该接口负责创建一系列相关或者相互依赖的对象，而无须为它们指定具体的类。
- 原型：用原型实例指定创建对象的种类，并且通过复制这些原型创建新的对象。
- 建造者：将一个复杂对象的构建与它的表示分离，使得同样的构建过程可以创建不同的表示。
- 单件：保证一个类仅有一个实例存在，同时提供能对该实例访问的全局方法。

2）结构型设计模式的定义

- 装饰：动态地给一个对象添加一些额外的职责。就增加功能来说，该模式相比生成子类更加灵活。
- 外观：提供了一个统一的接口，用来访问子系统中的一群接口。外观定义了一个高层接口，让子系统更容易使用。
- 组合：将一组对象组织成树形结构以表示"部分-整体"的层次结构。使得用户对单个对象和组合对象的操作/使用/处理具有一致性。
- 享元：运用共享技术有效地支持大量细粒度的对象（的复用）。
- 代理：为其他对象提供一种代理以控制对这个对象的访问。
- 适配器：将一个类的接口转换成客户希望的另外一个接口。该模式使得原本接口不兼容而不能一起工作的类可以一起工作。
- 桥接：将抽象部分与它的实现部分分离，使它们都可以独立地变化和扩展。

3）行为型设计模式的定义

- 模板方法：定义一个操作中的算法的骨架，而将一些步骤延迟到子类中去实现，从而达到在整体稳定的情况下产生一些变化的目的。
- 策略：定义一系列算法类，将每个算法封装起来，让它们可以相互替换。换句话说，策略模式通常把一系列算法封装到一系列具体策略类中，作为抽象策略类的子类，然后根据实际需要使用这些子类。
- 观察者：定义对象间的一种一对多的依赖关系，当一个对象的状态发生改变时，所有依赖于它的对象都会自动得到通知。
- 命令：将一个请求或者命令封装为一个对象，以便这些请求可以以对象的方式通过参数进行传递，对象化了的请求还可以排队执行或者根据需要将这些请求录入日志供查看和排错，以及支持请求执行后的可撤销操作。
- 迭代器：提供一种方法顺序访问一个聚合对象中各个元素，而又不暴露该对象的内部表示。
- 状态：允许一个对象在其内部状态改变时改变它的行为，让对象看起来似乎修改了它的类。
- 中介者：用一个中介对象来封装一系列的对象交互。中介者使各个对象不需要显式地相互引用，从而使耦合松散，而且可以独立地改变它们之间的交互。
- 备忘录：在不破坏封装性的前提下，捕获一个对象的内部状态，并在该对象之外保存这个状态,这样以后就可以将该对象恢复到原先保存的状态。

- 职责链:使多个对象都有机会处理请求,从而避免请求的发送者和接收者之间的耦合关系。将这些对象连成一条链,并沿着这条链传递该请求,直到有一个对象处理它(请求)为止。
- 访问者:提供一个作用于某对象结构中的各元素的操作表示,使可以在不改变各元素类的前提下定义作用于这些元素的新操作。
- 解释器:定义一个语言的文法,并建立一个解释器解释该语言中的句子。

重要提示

- 当系统的设计不需要预留任何弹性时,就不需要使用模式。
- 模式会带来复杂性和降低程序运行效率,除非必要,否则不要着急使用模式从而引入这种复杂性。
- 虽然可以发明自己的设计模式,但人们见到的大多数模式都是现有设计模式的变种而不是新模式。
- 设计模式并不能解决软件开发中的所有问题,是否使用设计模式要具体情况具体分析,要进行权衡。
- 许多设计模式的 UML 图看起来很类似,我们更应该关注的是某个模式专注于解决什么样的问题。
- 仅对程序中呈现出频繁变化的那些部分做出抽象,拒绝不成熟的抽象和抽象本身一样重要。
- 不写代码的架构师是值得怀疑的架构师。
- 测试工程师不是发现问题的机器,把明知道有缺陷的代码发送给测试工程师是非常不专业的。发布软件时,应该确保测试工程师找不到问题。

附录 A

类 和 对 象

A.1 静态对象的探讨与全局对象的构造顺序

A.1.1 静态对象的探讨

(1) 类中的静态成员变量(一般指类类型的静态成员变量),即使没有被使用,也会被构造和析构。

请看如下范例,在 MyProject.cpp 的上面定义一个类 A:

```
class A
{

public:
    A()
    {
        m_i = 5;
        cout << "A::A()默认构造函数执行了" << endl;
    }
    ~A()
    {
        cout << "A:~A()析构函数执行了" << endl;
    }
    int m_i;
};
```

紧接着定义一个类 B,注意,类 B 中有一个静态成员变量 m_sa,其类型为 A(类类型):

```
class B
{
public:
    static A m_sa;                    //这是静态成员变量的声明
};
```

类 B 中的代码行"static A m_sa;"只是对静态成员变量的声明。如果在 main 主函数中,没有用到类 B 的静态成员 m_sa,则自然可以不对该静态成员变量进行定义;但如果用到了该静态成员,例如在 main 主函数中增加如下代码:

```
B bobj;
cout << bobj.m_sa.m_i << endl;              //用到了 m_sa 静态成员变量
```

则必须要对类 B 的静态成员 m_sa 进行定义，否则会报链接错误。静态成员变量的定义一般会放在项目中某个 .cpp 文件的上面位置，这里把如下代码放在类 B 的定义之后：

```
A B::m_sa;                                  //这是对类 B 静态成员变量 m_sa 的定义
```

这样，main 主函数中的代码就可以顺利执行而不会报错了。

但此时，如果把 main 主函数中的所有代码清空（压根就不生成类 B 的任何对象），再次执行程序，居然发现类 A 的构造函数和析构函数执行了。这其实是一件很让人郁闷的事，因为这表示系统为类 B 的静态成员 m_sa 分配空间了，但其实代码中既没有使用到类 B，更没有使用到类 B 的静态成员 m_sa。这就证明了刚刚说到的结论：**类中的静态类类型成员变量，即使没有被使用，也会被构造和析构**。只要你使用了前面的代码行"A B::m_sa;"对 m_sa 进行了定义，那么这个静态成员变量就会被分配内存，这一点，大家要知道。

inline 关键字大家很熟悉了，一般用于声明一个内联函数。但是在 C++ 17 中引入了**inline 静态成员变量**这样一个说法，有了 inline，就不用在类外某个 .cpp 源文件中对类 B 的静态成员变量 m_a 进行定义了，只需要在类 B 内的静态成员变量 m_a 声明行前面增加一个 inline 关键字，改造后的代码如下：

```
class B
{
public:
    inline static A m_sa;              //既声明又定义了，注意打开编译器的 C++17 支持开关
};
```

当然，这种写法也是一样的——m_sa 成员变量，即使没有被使用，也会被构造和析构（为该静态成员变量分配了内存）。

如果大家注意观察对 .cpp 源文件进行编译后生成的 .obj 文件（只需要用记事本打开 .obj 文件进行一些查找），还可以发现一个有意思的事，如果这个静态成员变量不是类类型，而是一个简单类型，例如 int、double 等类型，那么如果源码中没有用到这个静态成员变量，编译器就很可能不为这个静态成员变量分配内存，有兴趣的读者请自行观察。

（2）函数中的静态对象（一般指类类型的静态对象），如果这个函数没有被调用过，则这个静态对象不会被构造。当然，即使这个函数被调用过多次，这个静态对象也只会被构造一次（这一点在笔者的《C++新经典：对象模型》一书中有详细的介绍）。

为了测试这一点，可以先把类 B 的定义注释掉，然后增加如下普通函数：

```
void myfunc()
{
    static A aobj;
}
```

此时执行程序，类 A 的构造函数和析构函数并不会被调用。接着，在 main 主函数中增加如下代码：

```
myfunc();
```

```
myfunc();
```

执行起来,看一看结果:

```
A::A()默认构造函数执行了
A:～A()析构函数执行了
```

从结果中不难看到,只有 myfunc 函数被调用了,才会构造 aobj 对象,而且,不管调用几次 myfunc 函数,aobj 对象只会被构造一次(结果中显示类 A 的构造函数只执行了一次)。

A.1.2 全局对象的构造顺序问题

一般来讲,函数中的静态对象在该函数第一次执行到这个静态对象被定义的地方时初始化,但对于全局对象(包括类的静态对象——类类型的静态成员变量),C++一般只保证在一个特定编译单元中(一个.cpp 文件中)全局对象的初始化顺序,但并没有针对不同编译单元全局对象初始化顺序做出任何规定。

工程中有 5 个文件: Class1.h、Class1.cpp、Class2.h、Class2.cpp 和 MyProject.cpp。

(1) Class1.h 文件的内容如下:

```
# ifndef __CLASS1__
# define __CLASS1__
class CLASS1
{
public:
    CLASS1();                    //构造函数声明
    ～CLASS1();                  //析构函数声明
};
# endif
```

(2) Class1.cpp 文件的内容如下:

```
# include < iostream >
# include "Class1.h"
# include "Class2.h"
using namespace std;
//构造函数实现
CLASS1::CLASS1()
{
    cout << "CLASS1::CLASS1()构造函数执行了" << endl;
}
//析构函数实现
CLASS1::～CLASS1()
{
    cout << "CLASS1::～CLASS1()析构函数执行了" << endl;
}
```

(3) Class2.h 文件的内容如下:

```
# ifndef __CLASS2__
# define __CLASS2__
```

```
class CLASS2
{
public:
    CLASS2();                          //构造函数声明
    ~CLASS2();                         //析构函数声明
};
#endif
```

（4）Class2.cpp 文件的内容如下：

```
#include <iostream>
#include "Class1.h"
#include "Class2.h"

using namespace std;
//构造函数实现
CLASS2::CLASS2()
{
    cout << "CLASS2::CLASS2()构造函数执行了" << endl;
}
//析构函数实现
CLASS2::~CLASS2()
{
    cout << "CLASS2::~CLASS2()析构函数执行了" << endl;
}
```

（5）MyProject.cpp 文件的内容如下：

```
#include <iostream>
#include "Class1.h"
#include "Class2.h"
using namespace std;
CLASS1 gclass1;
CLASS2 gclass2;
int main()
{
    return 0;
}
```

这几个文件的内容非常简单，定义了 CLASS1 和 CLASS2 两个类，在这两个类的构造函数和析构函数中分别输出一条信息。在 MyProject.cpp 文件中，用这两个类定义了两个全局对象 gclass1 和 gclass2。main 主函数中没有什么实际内容。

使用 Ctrl+F5 键执行程序，看一看输出结果：

```
CLASS1::CLASS1()构造函数执行了
CLASS2::CLASS2()构造函数执行了
CLASS2::~CLASS2()析构函数执行了
CLASS1::~CLASS1()析构函数执行了
```

可以看到，CLASS1 类和 CLASS2 类的构造函数和析构函数各被执行了一次。这是

gclass1 和 gclass2 对象被构造和被析构的结果,但是非常遗憾,这两个对象谁会被先构造出来,顺序是不一定的,有些读者可能会说,因为 gclass1 比 gclass2 先定义,所以 gclass1 对象先被构造出来,这个说法在当前这个范例中说得通,但是,请考虑,如果**一个项目中有多个.cpp 源文件**,每个源文件中都可能定义着一些不同的全局对象,那么,**这些全局对象的构造顺序(初始化顺序)是无规律的、不确定的。**

多运行几次程序,就目前的情况来看,gclass1 对象先被构造出来,而 gclass2 对象后被构造出来,那么如果在 gclass2 对象被构造出来之前使用了 gclass2 对象,就非常有可能导致程序执行出现问题。下面验证一下这件事。

在 Class2.h 的 CLASS2 类定义中,增加一个成员变量 m_i:

```
public:
    int m_i;
```

修改 Class2.cpp 中的 CLASS2 构造函数,增加初始化列表,来初始化 m_i 的值:

```
CLASS2::CLASS2():m_i(5)
{
    cout << "CLASS2::CLASS2()构造函数执行了" << endl;
}
```

修改 Class1.cpp,在文件开始位置增加外部变量声明(外部变量说明):

```
extern CLASS2 gclass2;
```

然后,继续在 Class1.cpp 文件的 CLASS1 构造函数增加一些代码来输出 gclass2 对象 m_i 成员变量的值:

```
CLASS1::CLASS1()
{
    cout << gclass2.m_i << endl;
    cout << "CLASS1::CLASS1()构造函数执行了" << endl;
}
```

再次执行程序,结果如下:

```
0
CLASS1::CLASS1()构造函数执行了
CLASS2::CLASS2()构造函数执行了
CLASS2::~CLASS2()析构函数执行了
CLASS1::~CLASS1()析构函数执行了
```

从结果中不难看出,程序先构造了 gclass1,但在还没有构造 gclass2(没执行 gclass2 构造函数)的时候,就使用了 gclass2 对象的 m_i 成员,所以输出的结果错误(希望输出 5,结果输出的是 0),也就是说,在 gclass2 还没构造完的时候就去使用它,显然是错误的。

所以,日后读者千万不要写出这种代码来——**构造一个全局对象的时候,需要用到另外一个全局对象**,因为根本无法确定另外一个全局对象是否已经被构造出来。

如果 gclass1 的构造必须要用到 gclass2,那么怎么办呢?可以变通一下:把 gclass2 换个位置,在 Class2.cpp 中增加一个全局函数 getClass2Obj 如下:

```
CLASS2& getClass2Obj()
{
    static CLASS2 gclass2;
    return gclass2;
}
```

从上面这个函数可以看到,返回的是一个静态局部对象的引用。可以理解成:用这个静态局部对象 gclass2 替换了刚刚的全局对象 gclass2。

在 MyProject.cpp 中,注释掉 gclass2 全局对象:

```
//CLASS2 gclass2;
```

在 Class1.cpp 中,注释掉如下代码行:

```
//extern CLASS2 gclass2;
```

然后修改一下 CLASS1 类构造函数的实现代码,把代码:

```
cout << gclass2.m_i << endl;
```

替换为:

```
cout << getClass2Obj().m_i << endl;
```

此外,创建一个新的 func.h 头文件,把 getClass2Obj 函数的声明放进去:

```
#ifndef __FUNC__
#define __FUNC__
class CLASS2;                    //类的前向(前置)声明,某些编译器此行可以不需要
CLASS2& getClass2Obj();          //函数声明
#endif
```

当然,在 Class1.cpp 的开头位置要包含该头文件:

```
#include "func.h"
```

再次执行程序,结果如下:

```
CLASS2::CLASS2()构造函数执行了
5
CLASS1::CLASS1()构造函数执行了
CLASS1::~CLASS1()析构函数执行了
CLASS2::~CLASS2()析构函数执行了
```

可以看到,这次的结果是对的,还可以看到,CLASS2 类的构造函数先执行了,CLASS1 类的构造函数后执行,这正是所需要的。

这里,通过引入了 getClass2Obj 全局函数这个小技巧来**确保 gclass2 对象肯定会被先构造出来**,因为**一个 static 对象是在第一次执行到定义该对象的代码时被构造出来的**,而且它一旦被构造出来,其生命周期就会一直延续到整个程序结束。

引入 getClass2Obj 全局函数还有另外一个好处——以往把 gclass2 定义成全局对象的时候,不管是否对 gclass2 对象进行使用,该对象都会被构造出来,但是改造之后不难发现,

如果不对 getClass2Obj 函数进行调用,那么 gclass2 对象不会被构造出来,这样(如果不使用 gclass2 对象就不会构造出 gclass2 对象),间接实现了节省内存空间的效果。

特别提醒:

(1) 上面定义一个静态局部变量的代码行(指 getClass2Obj 全局函数中"static CLASS2 gclass2;"代码行)不要在多线程中执行,否则是不安全的。例如,在多线程中如果同时执行如下这行语句,可能就会有问题。

```
static CLASS2 gclass2;
```

这就要求上面这种语句一定要在单线程中执行完毕,甚至在必要的时候,可以手工的通过**在主线程(例如 main 主函数)中直接调用 getClass2Obj** 函数来完成对 **gclass2** 对象的构造,那么后续再在多线程中调用 getClass2Obj 函数就不会有问题了,换句话说,只要 gclass2 对象被安全(单线程)地构造出来,后续就可以被多线程使用了。例如在 main 主函数中加入如下代码:

```
#include "func.h"
int main()
{
    getClass2Obj();                    //通过手工调用的方式来率先把 gclass2 对象构造出来
    return 0;
}
```

(2) 从上面的结果可以看到,CLASS1 类的析构函数是先执行的,而 CLASS2 类的析构函数是后执行的,这说明析构 gclass2 对象的时候,gclass1 已经被析构了。所以从这个角度来讲,就不要在 CLASS2 类的析构函数中引用 gclass1 对象了,因为它已经被析构了。

在 Class1.h 的 CLASS1 类定义中,增加一个成员变量 m_i:

```
public:
    int m_i;
```

修改 Class2.cpp 文件,在文件开始位置增加外部变量声明(外部变量说明):

```
extern CLASS1 gclass1;
```

然后,继续修改 Class2.cpp 文件的 CLASS2 类析构函数实现代码,修改后的代码如下:

```
CLASS2::~CLASS2()
{
    cout << "CLASS2::~CLASS2()析构函数执行了" << endl;
    gclass1.m_i = 56;
    cout << "gclass1.m_i = " << gclass1.m_i << endl;
}
```

因为 gclass1 已经被析构了,所以按道理讲,在 CLASS2 类的析构函数中是不应该引用 gclass1 对象的。

执行起来,看一下结果:

```
CLASS2::CLASS2()构造函数执行了
5
CLASS1::CLASS1()构造函数执行了
CLASS1::~CLASS1()析构函数执行了
CLASS2::~CLASS2()析构函数执行了
gclass1.m_i = 56
```

虽然从结果看似乎是正常的，但是这种代码显然不让人放心，所以不建议读者写出这种代码来。

A.2　拷贝构造函数和拷贝赋值运算符

A.2.1　拷贝构造函数和拷贝赋值运算符的书写

假如有一个类 A，类中有构造函数、拷贝构造函数、拷贝赋值运算符，非常简单，代码如下：

```cpp
class A
{
public:
    A() :m_caa(0), m_cab(0) {}         //构造函数
    A(const A& tmpobj)                 //拷贝构造函数
    {
        m_caa = tmpobj.m_caa;
        m_cab = tmpobj.m_cab;
    }
    A& operator = (const A& tmpobj)    //拷贝赋值运算符
    {
        m_caa = tmpobj.m_caa;
        m_cab = tmpobj.m_cab;
        return * this;
    }
public:
    int m_caa;
    int m_cab;
};
```

这里首先应注意的就是拷贝构造函数以及拷贝赋值运算符的参数类型、返回值类型等，请注意它们的写法。

在 main 主函数中，增加如下代码：

```cpp
A aobj1;
aobj1.m_caa = 10; aobj1.m_cab = 20;
A aobj2 = aobj1;                    //调用拷贝构造函数
aobj2 = aobj1;                     //调用拷贝赋值运算符
```

运行起来，感觉一切正常。

A.2.2 对象自我赋值产生的问题

对象自我赋值这件事本身是允许的,当然,现实中这样赋值并没什么意义,但不排除两个不同的指针或者引用指向或绑定到相同对象导致的自我赋值。如果真出现这样的情况,没有编写合适的代码进行处理就可能会出现问题。现在,把这个类 A 复杂化一点,引入一个 char * 类型的成员变量,并且这个 char * 固定指向 100 字节的内存。那么增加了这个成员变量后的类 A 的代码应该如下:

```
class A
{
public:
    A() :m_caa(0), m_cab(0),m_cap(new char[100]){}      //构造函数
    ~A()                                                 //析构函数
    {
        delete []m_cap;
    }
    A(const A& tmpobj)                                   //拷贝构造函数
    {
        m_cap = new char[100];
        memcpy(m_cap, tmpobj.m_cap,100);
        m_caa = tmpobj.m_caa;
        m_cab = tmpobj.m_cab;
    }
    A& operator = (const A& tmpobj)                      //拷贝赋值运算符
    {
        delete m_cap;
        m_cap = new char[100];
        memcpy(m_cap, tmpobj.m_cap, 100);
        m_caa = tmpobj.m_caa;
        m_cab = tmpobj.m_cab;
        return * this;
    }
public:
    int m_caa;
    int m_cab;
    char * m_cap;                                        //指向定长 100 的一个数组
};
```

这段代码当然有优化的余地(例如,考虑编写移动构造函数,公共代码可以统一放到某个函数中,等等),但这里不进行优化。

针对这个程序,存在可能因为误写,也可能因为操作对象数组的时候代码不完善或者出现多态的情况(父类指针指向子类对象)等,总之,出现了对象自己给自己赋值的情况。在 main 中加入如下代码:

```
strcpy(aobj2.m_cap, "abcdefg");       //文件头加 #pragma warning(disable:4996)
aobj2 = aobj2;                        //因为一些代码书写上的原因导致不小心把自己赋值给自己
```

上面这两行代码,编译没有问题,但是跟踪调试一下不难发现,执行到"aobj2＝aobj2;"

这行代码的时候, 针对 m_cap 成员变量的 memcpy 就出问题了。因为赋值符号两侧是同一个对象, 在执行拷贝赋值运算符的时候, "delete m_cap;"代码行就会导致同时把源对象和目标对象的 m_cap 成员指向的内存全部释放, 这时再执行"memcpy(m_cap, tmpobj. m_cap, 100);"肯定无法得到正确的结果, 因为此时 m_cap 和 tmpobj. m_cap 是同一段内存。

那么, 怎样解决这个问题呢? 有几种解决方法, 当然, 每种方法都是围绕着修改拷贝赋值运算符的代码实现的。

(1) 在拷贝赋值运算符的实现代码中增加是否是自己的判断代码:

```
if(this == &tmpobj)
{
    return * this;
}
```

上面这段代码的优点是简单、直接、有效, 不足之处是引入了一个 if 条件判断, 每次做对象赋值的时候都要做这个条件判断, 对程序的执行效率可能会产生一点影响, 尤其是频繁进行对象赋值操作的时候。但是笔者还是比较提倡这种写法, 因为这种写法比较清晰。

(2) 如果对效率特别注重, 则可以考虑换一种写法:

```
A& operator = (const A& tmpobj)          //拷贝赋值运算符
{
    char * ptmp = new char[100];
    memcpy(ptmp, tmpobj.m_cap, 100);
    delete m_cap;
    m_cap = ptmp;
    m_caa = tmpobj.m_caa;
    m_cab = tmpobj.m_cab;
    return * this;
}
```

上面这段代码的优点是执行效率更高一些, 但究竟高多少, 其实不好说, 因为这种写法虽然没有条件判断语句了, 但定义了一个局部变量 ptmp, 而且还多了赋值语句"m_cap = ptmp;"。从代码清晰度上来讲, 这种写法要差一些, 而且写这种代码的时候要小心代码的执行顺序, 一个不留神就容易写错。

A.2.3　继承关系下拷贝构造函数和拷贝赋值运算符的书写

现在引入一个新类 B, 继承自类 A, 代码如下:

```
class B :public A
{
public:
};
```

因为有继承关系了, 所以类 A 的析构函数一般都设置为虚函数以避免产生麻烦, 这一点在笔者的《C++新经典: 对象模型》一书里面讲得非常清楚。修改类 A 的析构函数:

```
virtual ~A()                            //析构函数
{
```

```
    delete[ ]m_cap;
}
```

目前可以看到,类 B 是一个空类。在 main 主函数中,加入如下代码:

```
B bobj1;
bobj1.m_caa = 100; bobj1.m_cab = 200;
strcpy(bobj1.m_cap, "new class");
B bobj2 = bobj1;                    //执行类 A 的拷贝构造函数
bobj2 = bobj1;                      //执行类 A 的拷贝赋值运算符
```

从上面的代码可以看到,因为类 B 是类 A 的子类,所以代码行"B bobj2 = bobj1;"会执行类 A 的拷贝构造函数,而代码行"bobj2 = bobj1;"会执行类 A 的拷贝赋值运算符,这些都是**编译器帮助程序员完成的**。

目前看起来程序一切正常,如果现在在子类 B 中也加入相应的拷贝构造函数和拷贝赋值运算符,看看会怎么样。改造后的类 B 代码如下:

```
class B :public A
{
public:
    B() {}
    B(const B& tmpobj)            //拷贝构造函数
    {

    }
    B& operator = (const B& tmpobj)   //拷贝赋值运算符
    {
        return * this;
    }
};
```

再次运行程序,可以跟踪调试一下,不难发现,执行 main 主函数中的代码时,居然不会再调用父类 A 中的拷贝构造函数和拷贝赋值运算符了,这显然是不行的。

为什么会造成这种情况呢?这里读者就要明白一点:**如果程序员在子类中写了自己的拷贝构造函数和拷贝赋值运算符,那么对于父类中拷贝构造函数和拷贝赋值运算符的调用就变成了程序员自己的责任**(编译器不会再帮助程序员去调用父类中的拷贝构造函数和拷贝赋值运算符)。换句话说,程序员要负责在子类的拷贝构造函数中调用父类的拷贝构造函数,还要负责在子类的拷贝赋值运算符中调用父类的拷贝赋值运算符。修改后的类 B 代码如下:

```
class B :public A
{
public:
    B() {}
    B(const B& tmpobj):A(tmpobj)      //拷贝构造函数,调用类 A 的拷贝构造函数
    {
    }
    B& operator = (const B& tmpobj)   //拷贝赋值运算符
    {
```

```
        A::operator = (tmpobj);        //调用类 A 的拷贝赋值运算符
        return * this;
    }
};
```

经过这样的改造，在进行类 B 对象的拷贝构造和拷贝赋值时，就可以正常地调用类 A 的拷贝构造函数和拷贝赋值运算符了。

在上面的代码中，类 B 的拷贝构造函数调用类 A 的拷贝构造函数的代码放在了类 B 的拷贝构造函数初始化列表中：B(const B& tmpobj)：**A(tmpobj)**，有些读者可能会尝试将其放在类 B 的拷贝构造函数体中：

```
B(const B& tmpobj)
{
    A(tmpobj);                         //意图调用类 A 的拷贝构造函数
}
```

上面的代码在编译时会报形参 tmpobj 的重定义错误。这是因为代码行"A(tmpobj);"的写法是存在二义性的，可以被解释成函数调用，也可以被解释成定义一个对象，你没听错，"A(tmpobj);"被解释成定义一个对象时相当于代码"A tmpobj;"。显然，在这里，C++标准将"A(tmpobj);"代码行解释成了定义一个对象——tmpobj，因此，编译时会报形参 tmpobj 重定义错误。所以，对类 A 拷贝构造函数的调用，需要放在类 B 拷贝构造函数的初始化列表中。

A.2.4　拷贝构造函数和拷贝赋值运算符中重复代码的处理

读者会发现，类 A 的拷贝构造函数中的一些初始化代码和拷贝赋值运算符中的一些初始化代码有些重复，可以优化一下：把重复的代码写成一个成员函数，然后让拷贝构造函数和拷贝赋值运算符都去调用这个成员函数。

有人可能会发现：既然类 A 的拷贝构造函数中的代码和拷贝赋值运算符中的代码如此相似，那么是否可以用类 A 的拷贝构造函数去调用拷贝赋值运算符或者用拷贝赋值运算符去调用拷贝构造函数呢？

笔者的建议是：当读者有一个想法的时候，就大胆地去尝试，把代码写出来，做到编译、链接通过并调试起来，只要结果是对的，就可以验证这个想法。

A.3　类的 public 继承（is-a 关系）及代码编写规则

C++类与类之间的关系非常重要，在实际编写代码中也经常用到，所以有必要总结一下。另外，在这里还会提出一些程序的编写规则建议，遵循这些规则建议来编写程序，能让代码的质量得到进一步的提高。

读者都知道，子类继承父类的继承方式有 3 种：public、protected、private。本节主要讲一讲 public 继承。

public 继承所代表的是一种 is-a(is a kind of)的关系。is-a 翻译成中文的意思表示"是一个"。也就是说，如果一个子类通过 public 继承一个父类，那么表示程序员告诉编译器，

通过这个子类产生的对象一定也是一个父类对象（不相关的两个类不应该使用 public
继承）。

　　例如，创建一个 Human（人类）类作为父类，再创建一个 Man（男人）类并通过 public 的
继承方式来继承 Human，这就等于告诉编译器，男人一定是人类；反之不成立（人类不一定
是男人，也可能是女人）。所以，可以理解成，父类表示的是一种更泛化的概念，而子类表现
的是一种更特化的概念。这就是 public 继承所表达的确切含义——"is-a 关系"。

　　不要被虚假的父子继承关系迷惑。现实中常有一个例子，例如，有一个父类 Rectangle
（矩形），然后有一个类 Square（正方形），如果从正常的角度理解，正方形确实是一个矩形，
但如果根据这个说法让 Square 类以 public 继承的方式来继承 Rectangle 类，这个设计合
适吗？

　　显然不合适，为什么呢？因为正方形有个特性是宽度和高度相等，而矩形的宽度和高度
可以不相等，例如，Rectange 类中有一个专门设置矩形宽度的成员函数和一个专门设置矩
形高度的成员函数，那么这两个成员函数就都不适用于 Square 类，也就是说，Rectangle 类
的宽度和高度都可以单独设置并且两者可以不相等，而 Square 类要始终保持宽度和高度相
等。所以从这个角度来讲，非让 Rectangle 类成为 Square 类的父类就是不合适的。

　　总结一下 public 继承关系的检验规则：**能够在父类对象上做的行为也必然能在子类对
象上做，每个子类对象同时也都是一个父类对象。**

　　看看如下代码，引入两个类，其中 Human 表示人类，Man 表示男人：

```
class Human
{
    public:

};
class Man :public Human                  //公有继承
{
    public:

};
```

　　总的来说：引入 public 继承的目的虽然与**代码重用**有关系，但并不是通常所理解的为
了让子类重用父类的代码来实现子类的功能（子类的功能可以用后续讲到的 private 继承或
者通过类之间的组合关系来实现），public 继承更多代表的是一种 is-a 关系。也就是说，在
需要用到父类对象的场合下，可以用子类对象来代替［里氏替换原则，也叫 Liskov 替换原则
（Liskov Substitution Principle，LSP），即任何基类出现的地方都应该可以无差别地使用子
类替换］。

A.3.1　子类遮蔽父类的普通成员函数

　　修改 Human 和 Man 类，分别增加普通成员函数 eat，修改后的代码如下：

```
class Human
{
public:
    void eat()
```

```
        {
            cout << "人类吃食物" << endl;
        }
        virtual ~Human()                    //作父类应该有一个虚析构函数
        {
        }
    };
class Man :public Human
{
public:
        void eat()
        {
            cout << "男人吃面食" << endl;
        }
    };
```

在 main 主函数中,增加如下代码:

```
Man myman;
myman.eat();
```

执行起来,结果如下:

男人吃面食

从这个结果不难看到,子类覆盖了父类的同名普通成员函数 eat,那么子类对象调用该同名函数的时候,执行的是子类的 eat 函数,这叫作**函数遮蔽**。也就是说,子类把父类中的同名函数遮蔽掉了。当然,如果非要调用父类 Human 的 eat 函数,也是可以的,可以在 main 主函数中用"子类对象名.父类名::eat()"的方式来调用父类的 eat 函数:

```
myman.Human::eat();
```

可以看到,虽然语法上可以做到子类对父类同名函数 eat 的覆盖。但并不建议子类写一个 eat 函数来覆盖父类同名的 eat 函数。因为对于 public 继承来说,否决了父类中的 eat 函数而自己在子类中重新实现了 eat 函数,就等于违反了父类和子类之间的 is-a 关系。

所以对于 **public 继承**,不建议也不应该用子类内的普通成员函数遮蔽父类的同名普通成员函数。既然在父类中是个普通成员函数,就代表子类中不会有不同的行为,代表的是一种**不变性**。

因此在这里可以把 Man 类的 eat 成员函数注释掉了。

A.3.2　父类的纯虚函数接口

纯虚函数让子类继承父类的成员函数**接口**。

继续引入一个新的子类,Woman 表示妇女,这个类也 public 继承 Human 类:

```
class Woman :public Human
{
public:
    };
```

现在,希望在父类中引入一个成员函数 work,代表"工作",但是,现在 Man(男人)、Woman(女人)这两个类的工作各不相同,例如 Man 做的是重体力工作,Woman 做的是轻体力工作。

在这种情况下,对于 Human 这个父类来讲,实在是很难知道每个子类的具体工作是什么,那么在 Human 父类中,可以把 work 定义成纯虚函数,那么此时 Human 类就变成抽象类(抽象基类)了。

① 纯虚函数所在的类变成了抽象类,抽象类不能用来生成该类的对象。

② 任何从抽象类 Human 继承的子类**都要定义该虚函数自己的实现方法**,也就是说,此时,子类从父类中**只继承到了一个成员函数的接口**。

看一看父类 Human 中的 work 函数:

```
ublic:
    virtual void work() = 0;        //纯虚函数
```

子类 Man、Woman 应分别实现 work 函数:

```
public:                          //Man 类中的 work 实现
    virtual void work()
    {
        cout << "重体力工作" << endl;
    }
public:                          //Woman 类中的 work 实现
    virtual void work()
    {
        cout << "轻体力工作" << endl;
    }
```

所以,日后,如果需要在子类中来实现具体的函数代码时,则可以在父类中定义一个纯虚函数。

A.3.3 父类的虚函数接口

虚函数让子类继承父类的成员函数**接口和实现**,子类还可以提供自己**新的实现**。

这里在父类 Human 中提供一个获取人类平均寿命的虚函数接口 avlf:

```
public:
    virtual void avlf()          //平均寿命
    {
        cout << "大概 75 岁" << endl;
    }
```

那么在子类 Man、Woman 中,可以分别实现 avlf 函数,当然也可以不实现。在不实现的情况下,会自动使用父类的该成员函数:

```
public:                          //Man 类中的 avlf 实现
    virtual void avlf()
    {
        cout << "大概 72 岁" << endl;
    }
```

```
public:                               //Woman 类中的 avlf 实现
    virtual void avlf()
    {
        cout << "大概 80 岁" << endl;
    }
```

这里特别值得提醒的是，引入新子类的时候，**不要忘记去实现这里的 avlf 接口**，否则会使用父类中的 avlf 接口，这可能不是程序员想要的结果。因为如果 avlf 在父类中是一个纯虚函数，那么会强制要求子类实现这个函数的，**而普通的虚函数是允许不在子类中重新实现的**，这一点请读者务必要注意。

另外，作父类要遵循一些作为父类的规范：父类中肯定会有一些虚函数，至少析构函数就应该是虚函数的。

A.3.4 为纯虚函数指定实现体

在刚刚介绍的 avlf 虚函数中，面临的一个问题就是所有 public 继承 Human 类的子类，都要记得去实现 avlf，一旦忘记实现了 avlf，就会在无意中调用 Human 父类的 avlf 函数，这可能导致程序代码产生逻辑错误——本来子类应该实现自己的 avlf 函数，却不小心调用了父类的 avlf 函数。

例如，在 Woman 类中注释掉 avlf 函数。在 main 函数中，如果有下面的代码：

```
Woman mywoman;
mywoman.avlf();
```

执行起来，结果就是：

大概 75 岁

这就说明，一旦 Woman 类忘记了实现 avlf 函数，那么父类 Human 的 avlf 函数就会被执行了。这往往不是程序员的本意——程序员就是希望调用 Woman 中的 avlf 函数，只是忘记在 Woman 类中实现该函数而已。那么有没有什么办法能够强制程序员必须去实现 avlf 函数呢？方法就是将父类的 avlf 函数实现为纯虚函数，这就要求每个子类必须实现 avlf 函数：

```
public:
    virtual void avlf() = 0;
```

这样做的好处是**强制子类必须去实现 avlf 函数**。对于一些高度敏感行业，强制一定在子类中实现 avlf 函数接口，就可以采取这种编程手段。

另外一个值得注意的问题是，虽然 avlf 函数在 Human 类中被实现为了纯虚函数，但在 Human 类定义之外，依然可以给 Human 类的 avlf 函数增加一个实现体：

```
void Human::avlf()
{
    cout << "大概 75 岁" << endl;
}
```

这时有些读者会疑惑：

（1）纯虚函数可以有实现体吗？确实可以有实现体。

（2）另外一个疑惑是给纯虚函数增加实现体合适吗？当然有不合适的一面，因为纯虚函数引入的初衷其实是希望在父类中没有实现体（函数体），需要到子类中去实现。

有些读者接下来想知道的就是为什么要给纯虚函数 avlf 增加一个函数体。其实是为了简便，试想一下，如果 Human 类有多个子类，绝大多数子类的 avlf 函数接口执行的代码都是相同的，那么这种相同的代码放在父类中来实现是合适的。

总的来说，给父类的纯虚函数增加实现体有两个目的：

（1）强制子类必须去实现该函数，以免产生一些重要的程序代码逻辑错误。

（2）让一些确实不需要单独实现 avlf 接口的子类有机会直接调用父类的 avlf 成员函数。假如，这里的 Woman 类希望调用父类 Human 的 avlf 成员，那么该如何修改 Woman 类呢？

```cpp
public:
    virtual void avlf()
    {
        Human::avlf();               //调用父类的同名函数
    }
```

A.3.5 类的 public 继承（is-a 关系）综合范例

设想有 3 个类，分别为 A、B、C，类 B 通过 public 继承类 A，类 C 通过 public 继承类 B，代码如下：

```cpp
class A{};
class B :public A{};
class C :public B{};
```

函数 myfunc 是重载函数，其形参类型分别为 A 类型和 C 类型：

```cpp
void myfunc(A tmpa)
{
    cout << "myfunc(A tmpa)执行了" << endl;
}
void myfunc(C tmpc)
{
    cout << "myfunc(C tmpc)执行了" << endl;
}
```

在 main 主函数中，增加如下代码：

```cpp
B myobjb;
myfunc(myobjb);
```

执行起来，看一看结果：

```
myfunc(A tmpa)执行了
```

从结果中可以看到，当传递一个 B 类对象 myobjb 作为实参时，调用的是形参为 A 类型的 myfunc 函数，这是因为类 B 通过 public 继承自类 A，因此是一种 is-a 关系，那么 myobjb 这个 B 类对象也一定是一个 A 类对象，因此调用形参为 A 类型的 myfunc 函数是合适的。

在 main 主函数中，继续增加如下代码：

```
C myobjc;
myfunc(myobjc);
```

执行起来，新增加的 myfunc 函数调用代码行的执行结果是：

```
myfunc(C tmpc)执行了
```

这个结果不难理解，当传递一个 C 类对象 myobjc 作为实参时，调用的是形参为 C 类型的 myfunc 函数，因为该版本的 myfunc 函数形参类型与实参类型完全匹配。试想一下，如果此时注释掉 C 类型形参的 myfunc 函数，那么代码行"myfunc(myobjc);"的执行结果会如何呢？

将形参为 C 类型的 myfunc 函数注释掉：

```
/* void myfunc(C tmpc)
{
    cout << "myfunc(C tmpc)执行了" << endl;
} */
```

执行程序，代码行"myfunc(myobjc);"的执行结果是：

```
myfunc(A tmpa)执行了
```

这个结果同样很好理解，因为类 B 通过 public 继承自类 A，而类 C 通过 public 继承自类 B，就等价于类 C 通过 public 继承了类 A，因此类 C 和类 A 也是一种 is-a 关系，也就是说，myobjc 这个 C 类对象也一定是一个 A 类对象，因此调用形参为 A 类型的 myfunc 函数并没有任何问题。

接下来增加一个新的重载函数 myfunc，其形参类型为 B 类型：

```
void myfunc(B tmpb)
{
    cout << "myfunc(B tmpb)执行了" << endl;
}
```

执行程序，代码行"myfunc(myobjc);"的执行结果是：

```
myfunc(B tmpb)执行了
```

从结果可以看到，类 C 和类 B 是一种 is-a 关系，类 C 和类 A 也是一种 is-a 关系，但因为类 C 与类 B 的关系更加亲近（父子关系）而与类 A 的关系相对疏远（爷孙关系），所以，在选择形参为 A 类型或 B 类型的 myfunc 函数都可以的时候，编译器优先选择形参为 B 类型的 myfunc 函数。

A.3.6 public 继承关系下的代码编写规则

最后再总结一下 public 继承关系下的代码编写规则：

（1）父类的普通成员函数，子类不应该去覆盖。如果需要去覆盖，那么应该（在父类中）将该普通成员函数修改为虚函数。

（2）父类的纯虚函数，定义了一个接口，子类等于继承了该接口，具体的实现需要子类自己去完成。

（3）父类的普通虚函数（非纯虚函数），不但定义了一个接口，还编写了实现代码，子类继承了该接口，可以编写自己的实现代码来取代父类的实现代码，也可以不编写自己的实现代码而使用父类的默认实现代码。

（4）在可以使用非 public 继承时，就不要使用 public 继承（后面有探讨 private 继承所适合的情形）。为什么单独说这件事情呢？因为许多程序员在写代码的时候，只要涉及继承，就会直接使用 public 继承。

A.4 类与类之间的组合关系与委托关系

A.4.1 组合关系

前面学习了 is-a 关系，表示的是父类和子类之间的"是一个"关系，类与类之间还有另外一种关系——"组合（复合）"关系，英文名称是 Composition。所谓组合关系，其实就是**一个类的定义中含有其他类类型成员变量**，那么这两个类之间就是一种组合关系。组合关系分两种：has-a 关系和 is-implemented-in-terms-of 关系。

1. has-a 关系

第一种类与类之间的组合关系被称为 has-a 关系，has-a 翻译成中文的意思表示"有一个"。看一个范例，其中定义了两个类——Info 和 Human。代码如下：

```
class Info
{
private:
    std::string m_name;         //名字
    int m_gender;               //性别
    int m_age;                  //年龄
};
class Human
{
public:
    Info m_info;
};
```

可以看到，类 Human 中的 m_info 成员变量的类型是 Info 类类型，所以类 Human 与类 Info 之间就是 has-a 关系，进一步说就是 **Human 有一个 Info**（人有一个信息，或者说，Human 对象中**包含着**一个 Info 对象，当然 Human 对象中可能还包含其他对象）。has-a 关系也称为是 is-part-of 关系，如果说 Human has-a Info，那么也可以认为 Info is-a-part of Human。

2. is-implemented-in-terms-of 关系

is-implemented-in-terms-of 关系翻译成中文的意思是"**根据……实现出**"。怎么理解这种组合关系呢？其实也很简单，通过一个范例来理解。

读者都知道 multimap 容器，是一个关联容器，里面保存的是"键值对"。下面回顾一下这个容器，首先包含头文件：

```
# include < map >
```

然后，在 main 主函数中，增加如下代码：

```
std::multimap < int, int > tmpmpc;
tmpmpc.insert(std::make_pair(1, 1));
tmpmpc.insert(std::make_pair(2, 3));
tmpmpc.insert(std::make_pair(1, 2));
cout << "tmpmpc.size() = " << tmpmpc.size() << endl;
```

执行起来，结果如下：

```
tmpmpc.size() = 3
```

可以看到，向容器 tmpmpc 中成功地增加了 3 条数据。

multimap 容器的特点是允许键重复，例如在这个范例中，有两条数据的"键"对应的数字是 1。假设现在希望开发一个新的容器，取名为 **smap**，这个新容器的特点是不允许"键"重复（虽然系统提供的 map 容器已经做到了这一点，但是这里为了阐述 is-implemented-in-terms-of 这种组合关系，不妨自己来实现一下这个不允许"键"重复的新容器）。

要实现的新容器与 multimap 容器非常类似，所以，很容易想到，如果通过 multimap 来实现 smap 这个新容器，肯定会比较简单。怎样通过 multimap 来实现 smap 呢？

可能第一个反应是让 smap 来继承 multimap，例如下面的代码：

```
class smap : public std::multimap < T, U >{ … };
```

但是这种 public 继承关系是否合适呢？前面讲过，public 继承是一种 is-a 关系，子类对象也是一个父类对象，在这个范例中显然不成立，1 这个"键"可以出现在 multimap 中两次，但是不可以出现在 smap 中两次，这就说明了 smap 类对象并不是一个 multimap 类对象，所以，它们之间并不是 is-a 关系，让 smap 用 public 继承 multimap 是不合适的（注意笔者的用词，不合适，不等于一定不可以）。

那么怎么做合适呢？用组合关系就比较合适，写一段最简单的代码：

```
template < typename T, typename U >
class smap
{
public:
    void insert(const T& key, const U& value)
    {
        if (container.find(key) != container.end())
            return;
        container.insert(std::make_pair(key, value));
```

```
        }
        size_t size()
        {
            return container.size();
        }
private:
        std::multimap < T, U > container;
};
```

然后,在 main 主函数中,增加如下代码:

```
smap < int, int > tmpsmap;
tmpsmap.insert(1, 1);
tmpsmap.insert(2, 3);
tmpsmap.insert(1, 2);
cout << "tmpsmap.size() = " << tmpsmap.size() << endl;
```

执行起来,结果如下:

```
tmpmpc.size() = 3
tmpsmap.size() = 2
```

可以看到,虽然向容器 tmpsmap 中增加了 3 条数据,但是因为有 1 条数据的"键"是重复的,所以实际上只成功地增加了 2 条数据,因此 tmpsmap 的 size 值是 2。

上面的例子展示了自己定义的 smap 容器与系统定义的 multimap 容器之间的关系,是属于 is-implemented-in-terms-of 这种组合关系,进一步说,就是**根据 multimap 容器实现了 smap 容器**,实现的方法也是在 smap 类中定义了一个 multimap 类型的成员变量 container。

3. 组合关系的 UML 图

当两个类之间是组合关系的时候,UML 关系图如图 A.1 所示(这里就以上面范例中的 Info 类和 Human 类为例)。

图 A.1 组合关系的 UML 图

在图 A.1 中,因为 Human 类中包含一个 Info 类的对象 m_info,所以 Human 类中有一个箭头指向 Info 类,同时在 Human 这一侧出现了一个实心菱形。**实心菱形框**(与空心菱形框相对)表示**真包含**的意思,这意味着如果创建一个 Human 类对象(整体对象),那么其中会包含 Info 类对象(成员对象),这两个对象具有统一的生命周期。一旦整体对象不存在,成员对象也将不存在。当然,在构造 Human 类对象时,也会先构造出 Info 对象(编译器内部会做这件事)。

A.4.2 委托关系

其实类与类之间的关系一般为继承或组合关系。当然,组合关系还可以细分,细分出一种叫作委托(聚合)关系,英文名称是 Delegation。委托关系是指一个类中包含指向另一个类的指针,看如下代码:

```
class A
{
public:
```

```
        void funca() {}
};
class B
{
public:
    B(A * tmpa)
    {
        m_pa = tmpa;
    }
    void funcb()
    {
        m_pa -> funca();
    }
private:
    A * m_pa;
};
```

然后，在 main 主函数中，增加如下代码进行测试：

```
A * pa = new A();
B * pb = new B(pa);
pb -> funcb();

//释放资源
delete pa;
delete pb;
```

从上述代码中可以看到，B 类有一个指向 A 类对象的指针（m_pa），UML 关系图如图 A.2 所示。

因为 B 类中只有一个指针指向 A 类对象，而不是包含一个代表 A 类对象的实体，因此在 B 类这一侧用一个空心菱形框代表。

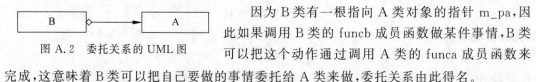

图 A.2　委托关系的 UML 图

因为 B 类有一根指向 A 类对象的指针 m_pa，因此如果调用 B 类的 funcb 成员函数做某件事情，B 类可以把这个动作通过调用 A 类的 funca 成员函数来完成，这意味着 B 类可以把自己要做的事情委托给 A 类来做，委托关系由此得名。

m_pa 所指向的 A 类对象的创建并没有固定时机，在需要的时候创建即可，这意味着 B 类对象和 A 类对象的生命周期是不一致的（区别于组合关系中整体对象和成员对象有统一的生命周期），即便 B 对象不存在了 A 对象（m_pa 所指向的对象）可以依旧存在；反之亦然。

A.5　类的 private 继承探讨

前面曾经详细探讨过类的 public 继承，读者都知道，类的 public 继承描述的是一种 is-a 关系，看一看曾经写过的代码：

```
class Human
{
public:
    virtual ～Human()           //作父类应该有个虚析构函数
```

```
    {
    }
};
class Man :public Human
{
public:
};
```

可以看到,Man 类以 public 的方式继承了 Human 类,在 main 主函数中,代码如下:

```
Man myman;
Human &myhuman = myman;              //父类引用绑定子类对象
Human * myhuman2 = new Man;          //父类指针指向子类对象
```

在上面这 3 行代码中,其中第 2 行是父类引用绑定(引用)子类对象,第 3 行是父类指针指向子类对象。编译一下整个项目,没有问题。

现在,如果把 Man 类的继承方式从 public 继承变为 private 继承,代码如下:

```
class Man :private Human
{
public:
};
```

再次编译一下整个项目,发现上面的 3 行代码中,后 2 行都会报错:

> error C2243:"类型强制转换":从"Man *"到"Human &"的转换存在,但无法访问
> error C2243:"类型强制转换":从"Man *"到"Human *"的转换存在,但无法访问

由此首先可以得出一个结论:public 继承和 private 肯定有不一样的地方。出现错误的具体原因后面再分析。

在《C++新经典》一书中,笔者曾经给出过一个访问权限及继承方式总结表,如表 A.1 所示。

表 A.1　访问权限及继承方式总结

3种访问权限		3种继承方式
public: 可以被任意实体访问		public继承
protected: 只允许本类或者子类的成员函数来访问		protected继承
private: 只允许本类的成员函数访问		private继承

父类中的访问权限	子类继承父类的继承方式	子类得到的访问权限
public	public	public
protected	public	protected
private	public	子类无权访问
public	protected	protected
protected	protected	protected
private	protected	子类无权访问
public	private	private
protected	private	private
private	ptivate	子类无权访问

总结:
(1) 子类public继承父类,则父类所有成员在子类中的访问权限都不发生改变;
(2) protected继承将得到父类中public成员变为子类的protected成员;
(3) private继承使得父类所有成员在子类中的访问权限变为private;
(4) 父类中的private成员不受继承方式的影响,子类永远无权访问;
(5) 对于父类来讲,尤其是父类的成员函数,如果不想让外面访问,就设置为private;如果想让自己的子类能够访问,就设置为protected;如果想公开,就设置为public。

从表 A.1 中可以看到，从父类继承的所有成员变量、成员函数，只要是通过 private 修饰的，那么到子类中，这些成员变量和成员函数要么变成 private 访问权限，要么子类根本没有访问权限，这个结论，读者要先记住。

public 继承是一种 is-a 的关系，也就是说，每个子类对象同时也是一个父类对象。那么，private 继承是一种什么关系呢？其实是一种**组合关系**，更确切地说，是组合关系中的 **is-implemented-in-terms-of**（根据……实现出）关系。

例如，Man 类以 private 的继承方式继承了 Human 类，那么意味着程序员想**通过 Human 类实现出 Man 类**（表面看有点通过父类实现出子类的意思）。也就是说，程序员希望利用 Human 类中已经具备的各种功能来实现出 Man 类。所以，这种 private 继承关系可能会颠覆以往读者对继承的理解。建议读者，当进行这种 private 继承的时候，**不要把 Human 和 Man 这两个类再当成具有父子关系的两个类来理解**（如果不当成父子关系来理解这两个类，可能会减少很多疑惑）。

但这里又可能出现一个疑问：既然这种 private 继承关系就是一种组合关系，那为什么不用组合关系而却用 private 继承关系呢？一般情况下，还是要优先考虑使用组合关系，只有在一些比较特殊的和必要的情况之下，例如，涉及一些 protected 成员、private 成员、**虚函数**等情况下才考虑使用 private 继承。

看一个例子，这个例子就是通过 private 继承来借用被继承的类中的虚函数。创建一个消息队列类：

```
//消息队列类
class MsgQueue
{
    //…入消息队列、出消息队列等
};
```

这个消息队列类主要是用来向消息队列中放入消息和从消息队列中取出消息。现在有一个需求：希望每隔 10 秒钟，向屏幕上输出当前这个消息队列有多少条消息（这些消息都属于尚未被处理的）。

实现这个功能的方法比较多，但是假如正好有一个 Timer 类：

```
class Timer
{
public:
    Timer(int inttimems);        //inttimems: 间隔多少毫秒调用一次 CallBack
    virtual void CallBack();     //一个到时间后会被调用的虚函数
    //…定时器的编写，有一定复杂度，这里不详细探讨
};
```

这个 Timer 类是一个定时器，它的能力是间隔一定的时间（以毫秒为单位）去调用 CallBack，注意这个 CallBack 是个虚函数。既然有这样一个 Timer，就看一看怎么能够在 MsgQueue 类中使用它呢？

如果让 MsgQueue 类通过 public 公有继承 Timer 类，感觉不太合适，因为这两个类之间不应该是 is-a 关系，而用 private 继承就比较合适，表示 MsgQueue 类对象具备 Timer 类对象所具备的定时调用某个成员函数的特性（**通过 Timer 类实现出 MsgQueue 类/Timer 类**

的存在是为了帮助 **MsgQueue** 类的实现）。修改后的 MsgQueue 类代码应该如下：

```
//消息队列类
class MsgQueue :private Timer          //注意 Timer 类要在 MsgQueue 类之前定义
{
    //…入消息队列,出消息队列等
private:
    virtual void CallBack();           //一个到时间后会被调用的虚函数
};
```

从上述代码中也可以看到，在 MsgQueue 类通过 private 继承了 Timer 类之后，把 CallBack 这个到时间能够被自动调用的虚函数修改为由 private 修饰，试想，如果你是第三方接口库的提供者，这样做可以避免用户误用 CallBack 函数。因为如果暴露出了 CallBack 函数，用户肯定会以为 CallBack 是类 MsgQueue 自带的接口，那么被用户调用就会成为必然。

后续还会有一个话题"不能被拷贝的类对象"（见 A.6 节），在这个话题中，读者可以进一步看到 **private 继承的又一个具体应用**，上面范例的 private 继承涉及的是被继承的类（Timer）中的**虚函数**，而"不能被拷贝的类对象"，涉及的是被继承的类中的 protected 成员和 private 成员。

回过头来再分析一下前面出现的如下两行报错的原因：

```
error C2243:"类型强制转换": 从"Man * "到"Human &"的转换存在,但无法访问
error C2243:"类型强制转换": 从"Man * "到"Human * "的转换存在,但无法访问
```

通过对 private 继承的分析和说明，读者已经意识到：private 继承并不是一种 is-a 关系，而只有 is-a 关系才存在父类指针指向子类对象或者父类引用绑定(引用)子类对象的情形，所以，编译器拒绝了这种类型的转换，这就是项目编译时报错的原因。

再举一例，如下定义了类 A、类 B 以及形参类型为 A 的函数 f，其中类 B 通过 private 继承的方式继承了类 A：

```
class A{};
class B :private A{};
void f(A aobj) {}
```

在 main 主函数中若有如下代码：

```
B bobj;
f(bobj);
A aobj = bobj;
```

则编译时代码行"f(bobj);"会报错，因为对象 bobj 的类型为类 B，而类 B private 继承自类 A，所以类 B 和类 A 之间并不是 is-a 关系(类 B 对象并不是一个类 A 对象)，因此，bobj 不能作为实参传递给函数 f 的类型为类 A 的形参。当然，若类 B 通过 public 的方式继承类 A，则代码行"f(bobj);"在编译时就不会报错，因为 public 继承方式的 is-a 关系代表 bobj 对象是一个类 A 对象。"A aobj = bobj;"代码行报错其实也是同样的道理(bobj 对象不是一个 aobj 对象，不能通过这样的方式拷贝构造 aobj 对象)。

虽然类的 private 继承表示的是 is-implemented-in-terms-of 关系,而类与类之间的组合关系也可以表示 is-implemented-in-terms-of 关系,但一般来讲,优先选择组合关系而不是 private 继承关系(因为继承关系是类之间一种比较强的耦合关系,只比友元关系这种耦合关系弱一点,不建议优先考虑使用),除非确实需要这种 private 继承关系,例如要对父类的虚函数进行覆盖,对父类的 protected 修饰的成员函数要进行访问,等等。

A.6 不能被拷贝构造和拷贝赋值的类对象

先来看一个最简单的类的拷贝构造和拷贝赋值,定义一个类 A,代码如下:

```
class A
{
public:
};
```

在 main 主函数中增加如下代码:

```
A aobj1;
A aobj2(aobj1);               //拷贝构造
A aobj3;
aobj3 = aobj2;               //拷贝赋值
```

至目前为止,代码没有任何问题,可以正常执行。

假设你某次去面试 C++ 工作岗位,面试官很可能提出一个问题:写一个类,让该类的对象不能被拷贝也不能被赋值(就以上面的类 A 来举例)。

可能你反应很快,听到这个考题,马上就想出了答案:这个简单,C++ 11 新标准中有"＝delete;",正好派上用场,只要把类 A 的拷贝构造函数设置为"＝delete;",那么这个对象就不允许拷贝构造了。那么,在类 A 的定义中,增加如下代码:

```
public:
    A(const A& tmp) = delete;
```

此时,编译一下项目,发现 main 主函数中的如下代码行报错:

```
A aobj1;
```

所报的错误是:"A":没有合适的默认构造函数可用。

这个错误挺有意思,读过笔者《C++新经典》一书的 14.4.4 节(默认构造函数)的读者都知道一个结论:**一旦程序员编写了自己的构造函数,那么在创建对象的时候,必须提供跟编写的构造函数形参相符合的实参,才能成功创建对象**,那么根据现在观察到的现象,程序员在这里并没有编写自己的构造函数,但是却明确表示不让系统合成拷贝构造函数,看来,这个行为导致了和程序员编写一个自己的构造函数一样的效果——必须为类 A 提供一个默认的构造函数,才能使代码行"A aobj1;"顺利编译通过。

根据这个结论,就来为类 A 提供一个默认的构造函数。在类 A 的定义中,增加如下 public 修饰的代码:

```
A() {}
```

编译一下,可以看到,"A aobj2(aobj1);"代码行报错了,表示确实不允许类 A 对象的拷贝构造了。

然后继续增加代码来标识拷贝赋值运算符被删除,那么类 A 对象就不允许被赋值了,继续在类 A 的定义中,增加如下 public 修饰的代码:

```
A& operator = (const A&) = delete;
```

编译一下,可以看到,"aobj3 = aobj2;"代码行也报错了,表示确实不允许类 A 对象的赋值操作了。

接下来,面试官又问:不允许使用"=delete;",该怎么实现呢? 在笔者的求职经历中,就遇到了问这种问题的面试官。

实现方法其实也简单,那就是把类 A 的拷贝构造函数和拷贝赋值运算符使用 private 修饰符修饰一下,在类 A 的定义中,把上述的两行"=delete;"语句注释掉,修改为如下内容:

```
private:
    A(const A& tmp) {};
    A& operator = (const A&) { return * this;};
```

这样看起来就达到目的了——类 A 的对象无法拷贝构造,也无法拷贝赋值。但是这样做还有个小问题——虽然这两个成员函数都是私有的,但是因为有函数体,所以成员函数和友元函数还是能够访问这两个私有成员函数的。例如,在类 A 的定义中增加 public 修饰的成员函数:

```
void func(const A& aobj)
{
    * this = aobj;              //调用拷贝赋值运算符
    A aobj2(aobj);             //调用拷贝构造函数
    return;
}
```

在 main 函数中,重新加入如下测试代码,这些测试代码都是可以正常编译运行的:

```
A aobj1;
A aobj2;
aobj2.func(aobj1);
```

所以,为了避免成员函数或者友元函数对拷贝构造函数和拷贝赋值运算符的调用,干脆不写这两个成员函数的函数体了(只保留函数声明)。在类 A 的定义中,这样修改:

```
private:
    A(const A& tmp);
    A& operator = (const A&);
```

编译一下,因为没有针对拷贝构造函数和拷贝赋值运算符的函数**实现体**,所以编译链接时会报告**链接错误**。这样就禁止了对象的拷贝构造和拷贝赋值动作。

针对禁止类对象被拷贝构造和被拷贝赋值的问题,还有一种实现方法,就是通过借助一个新引进的类来实现。这种实现方法在很多项目中都能看到,例如,借助 Boost 库中noncopyable 类来实现。这里可以简单研究一下,Boost 库中的 noncopyable 类的源码大概如下:

```
class noncopyable
{
protected:                              //只允许本类或者子类的成员函数来访问
    noncopyable() {};
    ~noncopyable() {};
private:
    noncopyable(const noncopyable&);
    noncopyable& operator = (const noncopyable&);
};
```

然后,**类 A 继承 noncopyable 类**,注意,这里用的是 private 继承。

```
class A : private noncopyable
{
public:
};
```

类 A 的实现代码采用了 private 继承类 noncopyable,可能有些读者有疑问,用 public 继承是否可以,其实不是不可以,但不太好。因为读者都知道,public 继承是一个 is-a 关系(也就是说,类 A 对象是一个 noncopyable 对象)。这样说似乎不够清晰。

再换一种解释方法:类 A 对象关心的是类 A 具体实现了哪些功能,而不是类 A 对象能不能被拷贝,所以从认知上讲,类 noncopyable 不应该作为类 A 的组成部分,不应该被类 A 通过 public 继承。

所以,说成是**类 A 对象具备 noncopyable 对象所具备的不允许拷贝的特性**,这种说法似乎更说得过去,所以这里使用 private,让类 A private 继承类 noncopyable,从而表示类 A 与 noncopyable 之间是一种 is-implemented-in-terms-of(根据……实现出)的组合关系(**通过 noncopyable 类实现出 A 类**)。

考虑一下,当对类 A 的对象进行拷贝构造和拷贝赋值时,那么父类 noncopyable 的拷贝构造函数和拷贝赋值运算符就会被子类相应的函数调用,而在父类中,它们被 private 修饰,意味着无法被子类相应的函数调用,所以编译器直接报错。

同时,如果把刚才的 func 函数加回到类 A 中,编译一下看看,可以发现,编译器报的不是**链接错**,而是**编译错**,这表示类 A 在继承了 noncopyable 后,编译器在**编译期间**就能够发现类 A 中的 func 成员函数中的代码错误。

不能被拷贝的类对象是有实际意义的,在《C++新经典》一书的 17.11.3 节(自动析构技术)中,笔者介绍过一个 CWinLock 类,这个类的构造函数能够自动进入临界区,析构函数能够离开临界区,所以,利用 CWinLock 类的对象,就可以防止程序员写程序时出现进入临界区却忘记离开临界区导致程序死锁的问题,那么,这种 CWinLock 类对象,显然不应该允许被复制,所以,读者可以尝试把本节介绍的防止对象被复制的技术加入到 CWinLock 类中,以让该类更健壮。

A.7 虚析构函数的内存泄漏问题深谈

前面引入了 noncopyable 类被当作父类来使用,以解决某个对象不想被拷贝构造和拷贝赋值的问题。这时,有些读过笔者的《C++新经典:对象模型》一书 5.6.3 节(父类非虚析构函数时导致的内存泄漏演示)的读者马上想起来一个问题:既然 noncopyable 类作父类,那么是不是要给该类增加一个虚析构函数以保证不产生内存泄漏呢?

我们知道,内存泄漏问题产生的主要原因是父类指针指向子类对象时,在 delete 这个父类指针时,如果父类的析构函数不是虚析构函数,则会导致子类的析构函数不执行,换句话说,就是对象的父类部分被销毁了,子类部分没被销毁,成为了一个**半销毁**的对象。

对对象模型知识掌握得比较好的读者都知道,一般来讲,一个类要是不作父类,是不应该随便给这个类增加一个**虚析构函数**的,尤其是在该类以往没有虚函数的情况下。因为一旦增加虚析构函数,就会导致这个类生成一个虚函数表(vtbl),同时导致这个类对象多出一个虚函数表指针(vptr)成员(x86 平台会多出 4 字节,x64 平台会多出 8 字节),这最起码是对内存空间的浪费,所以,不需要虚函数的地方不要随便加虚函数,除非这个类里原来已经有其他虚函数了,此时该虚函数表指针 vptr 已经存在,给析构函数增加 virtual 修饰变成虚析构函数还是可以的。

这里要特别提醒一下,有些程序员在开发程序的过程中,可能会用到第三方开发商开发的一些类,例如下面一个第三方开发商开发的类:

```
class ThirdPartClass
{
public:
    //…
};
```

当然,这个第三方的类开放了哪些接口可以调用,开发商都会在开发手册中说明。但有些程序员有个习惯,拿到一个第三方的类之后,马上先继承一下,于是,下面这样写法的代码就诞生了:

```
classB : public ThirdPartClass
{
public:
    //…
};
```

那么,想一想,这样的继承方式存在哪些隐患呢?这里做两个假设:

(1)假设程序员并不了解第三方类 ThirdPartClass 的源码内容。

(2)假设第三方类 ThirdPartClass 并没有一个**虚析构**函数。

当上述两个假设成立的时候,如果程序员不小心写出下面的代码,就会导致内存泄漏。看一看类 B 的具体代码:

```
classB : public ThirdPartClass
{
```

```
public:
    char * m_p;
    B()
    {
        m_p = new char[100];
    }
    ~B()
    {
        delete m_p;
    }
};
```

在 main 主函数中,加入如下代码:

```
ThirdPartClass * ptp = newB;          //父类指针指向子类对象
delete ptp;
```

调试起来不难发现,当执行"delete ptp;"代码行的时候,类 B 对象的 m_p 指针所指向的内存并没有被释放,也就是说,类 B 的析构函数并没有被执行。那么,ptp 指向的对象被 delete 后就变成了一个未被完全销毁的对象并泄漏了 100 字节的内存。

解决之道是什么? 有两个办法:

(1) 如果能与开发商协商,让开发商为 ThirdPartClass 类增加一个虚析构函数。

(2) 如果无法做到上面这点,那么就不要从 ThirdPartClass 进行 public 继承。今后也必须注意,不要随便 public 继承一个自己不熟悉的类。

当然,如果程序员本身就是第三方开发商,那么建议写代码的时候考虑周全一点,如果自己写的类不准备让其他程序员进行继承,C++ 11 新标准里有 final 关键字,把它加在类后面。如果不支持 C++ 11 新标准的编译器,《C++新经典:对象模型》一书的 7.2.1 节(不能被继承的类)中也详细讲解了如何让一个类不能被继承,读者可以参考。如果只是不希望该类被 public 继承,但可以以 private 或者 protected 来继承,那么在开发文档中一定要说清楚。

现在,再说一说 noncopyable 类:

```
class noncopyable
{
protected:                              //只允许本类或者子类的成员函数来访问
    noncopyable() {};
    ~noncopyable() {};
private:
    noncopyable(const noncopyable&);
    noncopyable& operator = (const noncopyable&);
};
```

noncopyable 类虽然作为父类,但是,在演示代码中,并没有给这个父类增加虚析构函数。通过上面的分析可以知道,**只有父类指针指向子类对象(或者父类引用绑定子类对象)这种多态形式的代码存在的时候,父类才有必要写一个虚析构函数(用 public 修饰)**,但在这里,noncopyable 类的出现并不是为了实现多态目的,而是为了解决对象不想被拷贝构造和拷贝赋值的问题。前面说过,如果类 A 私有继承自 noncopyable 类:

```
class A : private noncopyable
{
public:
};
```

那么,在 main 主函数中这样写代码是不合法的:

```
noncopyable * pnca = new A();
```

编译一下,会看到报错——"类型强制转换":从"A *"到"noncopyable *"的转换存在,但无法访问。这个编译错误前面也解释过了,其实就是 private 继承导致的。编译器就是这样规定的,读者就当作一种规则记住就行:

(1)如果子类 public 继承父类,那么父类指针可以指向子类对象。

(2)如果子类 protected 或者 private 继承父类,那么父类指针不可以指向子类对象。

(3)如果让父类指针指向子类对象,那么就需要用 public 继承,这时父类就需要提供虚析构函数。因为 public 继承建立了一种 is-a(is a kind of)也就是"是一个"的关系,即子类对象也是一个父类对象,对父类对象执行的操作也可以对子类对象执行,(因为子类对象是建立在父类对象基础之上的),而 protected 和 private 继承不建立这种关系。

总结一下类中存在虚析构函数的情形:

(1)一般来说,如果父类中有其他的虚函数,那么这意味着会按照多态的方式来使用该父类,也就是说,一般都会存在父类指针指向子类对象的情形,那么此时父类中应该有一个 public 修饰的虚析构函数。

(2)如果代码中并不会出现父类指针指向子类对象(或父类引用绑定子类对象)的多态情形,那么父类不需要虚析构函数,例如 noncopyable 类就是这种情况,同时,文档中应该明确告知开发者不应该 public 继承该类(而应该 private 继承)。

有趣的是,如果上述的类 A 公有继承自 noncopyable,代码如下:

```
class A :public noncopyable{ … }
```

那么,这种 is-a 关系使得 main 主函数中的"noncopyable * pnca = new A();"代码行能够被成功执行,但"delete pnca;"无法被成功执行(这表示能 new 不能 delete,这肯定不行),因为析构对象的时候要执行 noncopyable 类的析构函数,而这个析构函数是 protected 类型,无法被调用。所以,这里最终还是无法做到父类指针指向子类对象,也就不用面对给 noncopyable 类增加虚析构函数以防止内存泄漏的问题了。

(3)如果某个类并不作为父类使用,那么不应该在该类中存在虚析构函数。

A.8 类设计中的一些技巧

A.8.1 优先考虑为成员变量提供访问接口

在定义一个类的时候,为了遵从面向对象编程三大特性之一的封装性,成员变量一般都优先考虑用 private 来修饰。

编写代码时,将成员变量用 public 修饰往往是为了访问方便,但这种访问方式暴露了类内部的细节信息。尤其是作为类的设计者在开发接口库给第三方使用的时候,是不希望暴露不必要的信息给第三方开发者的。下面看一个范例,定义类 A1 和类 A2:

```
class A1
{
public:
    int m_a;
};

class A2
{
public:
    int& getA()
    {
        return m_a;
    }
private:
    int m_a;
};
```

从代码中可以看到,类 A1 定义了一个 public 修饰的 m_a 成员变量,可以直接访问,而类 A2 定义的是一个 private 修饰的 m_a 成员变量,必须通过 getA 成员函数来访问。

在 main 主函数中增加如下代码:

```
A1 a1obj;
a1obj.m_a = 3;
cout << a1obj.m_a << endl;
A2 a2obj;
a2obj.getA() = 5;
cout << a2obj.getA() << endl;
```

执行起来,看一下结果:

```
3
5
```

代码片段中 a2obj.getA()是为了访问类 A2 的成员变量 m_a,但 a2obj 对象对 getA 成员函数的调用并不会产生函数调用成本。因为 getA 位于类 A2 的内部,属于 inline(内联)函数,在 Visual Studio 2019 中,可以把对 inline 函数的支持开关打开,方法如下:

右击 Visual Studio 中左侧的"解决方案资源管理器"中的 MyProject 工程名,在弹出的快捷菜单中选择"属性"命令,会弹出一个对话框,在这个对话框的左侧单击"配置属性"→C/C++→"优化"选项,在右侧"内联函数扩展"中选择"只适用于__inline(/Ob1)"并单击"确定"按钮,如图 A.3 所示。

图 A.3 中的关于"内联函数扩展"用于选择生成的内联函数扩展级别,其中的几个选项各有用途,下面简单介绍一下。

(1) /Ob0:禁用内联扩展。默认情况下,扩展由编译器自行对所有函数进行(通常称为自动内联)。

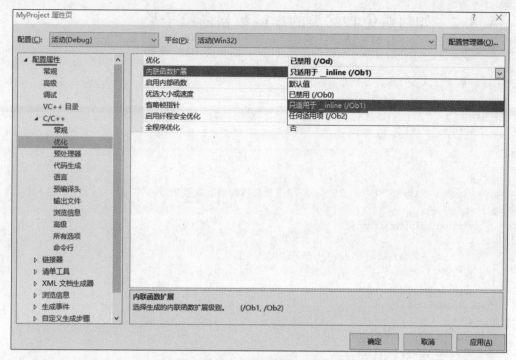

图 A.3 开启内联函数扩展选项

（2）/Ob1：仅允许对标记为 inline、__inline 或__forceinline 的函数或是在类声明中定义的 C++成员函数中进行扩展。

（3）/Ob2：默认值。允许对标记为 inline、__inline 或__forceinline 的函数或是编译器选择的任何其他函数进行扩展。

利用前面介绍的调试知识使用 F9 键把断点设置在"a2obj.getA() = 5;"代码行，并按 F5 键开始执行程序。当程序执行流程停在断点行时切换到反汇编窗口查看反汇编代码，如图 A.4 所示。

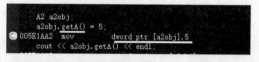

图 A.4 查看对 inline 成员函数 getA 的调用

从图 A.4 可以看到，对 inline（内联）成员函数 getA 的调用，完全不会产生函数调用成本，编译器会直接将其优化成对成员变量 m_a 的访问。

这种通过 getA 访问 m_a 成员变量的方式不但避免了暴露更多类的细节信息，也给程序编写带来了更大的灵活性，例如，将来可能要对访问 m_a 成员变量的次数做个统计或者是在访问 m_a 成员变量之前做一些预备动作，那么这种次数统计或者预备动作代码可以很方便地加入到 getA 成员函数中，但是如果在代码中处处都充斥着诸如"a1obj.m_a = 3;"这样的对成员变量 m_a 进行的直接访问，那么想增加对访问 m_a 成员变量次数统计的代码或增加在访问 m_a 成员变量之前做一些预备动作的代码将很麻烦，也许每处出现 m_a 的地方都需要做出代码改动。

总结：当需要对成员变量进行访问时，可以使用 private 来修饰成员变量，然后提供一个 public 修饰的成员函数作为外界访问该成员变量的接口。

A.8.2　如何避免将父类的虚函数暴露给子类

看看下面这个范例，定义具有父子关系的类 A 和类 B，代码如下：

```cpp
class A
{
public:
    void myfunc()
    {
        myvirfunc();
    }
    virtual ~A() {}                 //作父类析构函数应该为虚函数
private:
    virtual void myvirfunc()
    {
        cout << "A::myvirfunc()执行了!" << endl;
    }
};
class B :public A
{
private:
    virtual void myvirfunc()
    {
        cout << "B::myvirfunc()执行了!" << endl;
    }
};
```

在 main 主函数中增加如下代码：

```cpp
A * pobj = new B();
pobj -> myfunc();
delete pobj;
```

执行起来，看一看这两行代码的执行结果：

```
B::myvirfunc()执行了!
```

从结果中可以看到，子类 B 的虚函数 myvirfunc 执行了。在代码中，类 A 和类 B 是父子关系，每个类中都有一个叫作 myvirfunc 的虚函数。

这种将 myfunc 设置为 public 修饰，将 myvirfunc 设置为 private 修饰，然后通过 myfunc 来调用 myvirfunc（这里 myfunc 函数只是 myvirfunc 函数的一行通道性质的代码）的手法，有一个名称，叫作"非虚拟接口（Nonvirtual Interface，NVI）模式"，不过这种手法一般不适合于虚析构函数（即通常情况下虚析构函数不会用 private 修饰）。

如果父类 A 的虚函数是 public 修饰的，那么可以通过如下代码行来调用：

```cpp
pobj -> A::myvirfunc();
```

如果父类不希望自己的 myvirfunc 虚函数被子类调用，那么可以使用 private 修饰该虚函数。为了实现多态效果，父类中引入了一个普通成员函数 myfunc。

在 main 主函数中，pobj 是一个父类 A 的指针，指向的是子类 B 对象，那么当用 pobj 调用普通成员函数 myfunc 的时候,myfunc 函数调用的其实是子类 B 中的 myvirfunc 虚函数。

这里值得一提的是,普通成员函数 myfunc 也是一个 inline(内联)成员函数,编译器会对其做优化,优化之后对普通成员函数 myfunc 的调用就变成了直接对 myvirfunc 虚函数的调用了。

总结:如果能将虚函数设置为私有,则优先考虑将其设置为私有。

A.8.3 不要在类的构造函数与析构函数中调用虚函数

在类的构造函数与析构函数中调用虚函数(包括直接调用或者通过调用其他函数来间接调用)都是不明智的做法。

设想一下具有父子关系的两个类,

(1) 如果在父类的构造函数中调用一个子类的虚函数是无法做到的,因为执行到父类的构造函数体时对象的子类部分还没被构造出来(未成熟的对象)。

(2) 如果在父类的析构函数体中调用一个子类的虚函数是无法做到的,因为执行到父类的析构函数体时对象的子类部分其实已经被销毁了。

先看一下下面这个范例,再好好分析一下这个范例的输出结果。先定义具有父子关系的两个新类 ANew 和 BNew:

```
class ANew
{
public:
    ANew(){f1();}
    virtual ~ANew() { f2(); }

    //定义两个虚函数
    virtual void f1(){cout << "虚函数 ANew::f1()执行了" << endl;}
    virtual void f2() { cout << "虚函数 ANew::f2()执行了" << endl; }

    //定义普通成员函数,调用虚函数
    void AClassFunc()
    {
        f1();
    }
};

class BNew:public ANew
{
public:
    BNew() { f1(); }
    virtual ~BNew() { f2(); }

    //定义两个虚函数,覆盖父类的同名虚函数
    virtual void f1() { cout << "虚函数 BNew::f1()执行了" << endl; }
    virtual void f2() { cout << "虚函数 BNew::f2()执行了" << endl; }
};
```

在 main 主函数中,加入如下代码:

```
ANew * pnew = new BNew();
cout << " ----- begin ------- " << endl;
pnew -> f1();                          //虚函数 BNew::f1()执行了
pnew -> f2();                          //虚函数 BNew::f2()执行了
pnew -> AClassFunc();                  //虚函数 BNew::f1()执行了
cout << " ------ end -------- " << endl;
delete pnew;
```

执行起来，看一看结果：

```
虚函数 ANew::f1()执行了
虚函数 BNew::f1()执行了
 ----- begin -------
虚函数 BNew::f1()执行了
虚函数 BNew::f2()执行了
虚函数 BNew::f1()执行了
 ------ end --------
虚函数 BNew::f2()执行了
虚函数 ANew::f2()执行了
```

结果中的第一行展示了类 ANew 构造函数中针对虚函数 f1 的调用实际调用的是类 ANew 中的 f1 虚函数（并不是类 BNew 中的 f1 虚函数），结果中的最后一行展示了类 ANew 析构函数中针对虚函数 f2 的调用实际调用的是类 ANew 中的 f2 虚函数（并不是类 BNew 中的 f2 虚函数）。重点观察代码行"pnew-> AClassFunc();"的输出结果，这虽然是类 ANew 中的普通成员函数，但它调用的是名为 f1 的虚函数，而此处，实际执行的是类 BNew 类中的 f1 虚函数。

总结：不要在类的构造函数和析构函数中调用虚函数，在构造函数和析构函数中，虚函数可能会失去虚函数的作用而被当作普通函数对待。

A.8.4　析构函数的虚与非虚

前面已经说过，父类的析构函数不一定非得是虚函数，但是当父类指针指向子类对象（或者父类引用绑定子类对象）这种多态形式的代码存在时，父类有必要写一个用 public 修饰的虚析构函数，这样就可以通过父类的接口来多态的销毁子类对象，否则就可能会造成内存泄漏。

但是，前面也看到了 noncopyable 类，并且注意到了该类的析构函数是用 protected 修饰的。这里举一个类似的例子：

```
class ANew2
{
protected:
    ~ANew2(){};
};
class BNew2 :public ANew2
{
};
```

在 main 函数中,如果加入如下 5 行代码:

```
ANew2 aobj;
ANew2 * paobj = new ANew2;
delete paobj;

ANew2 * paobj2 = new BNew2;
delete paobj2;
```

编译后不难看到,上面第 1、3、5 行代码都会导致编译错误。所以,仅仅让父类 Anew2 的析构函数用 protected 修饰,就可以:

(1) 无法创建父类对象;

(2) 无法让父类指针指向父类或者子类对象(因为无法成功 delete)。

在 main 主函数中加入如下代码行不会产生编译错误:

```
BNew2 bobj;
BNew2 * pbobj = new BNew2;
delete pbobj;
```

总结:

(1) 如果一个父类的析构函数不是虚函数,并且不利用这个父类创建对象,也不会用到这个父类类型的指针,则应该考虑将该父类的析构函数使用 protected 而非 public 来修饰,以防止写出错误的代码(增加代码编写的安全性,防止误用。正如世界知名 C++ 技术作家 Scott Meyers 所说,一个类型要做到"易于正确使用,难以错误使用")。

(2) 其实,父类的析构函数不是虚函数,本身就暗示着不会通过父类的接口来以多态方式销毁子类对象,也暗示着不会用到父类类型指针。

A.8.5 抽象类的模拟

抽象类不能用来生成对象,主要用于定义一些接口规范(纯虚函数)来统一管理子类(或者说建立一些供子类参照的标准或规范),同时派生出子类并要求在子类中实现这些接口规范。

抽象类中要求至少有一个纯虚函数,但有时确实无法找到一个合适的纯虚函数又仍旧希望创建一个有抽象类特征的类,那么可以考虑采用如下的方法达成目的。

(1) 将模拟的抽象类的构造函数和拷贝构造函数都使用 protected 来修饰,例如用下面的 PVC 类来模拟一个抽象类:

```
class PVC
{
protected:
    PVC() {};                    //构造函数
    PVC(const PVC&) {};          //拷贝构造函数
};
```

子类 SubPVC 代码如下:

```
class SubPVC : public PVC
{
```

```
    // ...
};
```

因为类 PVC 的构造函数、拷贝构造函数都使用了 protected 修饰,这样做就允许创建子类 SubPVC 的类对象,但无法创建父类 PVC 的类对象。例如下面的代码都是正确的:

```
SubPVC mysubobj1;
SubPVC mysubobj2(mysubobj1);
```

而下面的代码都是错误的:

```
PVC    myobj1;
PVC    myobj2(mysubobj1);
```

(2) 将模拟的抽象类的析构函数设置为纯虚函数并在类定义之外为该纯虚函数定义函数体,例如下面的 PVC 抽象类:

```
class PVC
{
public:
    virtual ~PVC() = 0;
};
//类定义之外实现类析构函数(绝大部分纯虚函数没有实现体,但纯虚析构函数是一个特例,为了释
//放资源等,它一般都要有实现体)
PVC::~PVC()
{
}
```

子类 SubPVC 代码如下,为演示方便,可以为 SubPVC 增加一个析构函数(因为父类 PVC 的析构函数为虚函数,因此子类 SubPVC 的析构函数也会变成虚函数,即使不加 virtual 修饰):

```
class SubPVC : public PVC
{
public:
    ~SubPVC()
    {
    }
};
```

这里需要解释的是为什么需要为抽象类的析构函数定义函数体(提供实现体),因为子类 SubPVC 的析构函数会隐式地调用父类 PVC 的析构函数,即便子类 SubPVC 没有编写析构函数,编译器内部也会为子类 SubPVC 合成析构函数并在该析构函数中插入调用父类 PVC 析构函数的代码(读者可能不理解为什么子类 SubPVC 会合成析构函数,请记住,如果当前类继承一个基类,基类带析构函数,那么编译器就会为当前类合成出一个析构函数。这个合成出的析构函数的存在意义是因为它要调用基类的析构函数)。

下面的代码行在对象 mysubobj 做析构的时候编译器会怎样调用呢:

```
SubPVC mysubobj;
```

当 mysubobj 超出作用域并析构时,编译器会先执行该类自己的析构函数体,然后再执行父类的析构函数体。

对于下面的代码行:

```
PVC * p = new SubPVC();
delete p;
```

当"delete p;"执行的时候,同样会先执行该类自己的析构函数体,然后再执行父类的析构函数体,这方面知识在《C++新经典:对象模型》一书中有非常详细的描述。

(3)该方法其实前面介绍过(讲解 noncopyable 时),这里再强调一次:就是将模拟的抽象类的析构函数使用 protected 来修饰,例如用下面的 PVC 类来模拟一个抽象类:

```
class PVC
{
protected:
    ~PVC() {};
};
```

子类 SubPVC 代码如下:

```
class SubPVC : public PVC
{
    //…
};
```

这样做就允许创建子类 SubPVC 的类对象。例如,下面的代码都是正确的:

```
SubPVC mysubobj1;
SubPVC mysubobj2(mysubobj1);
SubPVC * pobj = new SubPVC();
delete pobj;
```

下面的代码都是错误的,错误的原因在于对象离开作用域被销毁时因无法调用 PVC 类 protected 修饰的析构函数所致:

```
PVC      myobj1;
PVC      myobj2(myobj1);
```

下面的代码行中的 delete 代码行是错误的,错误的原因与上面一样——执行 delete 销毁对象时因无法调用 PVC 类 protected 修饰的析构函数所致:

```
PVC * p1 = new PVC();
delete p1;
PVC * p2 = new SubPVC();
delete p2;
```

A.8.6　尽量避免隐式类型转换

隐式类型转换往往会给程序开发带来麻烦和意想不到的问题。

看看下面这个类 A,类 A 中有一个构造函数,该构造函数带一个形参:

```
class A
{
public:
    A(int i)
    {
        cout << i << endl;
    }
};
```

在 main 函数中增加如下代码:

```
A aobj = 15;
```

执行起来观察一下结果,会发现类 A 的构造函数被执行了,那么"A aobj = 15;"代码行是怎样运作的呢? 实际上,这行代码是做了隐式类型转换的,编译器通过构造函数(类型转换构造函数)把数字 15 转换成一个 A 类型的类对象(临时对象)并构造在 aobj 对象预留的空间里。

回顾一下类型转换构造函数的概念:构造函数可以有很多个,可以带不同数量、不同类型的参数。在这么多的构造函数中,有一种构造函数,称为"类型转换构造函数",这种构造函数主要的功能是将某个其他类型数据(对象)转换成该类类型的对象。

类型转换构造函数的特点是只有一个形参,该形参又不是本类的 const 引用(不然就成拷贝构造函数了)。其实,形参是待转换的数据类型,显然,待转换的数据类型都不应该是本类类型。

不难想象,因为上述类 A 中类型转换构造函数的存在,可能无意之间,在程序员没有察觉的情况下,某个类型就被转换成了类型 A 的对象,如果这并不是程序员的本意,则几乎可以肯定会产生程序运行错误。为了避免这种隐式类型转换,可以在只有一个形参的构造函数前面增加 explicit 修饰符来指明不准通过该构造函数(类型转换构造函数)进行隐式类型转换,那么类 A 的构造函数应该如下:

```
public:
    explicit A(int i)
    {
        cout << i << endl;
    }
```

此时,再次编译项目,main 主函数中的代码行"A aobj = 15;"就会报编译错误如下:

error C2440: "初始化": 无法从"int"转换为"A"

这说明数字 15 已经无法隐式地通过构造函数转换成 A 类型对象了,所以需要对该代码行进行修改如下,才能保证正常的编译:

```
A aobj = A(15);
```

在实际的开发中,笔者曾遇到过多次因无意中的隐式类型转换带来的问题,有些问题非常隐蔽,并且在很多时候并不会产生编译错误,但显然可能造成程序无法正常运行(运行产生未定义行为)。所以,除非这种类型转换构造函数是程序员有意为之,否则建议给一个类

（类模板）中所有的带一个参数的构造函数（**包括构造函数模板、拷贝构造函数、拷贝构造函数模板等**）都使用 explicit 进行修饰以防止无意中产生隐式类型转换。

A.8.7 强制类对象不可以或只可以在堆上分配内存

1. 强制类对象不可以在堆上分配内存

假设存在一个类 A（代码随意，甚至是空类也没问题），如果在堆上为其分配内存以及对其进行内存释放可以使用下面的语句进行：

```
A * paobj = new A();
delete paobj;
```

可能因为某些特殊的需要，例如为确保该类型的对象一定会被析构掉（防止忘记 delete 无法被析构）而要求该类型对象不可以在堆上分配内存（只能在栈上分配内存）。换句话说，就是不允许 new 一个该类型的对象，如何实现这个需求呢？

这个需求实现起来并不复杂，在《C++新经典》一书中曾经详细讲解过重载类中的 operator new 和 operator delete 操作符，只要将这两个操作符使用 private 进行修饰即可以达到这样的效果。修改后的类 A 的代码如下：

```
class A
{
private:
    static void * operator new(size_t size);
    static void operator delete(void * phead);
};
```

此时，下面的代码行都会报告编译错误，因为 new 和 delete 操作都无法调用使用 private 修饰的 operator new 和 operator delete 操作符：

```
A * paobj = new A();
delete paobj;
```

在类 A 的实现代码中，operator new 和 operator delete 操作符前面的 static 可以不写，编译器内部会将其当作静态成员函数来看待。

同理，如果想禁止在堆上为对象数组分配内存，例如禁止下列代码的执行：

```
A * paobjarray = new A[3]();
delete[] paobjarray;
```

那么也只需要使用 private 修饰 operator new[]和 operator delete[]操作符即可，修改后的类 A 的代码如下：

```
class A
{
private:
    static void * operator new(size_t size) ;
    static void operator delete(void * phead);

    static void * operator new[](size_t size);
    static void operator delete[](void * phead);
};
```

2．强制类对象只可以在堆上分配内存

如果不希望在栈上为一个对象分配内存，就意味着下面的代码行无法被成功编译：

```
A aobj;
```

这时只需要将类 A 的析构函数使用 private 修饰即可，代码如下：

```
class A
{
private:
    ～A() {};
};
```

但如果将类 A 的析构函数使用 private 修饰，那么会造成在堆中分配的类 A 对象无法被成功 delete。例如，如下代码行中 delete 所在的代码行无法成功编译：

```
A * paobj = new A();
delete paobj;
```

为了弥补 new 出来的对象无法被 delete（无法释放内存）的缺憾，可以在类 A 中提供一个 public 修饰的接口，专用于对象内存的释放工作。修改后的类 A 代码如下：

```
class A
{
public:
    void destroy()
    {
        delete this;
    }
private:
    ～A() {};
};
```

经过上述修改后，就可以保证类 A 对象只可以在堆上分配内存，而且释放对象内存的时候，必须使用类 A 的 destroy 成员函数才能达成，参考如下代码：

```
A * paobj = new A();
paobj -> destroy();                //释放内存
```

可能也有人认为在一个成员函数中直接用"delete this;"把对象自己删除掉的行为比较奇怪，其实这种做法是安全的，只要：

（1）调用了 destroy 成员函数后不再对 paobj 进行任何操作。

（2）在 destroy 成员函数中，"delete this;"作为最后一条语句或不要在该语句之后调用任何其他类 A 的成员函数或引用任何类 A 的成员变量，也不要再对 this 进行任何形式的引用。

A.9　命名空间使用的一些注意事项

我们知道，可以通过"namespace 命名空间名{…}"的方式定义一个命名空间。然后就可以通过"命名空间名::实体名"的方式来访问某个命名空间中的实体。

C++标准库大部分组成部件位于 std 命名空间中，如果以常规方式编写一条简单的 C++输

出语句,可以这样写:

```
std::cout << "I Love China!" << std::endl;
```

这里的 cout 作为一个对象(与 iostream 相关的对象),因为定义在了 std 命名空间中,所以每次使用时前面都要增加"std::"前缀,这给程序的编写带来了不便,如果在程序员自己编写的.cpp(或其他扩展名)源文件中使用 using 来事先**声明** std 命名空间,代码如下:

```
using namespace std;
```

那么,日后用到 std 命名空间中的各种实体(包括 cout、endl 等)时,就不必再使用"std::"前缀,于是,上面的简单 C++输出语句就可以写成如下形式:

```
cout << "I Love China!" << endl;
```

上面的代码行在很大程度上简化了编写形式。

使用命名空间时有一些注意事项:

(1) 通过 using 声明命名空间的代码行强烈建议不要放在.h 头文件中。

如果命名空间众多,且命名空间中的组成部件同名,那么采用"using namespace 命名空间名;"的形式声明命名空间很可能造成名字冲突的问题,这种问题也被称为命名空间被污染。例如,有 a1.h 和 a2.h 两个头文件,代码分别如下:

```
//a1.h
# ifndef _A1_H
# define _A1_H
namespace a1nsp
{
    class A{};
}
# endif
```

```
//a2.h
# ifndef _A2_H
# define _A2_H
namespace a2nsp
{
    class A{};
}
# endif
```

在 MyProject.cpp 源文件中,先把 a1.h 和 a2.h 这两个头文件包含进来:

```
# include "a1.h"
# include "a2.h"
```

然后进行如下命名空间声明:

```
using namespace a1nsp;
```

那么 main 主函数中的如下代码就可以顺利编译:

```
A aobj;
```

但如果在 MyProject.cpp 源文件中也进行了如下命名空间声明：

```
using namespace a2nsp;
```

那么 main 主函数中的"A aobj;"代码行就会报错，因为编译器不知道该行中的 A 指的到底是 a1nsp 命名空间中的 A 还是 a2nsp 命名空间中的 A，这就是典型的名字冲突问题。这个时候就要在类名前使用命名空间前缀，例如，将代码"A obj;"修改为"a1nsp::A aobj;"。

如果将使用 using 声明命名空间的代码行从.cpp 源文件中移到某个.h 头文件中，例如，将如下代码行移到 define.h 头文件中：

```
# ifndef _DEFINE_H
# define _DEFINE_H
# include "a1.h"
# include "a2.h"
using namespace a1nsp;
using namespace a2nsp;
# endif
```

那么一旦遇到名字冲突的问题，所有 # inlcude 了该头文件的.cpp 源文件就都会报错。

当然，如果确实在某个.h 头文件中需要用到某个命名空间中的部件（例如，需要用到 cout、endl 等），那么直接采用命名空间前缀的方式来修饰这些部件是最合适的。例如，在某个.h 头文件中需要输出信息，可以直接这样写：

```
std::cout << "I Love China!" << std::endl;
```

（2）在.cpp 源文件中使用 using 声明命名空间时强烈建议 using 代码行放在所有 # include 语句行之后。

此举是考虑到 using 可能会引入一些部件（名称），引入的这些部件可能会对后续使用 # include 包含到.cpp 源文件中的头文件中的某些语句产生影响。所以，下面是某个.cpp 源文件中不恰当地使用 using 声明命名空间的方式：

```
using namespace std;
# include < iostream >
```

而下面这种在.cpp 源文件中使用 using 声明命名空间的方式就是正确的：

```
# include < iostream >
//… 其他各种要 # include 的头文件
using namespace std;
```

A.10　类定义的相互依赖与类的前向声明

在实际的编程工作中，偶尔可能会碰到这样的情形，假设有 a1.h 和 a2.h 两个头文件，其中分别定义了类 A1 和类 A2，a1.h 文件的内容如下：

```
# ifndef _A1_H
```

```
#define _A1_H
class A1
{
public:
    A2 *  m_pa2;
};
#endif
```

a2.h 文件的内容如下:

```
#ifndef _A2_H
#define _A2_H
class A2
{
public:
    A1 *  m_pa1;
    void a2func(){}
};
#endif
```

从 a1.h 和 a2.h 的代码中不难看到,类 A1 的定义中,有一个 A2 * 类型的成员变量 m_pa2,而类 A2 的定义中,有一个 A1 * 类型的成员变量 m_pa1。

那么,类 A1 和类 A2 就构成了类定义上的相互依赖(非彼此独立),这种关系属于直接依赖(还有一种依赖被称为间接依赖,例如类 A1 依赖于类 A2,而类 A2 依赖于类 A3,类 A3 又依赖于类 A1,诸如此类)。这种直接或者间接的依赖关系,在进行设计时应尽量避免,例如,在上面的代码中,可以考虑让类 A1 和类 A2 都依赖于一个新的类,从而打破这种类 A1 和类 A2 之间的直接或者间接依赖关系。

如果不引入新类来打破类 A1 和 A2 之间的依赖关系,该如何解决这两个类之间的相互依赖问题呢?

在 MyProject.cpp 中可以把 a1.h 和 a2.h 这两个头文件包含进来:

```
#include "a1.h"
#include "a2.h"
```

如果此时对项目进行编译则编译器会报错。因为类 A1 不认识类 A2,类 A2 也不认识类 A1,所以类 A1 定义中的"A2 * M_PA2;"代码行以及类 A2 定义中的"A1 * M_PA1;"代码行都会导致编译出错。这时有些读者立即会想到,可以在 a1.h 中加"#include "a2.h"",在 a2.h 中加"#include "a1.h""。实际上,这样做了之后,因为诸如 #ifndef _A1_H 这种头文件防卫式声明的存在,编译依旧会报错(例如,类 A2 还是不认识类 A1),所以使用 #include 的解决手段是无效的。

此时,可以考虑用类的前向声明来解决问题,而且一般来讲,即便不存在类的依赖关系,如果在头文件中某个类的定义涉及另外一个类(例如,这里类 A1 的定义中涉及了类 A2),则也应该优先考虑使用类的前向声明。于是,a1.h 文件的内容可以修改如下:

```
#ifndef _A1_H
#define _A1_H
class A2;                           //类 A2 的前向声明
```

```
class A1
{
public:
    A2 * m_pa2;
};
# endif
```

a2.h 文件的内容如下:

```
# ifndef _A2_H
# define _A2_H
class A1;                              //类 A1 的前向声明
class A2
{
public:
    A1 * m_pa1;
    void a2func(){}
};
# endif
```

此时再次对项目进行编译,发现不再报错。

类的前向声明并不是类的完整定义,目前,在类 A1 的定义中,并不需要类 A2 的完整定义,只需要类 A2 的前向声明即可;同样,在类 A2 的定义中,也并不需要类 A1 的完整定义,只需要类 A1 的前向声明即可。但有些情况下,必须要类的完整定义而不是类的前向声明。

(1) 在类 A1 中定义了一个 A2 类型的对象。

在类 A1 的定义中加入如下代码行:

```
A2 maobj2;
```

此时编译就会报错,提示"A1::ma"使用未定义的 class "A2"。

(2) 在类 A1 的定义中需要知道 A2 类型对象的大小。

在类 A1 的定义中,增加如下成员函数的定义:

```
void a1func_1()
{
    int tmpvalue = sizeof(A2);
}
```

sizeof(A2)会导致编译报错,提示使用了未定义类型"A2"。

(3) 在类 A1 的定义中需要调用类 A2 的成员函数时。

在类 A1 的定义中,增加如下成员函数的定义:

```
void a1func_2()
{
    m_pa2 -> a2func();
}
```

此时编译就会报错,提示使用了未定义类型"A2"。

细心的读者可能会发现,如果在 MyProject.cpp 中将如下两条 #include 语句:

```
# include "a1.h"
# include "a2.h"
```

互换位置:

```
# include "a2.h"
# include "a1.h"
```

此时,会发现上面描述的 3 条在类 A1 定义中所出现的编译错误,全部都不再出现。这只是表示因为 MyProject.cpp 中这两条 #include 语句位置的互换,导致类 A1 的定义中能够得到类 A2 的完整定义,但此时如果在类 A2 中编写与类 A1 中同样的代码(定义类 A1 的对象、获取类 A1 类型的大小、调用类 A1 的成员函数),还是会出现编译错误。所以显然,互换 MyProject.cpp 中两条 #include 语句的位置并不是解决之道。所以:

(1) 如果要在类 A1 的定义中定义一个 A2 类型的对象,则必须要在类 A1 的定义之前(也就是在 a1.h 文件的上面位置)包含 a2.h 文件:

```
# ifndef _A1_H
# define _A1_H
# include "a2.h"
//class A2;                    //类 A2 的前向声明行就可以省略了
class A1
{
    A2 *  m_pa2;
    A2 maobj2;
    ...
};
# endif
```

当然,此时不可以在类 A2 中定义一个 A1 类型的对象,否则不管如何修改代码,编译时始终会报错。其实,在这种类定义相互依赖的情况下,不建议在类(A1)中定义所依赖的类类型(A2)的对象,只定义所依赖的类类型的指针,例如,不要在类 A1 中定义 A2 类型的 maobj2 对象,只定义 A2 * 类型的 m_pa2 对象指针。

(2) 对于前述类 A1 中的 a1func_1 和 a1func_2 成员函数导致的编译错误,如果坚持在类 A1 定义之前使用类 A2 的前向声明(而不使用"#include "a2.h""),则可以把 a1func_1 和 a1func_2 成员函数的实现体放到诸如 a1.cpp 这样的源文件中,而在类 A1 定义内部只保留对 a1func_1 和 a1func_2 成员函数的声明。

例如,类 A1 的定义部分这样修改:

```
class A1
{
public:
    void a1func_1();            //函数声明
    void a1func_2();            //函数声明
    ...
};
```

而 a1.cpp 的内容如下(记得将 a1.cpp 添加到整个项目中):

```cpp
# include "a1.h"
# include "a2.h"
void A1::a1func_1()
{
    int tmpvalue = sizeof(A2);
}
void A1::a1func_2()
{
    m_pa2 -> a2func();
}
```

附录 B

引用计数基础理论和实践

B.1　shared_ptr 实现及 string 存储简单说明

B.1.1　shared_ptr 智能指针实现简单说明

关于智能指针 shared_ptr,读者已经比较熟悉了。这个智能指针采用的是共享所有权来管理所指向对象的生命周期。所以,一个对象能够被多个 shared_ptr 所拥有,多个 shared_ptr 指针之间相互协作,从而确保在不再需要所指对象时把该对象释放掉。编写一段 shared_ptr 的简单应用代码:

```
shared_ptr < int > myp(new int(5));
int icount = myp.use_count();          //1
cout << "icount = " << icount << endl;
{
    shared_ptr < int > myp2(myp);
    icount = myp2.use_count();         //2
    cout << "icount = " << icount << endl;
}
icount = myp.use_count();              //1
cout << "icount = " << icount << endl;
```

这里特意把 myp2 用{}括起来以展示 myp2 超出作用域后,shared_ptr 引用计数的变化。

通过上面这段代码,可以看到,整型数字 5 被保存到了内存中的一个位置,当执行到代码行"shared_ptr < int > myp2(myp);"的时候,myp 和 myp2 对象会同时指向内存中的整型数字 5,如图 B.1 所示。

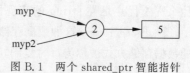

图 B.1　两个 shared_ptr 智能指针
指向同一个数字

在图 B.1 中,中间圆圈中的数字 2 是一个**引用计数**,代表的是当前指向数字 5 这个内存地址的 shared_ptr 对象的数目有 2 个。为什么需要这个引用计数呢? 很简单,因为存储数字 5 的内存是 new 出来的,当所有的 shared_ptr 对象都不指向这段内存地址的时候,就需要把这段内存 delete 掉。

B. 1. 2　string 类型字符串存储方式的简单说明

读者都很熟悉 string 类型,这是一个标准库中的类型,代表一个可变长字符串。string 类型的实现代码比较复杂,实现方式(数据存储方式)也有很多种,比较典型的有 eager-copy (贪婪的/粗暴的拷贝)方式、copy-on-write(写时复制)方式以及 small string optimization (短字符串优化)方式等。

现在,通过编写一个短小的例子,看一下在 Visual Studio 2019 中的 string 类的实现方式,代码如下:

```
string str1 = "I Love China!";
string str2 = str1;
printf("str1 所存储的字符串的地址 = %p\n", str1.c_str());
printf("str2 所存储的字符串的地址 = %p\n", str2.c_str());
```

执行一下程序,看一看输出结果:

```
str1 所存储的字符串的地址 = 0095F968
str2 所存储的字符串的地址 = 0095F944
```

从结果中不难看到,str1 所存储的字符串"I Love China!"所在的内存地址与 str2 所存储的完全相同的字符串"I Love China!"的地址是不同的,虽然 str2 这个 string 对象的构造是通过 str1 这个 string 对象实现的,但所保存的"I Love China!"数据却是你存你的,我存我的,完全不相干。这种所保存数据不相干的 string 类实现方式,或者说是数据存储方式,称为 **eager-copy**,如图 B.2 所示。

这里要特别说明一下,实际上 Visual Studio 2019 下 string 的数据存储方式是短字符串优化(Small String Optimization,SSO)。也就是说,如果字符串的长度**比较短**,那么这个字符串的内容实际上会被保存到 string 对象本身预留的空间里去,只有字符串**足够长(一般超过 14 个字符左右**)的时候,string 对象预留的空间保存不下了,才单独开辟一块内存保存实际的字符串。但是在这里,可以统一认为,string 就是以 eager-copy 存储方式来保存数据即可。

从图 B.2 可以看到,这种 eager-copy 存储字符串方式的缺点是浪费内存,str1 和 str2 存储的字符串内容完全相同,而且 str2 还是通过 str1 拷贝构造而来,结果每一个"I Love China!"字符串都分别用不同的内存来保存。那么 eager-copy 存储字符串方式的优点又是什么呢? 优点是类 string 的实现代码简单,不容易出错。

除了 eager-copy 这种数据存储方式外,还有另外一种比较典型的也同样适用于 string 类的数据存储方式被称为写时复制,某些操作系统上的标准库采用的可能是这种数据存储方式。

其实,这种 copy-on-write 技术不仅应用于 string 类的实现中,也应用于很多场合。采用写时复制数据存储方式的 string 类存储字符串示意图如图 B.3 所示。

图 B.3 和图 B.1 非常类似,中间圆圈中的数字 2 是一个引用计数,代表的是当前指向字符串"I Love China!"这个内存地址的 string 对象的数目有 2 个。这个引用计数存在的意义同样是当所有的 string 对象都不指向这段内存地址的时候,用于将这段内存 delete 掉 (string 类内部处理 delete 问题,无须程序员操心),因为存储字符串"I Love China! "的这段内存也是 string 类内部 new 出来的。

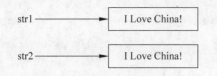

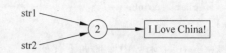

图 B.2 采用 eager-copy 数据存储方式的 string
　　　类存储字符串时的示意图

图 B.3 采用写时复制数据存储方式的 string
　　　类存储字符串时的示意图

这种写时复制存储字符串方式的优点是节省内存,因为 str1 和 str2 存储的字符串内容相同,而且 str2 是通过 str1 拷贝构造而来,那么 str1 和 str2 这两个 string 对象完全可以指向相同的字符串所代表的内存地址。写时复制存储字符串方式的缺点是代码实现比较复杂,一个疏忽就可能导致出现问题(bug)。

写时复制这个词是什么意思呢? 读者如果学过 Linux C++编程,那么就比较熟悉 fork 这个用来从父进程中创建子进程的函数,fork 函数的执行效率很高,为什么高呢? 因为 fork 的工作原理是:fork 产生的新进程并不复制原进程的内存空间,而是和原进程(父进程)一起共享一个内存空间,这个内存空间的特性是"写时复制",也就是说,原来的进程和 fork 出来的子进程可以同时、自由地读取内存,但如果子进程(或者父进程)对内存进行修改,那么部分内存就会复制一份给该进程单独使用,以免影响到共享这部分内存空间的其他进程的使用。

这种写时复制的思想与现在谈到的 string 类的写时复制数据存储方式是同一个意思。拿图 B.3 来说,当通过 str1 来拷贝构造 str2 的时候,它们所指向的实际内存中的字符串 "I Love China!"是同一个,只有 str1 或者 str2 的值发生改变的时候,才需要把"I Love China!"这段内容复制出来一份并进行相应的修改,之所以要复制出来一份,是因为这两个字符串中的内容已经不相同了,需要各自单独保存。

为了实现这种写时复制的数据存储方式,需要引用计数这种编程手段的介入。虽然这种数据存储方式在标准库中也有实现,但是标准库中的代码都比较复杂,这里笔者通过一个比较简单的范例,把利用写时复制数据存储方式实现 **string** 类的代码介绍给读者,以拓宽读者的开发视野和编程思路。创建一个新类,取名为 mystring,所有的代码都在这个新类中实现。

B.2 通过写时复制方式实现的 mystring 类

B.2.1 骨架与计数设计

先写一个大概的 mystring 类骨架:

```
class mystring
{
public:
    mystring(const char * tmpstr = "")    //构造函数
    {
        //…待增加
    }
```

```
private:
    char * point;                            //指向实际的字符串
};
```

在 main 主函数中增加如下代码:

```
mystring kxstr1("I Love China!");
mystring kxstr2 = ("I Love China!");
```

上面这两行代码虽然保存的字符串内容都一样,但是两个不同的对象,所以 kxstr1 和 kxstr2 这两个对象肯定不会共享"I Love China!"字符串,所以执行这两行代码后,这两个字符串的数据存储示意图应该如图 B.4 所示。

如果继续在 main 中增加下面两行代码:

```
mystring kxstr3 = kxstr1;                    //调用拷贝构造函数
kxstr2 = kxstr1;                             //调用拷贝赋值运算符
```

在这两行代码中,上面的一行会调用 mystring 类的拷贝构造函数,下面的一行会调用 mystring 类的拷贝赋值运算符,执行之后数据存储示意图应该如图 B.5 所示。

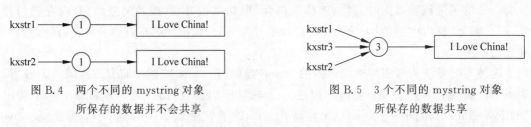

图 B.4　两个不同的 mystring 对象
所保存的数据并不会共享

图 B.5　3 个不同的 mystring 对象
所保存的数据共享

从图 B.5 中可以看到,kxstr1、kxstr2、kxstr3 共享(指向)同一个字符串,因为它们的字符串内容不但相同,而且 kxstr3 和 kxstr2 对象都是通过 kxstr1 构造出来的。同时不要忘记,图 B.4 中 kxstr2 指向的那块内容为"I Love China!"的内存就应该被释放掉了,因为 kxstr2 已经指向了不同的地址,造成原来那块内存内容的引用计数变成 0,只要引用计数变成了 0,就表示没有 mystring 对象再指向这块内存,所以必须要释放掉。

根据图 B.5 的设计思路,先尝试简单写一写 mystring 类的拷贝赋值运算符:

```
public:
    mystring& operator = (const mystring& tmpstr)    //拷贝赋值运算符
    {
        if (this == &tmpstr)                         //增加是否是自己的判断
        {
            return * this;
        }
        delete[] point;
        point = new char[strlen(tmpstr.point) + 1];  //给字符串末尾的\0 留位置
        strcpy(point, tmpstr.point);
        return * this;
    }
```

分析一下这段代码,例如执行代码行"kxstr2 = kxstr1;",kxstr2 先把自己指向的内存删掉了,然后新创建一块内存,把 kxstr1 字符串拷贝到这块新内存中,这显然不对。如果这样写,则导致每个被赋值的对象(例如,这里"kxstr2 = kxstr1;"代码行中的 kxstr2)都有一块属于自己的内存了,与图 B.4 就很类似了,完全不是数据共享的效果,而实际上要达到的是图 B.5 那样的效果。

设想一下图 B.5,假设 kxstr1 被赋予了一个新值,那么"I Love China!"对应的内存必须依旧保留,因为 kxstr2、kxstr3 还在指向这块内存,只有所有对象全部不再指向"I Love China!"这块内存后,才应该把这块内存销毁掉。所以,必须要有一个计数器,用来记录指向"I Love China!"的 mystring 对象有几个,这个计数器就是所谓的引用计数。

现在问题的难点是**这个计数器保存在哪里**。可能读者的第一个反应是把这个计数器保存在 mystring 对象中。显然这是不行的,因为这个计数器是图 B.5 中 kxstr1、kxstr2、kxstr3 共享的。

所以,这里采用的编程方法是**专门创建一个结构**。这个结构中不但有计数器,还有所指向的内存内容(字符串)的指针(原 mystring 类中的 point 成员变量)。这个结构起名为 stringvalue,并且**放在 mystring 类中**,用 private 修饰,因为 stringvalue 类存在的意义就是**辅助 mystring 类的实现**,先把 mystring 类中拷贝赋值运算符中除"return * this;"外的代码行注释掉,成员变量 point 的定义注释掉,并在 mystring 类中增加如下代码(这些代码都是值得学习的代码,请读者注意):

```
private:
    struct stringvalue
    {
        size_t refcount;                     //引用计数
        char * point;                        //指向实际的字符串
        stringvalue(const char * tmpstr)     //stringvalue 构造函数
        {
        }
        ~stringvalue()
        {
        }
    };
    stringvalue * pvalue;                     //mystring 类中指向 stringvalue 对象的指针
```

从上述代码中可以看到,引用计数以及指向实际字符串的指针都被移到了 stringvalue 结构中作为该结构的成员,后面会进一步看到,字符串本身实际上也被移到了 stringvalue 结构中,同时,在 mystring 类中增加了一个 pvalue 指针,用于指向 stringvalue 对象。注意,这种编程方法以往并不常见。

如果很难理解将 stringvalue 这个结构写在类 mystring 里面这种方式,那么不妨把 stringvalue 当成一个写在 mystring 类外面的结构,就认为这两个结构没有什么直接关系就好。

接着完善 stringvalue 结构,为它的构造函数和析构函数增加具体的代码:

```
stringvalue(const char * tmpstr):refcount(1)    //stringvalue 构造函数
{
    point = new char[strlen(tmpstr) + 1];
    strcpy(point, tmpstr);
}
```

```
~stringvalue()
{
    delete[] point;
}
```

读者在这里进一步看到了 stringvalue 结构存在的意义：**把"要保存的字符串"以及"对这个字符串的引用计数"统一保存在一个 stringvalue 对象中**。

下面再看一看如何完善 mystring 类。

B.2.2　构造函数

首先考虑的是创建一个 mystring 对象的时候应该做一些什么事情，这就涉及 mystring 类构造函数的修改。注意，这里增加了初始化列表：

```
mystring(const char * tmpstr = ""):pvalue(new stringvalue(tmpstr))  //构造函数
{
}
```

在 main 主函数中，注释掉原来的所有代码，重新加入下面两行代码：

```
mystring kxstr1("I Love China!");
mystring kxstr2("I Love China!");
```

这两行代码执行后，应该是怎样的对象状态呢？如图 B.6 所示。

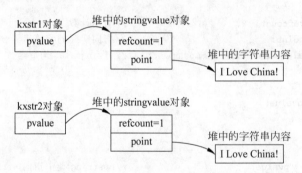

图 B.6　两个不同的 mystring 对象所保存的数据并不会共享

从图 B.6 中可以进一步感受到，创建的是两个不同的 mystring 对象，所以即便它们所保存的字符串内容相同，它们之间也不会有任何关联——指向的都是不同的内存。

现在就来看一看，如何共享字符串，在 main 主函数中，增加如下代码行：

```
mystring kxstr3 = kxstr1;
```

上面的代码是用 kxstr1 对象来构造 kxstr3 对象，毫无疑问，这会调用 mystring 类的**拷贝构造函数**。必须要手工写这个拷贝构造函数，因为这里涉及引用计数的问题。先抛开 kxstr2 先不谈，这里只谈 kxstr1 和 kxstr3 这两个对象。通过 kxstr1 对象来构造 kxstr3 对象，我们期望达到的效果应该如图 B.7 所示。

从图 B.7 可以看到，kxstr3 对象的 pvalue 指针也要指向 kxstr1 对象的 pvalue 指针所指向的内存（堆中的 stringvalue 对象），并且，注意堆中的 stringvalue 对象的引用计数（refcount）已经从原来的 1 变成了 2，这表示有两个 mystring 对象（kxstr1 和 kxstr3）指向了

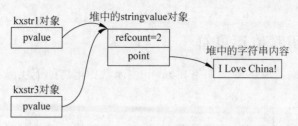

图 B.7 通过 kxstr1 对象拷贝构造出 kxstr3 对象

堆中的"I Love China!"字符串,所以字符串的引用计数实际上是通过在堆中的 stringvalue 对象这么一个中间环节来实现的(不然引用计数这个数字没有合适的地方保存)。

B.2.3 拷贝构造函数

根据图 B.7 写一下 mystring 类的拷贝构造函数:

```
mystring(const mystring& tmpstr):pvalue(tmpstr.pvalue)    //拷贝构造函数
{
    ++pvalue->refcount;
}
```

上面这段代码有两个值得注意的地方(结合图 B.7 一下就看出来了):一个是初始化列表中,让 kxstr3 对象的 pvalue 指向 kxstr1 对象的 pvalue 所指向的内容(堆中的 stringvalue 对象);一个是让堆中的 stringvalue 对象的引用计数加 1。

从效率上来讲,这样编写的 mystring 类的工作效率肯定是更高的。不然,新生成一个字符串就要 new 一块内存。而现在,无非就是动一个指针,引用计数再加 1 而已。

B.2.4 析构函数

但现在的代码是存在内存泄漏的,因为没有给 mystring 类写析构函数,"I Love China!"这个字符串所占内存的释放代码在 stringvalue 的析构函数中写好了,就差堆中的 stringvalue 对象的释放了。编写 mystring 类的析构函数:

```
public:
    ~mystring()                        //析构函数
    {
        --pvalue->refcount;
        if (pvalue->refcount == 0)
        {
            delete pvalue;
        }
    }
```

这段代码很简单,当释放一个 mystring 类对象的时候,引用计数 refcount 肯定要先减 1,如果减 1 之后是 0 了,那么就表示没有其他的 mystring 类对象再指向这个字符串,这个时候,字符串"I Love China!"以及为了维持这个字符串的引用计数相关的堆中的 stringvalue 对象也就没有存在的意义了,于是,就把堆中的 stringvalue 对象 delelte 掉,这样自然会执行 stringvalue 类的析构函数,从而就把字符串也 delete 掉了。因此,所有堆中内存就都被释放了。

B.2.5　拷贝赋值运算符

好像还缺点什么,再看一看。如果在 main 主函数中增加如下代码:

```
kxstr2 = kxstr1;
```

上面的代码行是对象赋值,调用的是 mystring 类的拷贝赋值运算符。所以,重新编写一下 mystring 类的拷贝赋值运算符。试想一下,执行了上面的代码行之后,kxstr2 也指向了 kxstr1 所指向的堆中的 stringvalue 对象,同时,引用计数变为 3(kxstr1、kxstr2、kxstr3)。不要忘记的是,kxstr2 原来所指向的另一个堆中的 stringvalue 对象的引用计数会从 1 变成 0,这就会导致该堆中 stringvalue 对象被释放(同时所指向的"I Love China!"字符串也被释放),达到的效果应该如图 B.8 所示才是正确的。

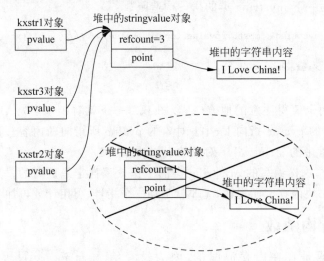

图 B.8　通过 kxstr1 对象给 kxstr2 对象赋值(图中×部分表示内存被释放)

下面编写 mystring 类的拷贝赋值运算符:

```cpp
public:
    mystring& operator = (const mystring& tmpstr)    //拷贝赋值运算符
    {
        if (this == &tmpstr)                         //增加是否是自己的判断
        {
            return * this;
        }
        -- pvalue -> refcount;                       //自己所指向的字符串引用计数先减 1
        if (pvalue -> refcount == 0)
        {
            delete pvalue;                           //把自己所指向的堆中的 stringvalue 删除
        }
        pvalue = tmpstr.pvalue;
        ++pvalue -> refcount;
        return * this;
    }
```

请记住一个原则,如果一个类中包含有指针成员(例如,mystring 类中包含 pvalue),那么一般都需要手工为该类书写拷贝构造函数和拷贝赋值运算符,否则,可能会导致问题。

B.2.6 外部加锁、内部加锁、写时复制

先引入两个概念:

(1) 外部加锁——调用者负责加锁,由调用者决定跨线程使用共享对象时的加锁时机。

(2) 内部加锁——对象将所有对自己的访问串行化,通过为每个成员函数加锁的方法来实现,这样就不需要在多线程中共享该对象时进行外部加锁了(内部加锁的应用并不常见)。

现在,考虑一下写时复制问题。写时复制技术读者已经知道,优点是节省内存,但有些人不建议采用这种技术,理由是若运用这种技术实现一些接口的**多线程版本**(支持在多线程中安全使用)时,效率会明显下降,因为多线程版本往往意味着会大量使用内部加锁。

在笔者看来,实现出某些接口的**多线程版本**的动机和必要性是值得深思的:

(1) 绝大多数情况下,如果需要支持该接口在多线程中的加锁和解锁操作,都应该由程序员来控制加解锁的时机(外部加锁),而在某个接口内部(这里指对象的成员函数中)直接加锁解锁(内部加锁)以支持多线程可能根本没有效果。试想一下对容器做内部加锁:在线程 A 中返回一个容器的迭代器,还没等使用,在线程 B 中就可能因为删除了某个元素直接导致线程 A 中的迭代器失效,这会直接造成程序运行崩溃。

(2) 内部加锁只适合于操作很独立、很完整的接口。就拿 vector 容器的 begin 成员函数来说,begin 返回一个迭代器来指向容器的第一个元素,显然 begin 这种操作既不独立也不完整,因为后续代码可能会利用这个返回的迭代器来做其他事情。

在这里,不仅针对 copy-on-write 技术所实现的接口,即便是很多其他的技术所实现的接口,在多线程中使用它们时笔者也强烈建议采用外部加锁而非内部加锁的方式。下面将copy-on-write 技术的实现方式展现给读者。

回想一下标准库中的 string 字符串类,如果单独输出其中的一个字符是可以做到的,那么在 main 中加入如下代码:

```
string ms = "I Love China!";
cout << ms[0] << endl;                          //输出 I
ms[0] = 'Y';
cout << ms.c_str() << endl;                      //输出 Y Love China!
```

执行一下程序,看一看输出结果:

```
I
Y Love China!
```

可以看到,通过这种标号的方式,能够读出字符串中的单个字符。也可以通过下标的方式,修改字符串中的某个字符。这就是所谓字符串中单个字符的读和写。

回到 mystring 类,显然,"读"这件事非常简单,把字符从字符串中提取出来,返回去,就行了。但"写"这件事,就显得比较烦琐,因为"写"这个动作,涉及要修改所指向的字符串内容,但是观察一下图 B.8,可以看到,这里因为不止一个 mystring 对象指向这个字符串,所以,如果单独某个 mystring 对象要修改所指向的字符串的内容,那么就要把原来的字符串

复制出来一份单独修改,这就叫"**写时复制**"。

如果通过[]来读 mystring 类对象指向的字符串中的某个字符,则只需要重载[]操作符。在 mystring 类中,增加如下代码:

```cpp
public:
    const char& operator[](int idx)const
    {
        return pvalue->point[idx];
    }
```

在 main 主函数中,增加如下代码:

```cpp
cout << kxstr1[0] << endl;                          //输出 I
```

上面这行代码调用了上述的 **operator[]操作符**,从而正确地输出了一个字符'I'。但是,如果继续向 main 主函数中增加如下代码行:

```cpp
kxstr1[0] = 'Y';
cout << kxstr1[0] << endl;
```

此时编译就会报错,提示:"kxstr1":不能给常量赋值。这说明,在这里重载的 operator[]操作符返回的是"const char&"类型,这种带有 const 的类型属于常量类型,不允许出现在赋值运算符的左侧(不允许被修改),所以编译时会报错。

那么为了让"kxstr1[0] = 'Y';"代码行顺利通过编译,必须再重载一个非 const 版本的[]操作符,那么这个非 const 版本的[]操作符,如果执行了"kxstr1[0] = 'Y';"代码行,应该是怎样的效果呢? 如图 B.9 所示才是正确的。

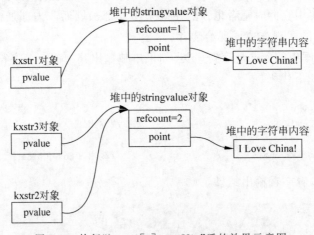

图 B.9 执行"kxstr1[0] = 'Y';"后的效果示意图

那么就来在 mystring 类中写一写非 const 版本的 operator[],这个版本不管是通过[]来读还是向[]中写,都能正常工作:

```cpp
public:
    char& operator[](int idx)
    {
        if(pvalue->refcount > 1)
        {
```

```
            //说明还有其他对象指向这个字符串
            -- pvalue -> refcount;
            pvalue = new stringvalue(pvalue -> point);        //写时复制
        }
        return pvalue -> point[idx];
    }
```

从上面的代码中,读者不难感受到写时复制:如果引用计数大于 1,则会创建新的 stringvalue 对象以及新的堆中字符串。

这些写时复制技术其实在很多地方都有应用,读者只需要先掌握这种思想,以后需要用的时候自然就能回想起来,这里先不多说。

值得注意的是,一旦非 const 版本的 operator[] 写出来后,原本执行"cout << kxstr1[0] << endl;"代码行时会调用 const 版本的 operator[],现在居然也去调用非 const 版本的 operator[] 了。实际上,针对 mystring 对象使用[]操作符的时候,**编译器根本就无法判断调用的是 const 版本的[]还是非 const 版本的[]操作符(换句话来说,编译器无法判断对[]的调用是用于读还是用于写)**,反正只要有非 const 版本的[]存在,就会调用非 const 版本的[],所以,这里 const 版本的[]不提供其实也行。为简单清晰起见,就把刚刚返回 const char& 类型的 operator[]版本注释掉了。

B.2.7 通过指针修改 mystring 所指字符串的内容

目前的程序执行情形是图 B.9 所示的情形:kxstr3 和 kxstr2 指向了一个相同的字符串"I Love China!",而 kxstr1 指向了字符串"Y Love China!"。

从当前状况来看,mystring 类的实现代码还是不错的。不难看到,为了引入计数功能,为了实现写时复制,程序员还是要多写很多代码的,这也使得 mystring 类比较复杂。这么复杂的类,其代码的完善也不是一蹴而就的,也就是说,要不断发现问题,不断解决问题。

下面就是在使用 mystring 类时发现的一个问题。在 main 主函数中,增加如下代码行:

```
mystring kxstr4 = "I Love China!";
char * mypoint = &kxstr4[0];
mystring kxstr5 = kxstr4;
```

这几行代码,应注意顺序,顺序不能乱(先给 mypoint 指针赋值,然后再用 kxstr4 构造 kxstr5),执行后,效果如图 B.10 所示。

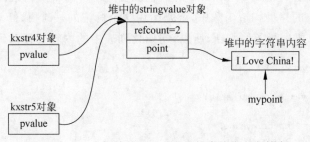

图 B.10 一个额外的 mypoint 指针直接指向字符串

从图 B.10 可以观察到,mypoint 这个裸指针并没有通过堆中的 stringvalue 对象指向字符串"I Love China!",而是直接指向了该字符串。试想,如果继续在 main 主函数中增加

如下代码:

```
* mypoint = 'T';
```

那么代码一旦执行,就会导致"I Love China!"变成了"T Love China!",这就意味着 kxstr4 和 kxstr5 对象最终指向的字符串都发生了变化,但是实际上因为代码行"char * mypoint = &kxstr4[0];"的存在,通过 mypoint 应该只修改 kxstr4 指向的字符串才对。

问题的难点在于构造 kxstr5 的时候,要调用 mystring 类的拷贝构造函数,但是拷贝构造函数并没有办法知道当前 kxstr4 和 mypoint 指针都正在指向"I Love China!"这个字符串。所以构造完 kxstr5 后,就造成了 kxstr4、kxstr5 以及 mypoint 都指向了"I Love China"字符串,尤其是 mypoint 指针是直接指向了该字符串而并没有通过 stringvalue 对象来指向。

那么如何解决这种问题呢?

(1) 不解决。如果非这么写程序,造成的后果就要程序员自身承担,如果所写的类要提供给别人使用。文档应该说明这种情况。

(2) 通过代码解决这个问题。

① 首先,在 stringvalue 结构中引入一个 bool 类型的成员,例如名字叫作 shareable 用来标记所指向的字符串是否可以被共享(是否可以被其他 mystring 对象共享)。刚创建一个 mystring 对象的时候所指向的字符串当然是可以被共享的。

修改 stringvalue 结构,增加 shareable 成员:

```
bool shareable;                          //一个是否能被共享的标记
```

继续修改 stringvalue 的构造函数,将 shareable 初始化为 true。

```
stringvalue(const char * tmpstr):refcount(1),shareable(true)
{
    …
}
```

② 那么什么时候这个 shareable 标记会变成 false 呢? 就是一旦调用了 mystring 类的 operator[] 操作符的时候。修改 operator[] 操作符,在最后一行的 return 语句(return pvalue-> point[idx];)之前,增加如下代码行:

```
pvalue -> shareable = false;
```

现在,shareable 标记的 true 和 false 时机就设置好了。那么如何运用这个标记呢?

③ 在 mystring 的拷贝构造函数中,就是运用这个标记的好时机,修改 mystring 拷贝构造函数。注意,因为要进行条件判断,所以,初始化列表中的内容要移动到函数体中去:

```
mystring(const mystring& tmpstr)                 //拷贝构造函数
{
    if (tmpstr.pvalue -> shareable)
    {
        pvalue = tmpstr.pvalue;
        ++pvalue -> refcount;
    }
    else
    {
        //复制一份
```

```
        pvalue = new stringvalue(tmpstr.pvalue->point);
    }
}
```

修改后的拷贝构造函数也比较简单,如果共享标记 shareable 为 true,表示允许共享,那么 mystring 拷贝构造函数的代码相当于没变;如果共享标记 shareable 为 false,就表示这个原来的 mystring 对象(mystring 拷贝构造函数中形参 tmpstr 所代表的 mystring 对象)已经不允许共享了,那么在这里要被创建的 mystring 对象只能重新在堆中创建 stringvalue 对象和具体的字符串,并让 stringvalue 对象指向该字符串。

通过上面的代码,读者可以看到,对操作符 operator[] 的调用,会导致 mystring 对象无法再被共享,显然,对操作符 operator[] 的调用不是一件好事,它减少了字符串在多个 mystring 对象之间的共享次数。凡是已经被标记成非共享的 mystring 对象,就再没有办法和其他 mystring 对象共享所指向的字符串了。因为 shareable 的状态只能从 true 变成 false,无法从 false 再变回 true。

如果再次执行如下代码行:

```
mystring kxstr4 = "I Love China!";
char * mypoint = &kxstr4[0];
mystring kxstr5 = kxstr4;
* mypoint = 'T';
```

代码执行效果如图 B.11 所示。

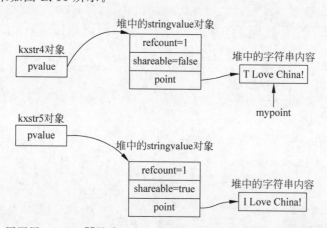

图 B.11　因调用 operator[] 导致 kxstr4 共享标记变为 false,从而无法共享字符串了

看起来一切正常,至此,这个 mystring 类就设计完毕了。引用计数虽然节省了内存资源,但是实现它也付出了一定的代价,总结如下:

(1) 额外引入了 stringvalue 这种辅助类,这种辅助类对象也是需要占内存的。

(2) 在类 mystring 的实现中也额外增加了很多代码,从而提高了程序的复杂度。

所以有的时候进行程序设计,可以通过提高复杂度来节省资源,而且同时还能提高程序执行效率(创建新对象时不需要做额外的字符串拷贝)。在本例中,共享的字符串所占的空间越大,这种 mystring 共享对象越多,那么使用 mystring 类节省的内存就越多。

当然,如果创建的字符串无须共享,那么引用计数的实现就无意义,只是徒增了代码复杂度并更多地占用了内存空间。